# 专利疯 创新狂

## 美国专利大运营

王晋刚 编著

知识产权出版社
全国百佳图书出版单位

**图书在版编目（CIP）数据**

专利疯　创新狂：美国专利大运营 / 王晋刚编著. — 北京：知识产权出版社，2017.1

ISBN 978-7-5130-4673-2

Ⅰ.①专… Ⅱ.①王… Ⅲ.①专利—运营管理—历史—研究—美国 Ⅳ.①G306.3

中国版本图书馆CIP数据核字（2016）第319153号

**内容提要**

本书用客观、冷静、敏锐、温润的笔触，将一百多年来美国专利政策的制定、发展，美国专利权人的维权历程及专利行权的来龙去脉娓娓道来，既引人入胜，也让人不胜唏嘘。

通过本书，读者可以了解美国的专利创新驱动机制，了解创新的血与泪、代价和牺牲，了解美国专利运营的发展概貌，以美国为鉴，以美国为师，探索中国自己的创新驱动发展之路。

责任编辑: 龙　文　崔　玲　　　　责任校对: 谷　洋

装帧设计: 品　序　　　　　　　　责任出版: 刘译文

**专利疯　创新狂：美国专利大运营**

Zhuanli Feng Chuangxin Kuang: Meiguo Zhuanli Da Yunying

王晋刚　编著

| | | | |
|---|---|---|---|
| 出版发行 | 知识产权出版社 有限责任公司 | 网　　址: | http://www.ipph.cn |
| 社　　址: | 北京市海淀区西外太平庄55号 | 邮　　编: | 100081 |
| 责编电话: | 010-82000860 转 8123/8121 | 责编邮箱: | longwen@cnipr.com |
| 发行电话: | 010-82000860 转 8101/8102 | 发行传真: | 010-82000893/82005070/82000270 |
| 印　　刷: | 北京虎彩文化传播有限公司 | 经　　销: | 各大网上书店、新华书店及相关销售网点 |
| 开　　本: | 720mm×1000mm　1/16 | 印　　张: | 20.5 |
| 版　　次: | 2017年1月第1版 | 印　　次: | 2017年1月第1次印刷 |
| 字　　数: | 380千字 | 定　　价: | 60.00元 |

ISBN 978-7-5130-4673-2

# 自序

众所周知，美国的专利运营犹如经典的西部片，紧张激烈，惊心骇目：数百万美元计的诉讼投入，剧烈的法庭对抗，动辄上亿美元的侵权赔偿，两造的生死搏杀，产业命运系于一线……很多人不免怀疑：这一切付出是否值得，过程是否太过血腥，成本是否远超产出？

美国经济史学家的研究很好地回答了这个问题。美国用一百年的时间从独立时的农业国发展为全球第一的工业国，并在此后一直领导着世界主要技术领域的创新，非凡的成就与美国特色的专利制度有很密切的关系。

英国封建遗存的专利权没有解决"创新驱动"问题，而美国平民化的专利制度提供了一个较为完美的解决方案。除了平民化的专利官费、专利申请信息公开、鼓励专利许可转让、规范的专利授权审查等制度创新外，美国还演化出了一套严格的专利运营机制，以维护发明人的利益，为他们的创新之火添加利益之油。科学的专利授权机制加上严格的专利行权机制，形成了一套完整系统的创新驱动机制。

受到独特的专利创新机制护佑，美国创新成果在整个19世纪爆炸性成长。那是人类历史上首次出现的"万众创新""大众创业"的奇观。爱迪生、特斯拉、赛尔登、贝尔、莱特兄弟等大量平民立志以创新为生，凭创新、创业发家。一时间各大创新技术领域群星闪耀，大量创新者成为企业的创始人、大股东和百万富翁。"创新梦"成了"美国梦"的重要组成部分。

美国经济也因此开始了循环性的、阶段性的创新驱动发展实践，在每个重大技术创新节点加强专利保护，为创新活动提供额外的"利益之油"。随着信息技术的突破和发展，创新产品供给需求激增，里根政府在20世纪80年代再次踩下专利油门，在新世纪催化了一场席卷美国的专利运营革命。

这场专利运营大革命是美国专利创新机制演化的关键一环，也是一场货真价实的创新大革命。它映射的是信息经济环境下"创新"与"制造"

的隔膜，集中创新与分散创新的世纪对决，创新1.0模式到创新2.0模式演化的阵痛。

在这场以"万众创新"复苏和"创新产业"崛起为背景的专利大革命中，有正直诚信，也有投机倒把；有创新补偿的合理要求，也有过度的投机掠夺；有堂堂之阵，正正之旗，也有兵者诡道、月黑风高；有光荣梦想、理想与牺牲，也有鸡鸣狗盗、勒索敲诈；有微软与谷歌的商业模式对决，也有独立发明人的挣扎和拼搏……有人赞"好得很"，也有人骂"糟得很"。

作为美国这场专利革命的专注旁观者，笔者从2005年起就一直在研究有关案例，阅读各种论文、图书、立法文件和杂志专栏，力争从海量的专利运用、专利行权、专利交易、专利诉讼的案例和故事中，发现美国专利创新机制运行的根本机理，探索专利驱动、万众创新的优势和弊端，同时也思考信息经济环境下中国创新产业的前途、万众创新的机遇。

现在，美国的专利大革命告一段落，尘埃渐渐落定，笔者对美国的创新驱动机制也有了新的、更深入的认识。笔者希望，通过本书将自己的所思所得诚实地、详细地记录下来，呈现在读者面前，给大家带来启迪与思考。

# 目 录

第一章
专利狂暴　创新受谤　　　　　　　　　1

　　　　一、无产"暴恐"　　3
　　　　二、巨企失常　　6
　　　　三、媒体点火　　9
　　　　四、国会抓狂　　9
　　　　五、总统主张　　10

第二章
创新西部　烟尘弥天　　　　　　　　13

　　第一节　互联网命悬一线　　15
　　　　一、大学专利　　15
　　　　二、状告微软　　16
　　　　三、联合施压　　17
　　　　四、屡战屡败　　18
　　　　五、微软投降　　19
　　　　六、众怒难犯　　19

　　第二节　Wi-Fi危机重重　　21
　　　　一、出身名门　　21
　　　　二、撒网捕鱼　　22
　　　　三、不依不饶　　22

四、巨头介入　　23

五、和解结案　　24

第三节　APP难逃罗网　　25

一、四件专利　　25

二、诉讼巨企　　26

三、攻击APP　　27

四、对抗苹果　　27

第四节　金融业火烧连营　　30

一、人傻钱多　　30

二、九年专利　　31

三、求助无望　　32

四、引火烧身　　32

第三章

利益驱动　创新迷狂　　37

第一节　变革专利　根深实繁　　39

一、独创机制　鼓励无产　　39

二、驱动创新　高潮迭现　　47

第二节　启动不易　失足授权　　49

一、棉花加冕　专利艰难　　49

二、贫民创新　许可为王　　52

三、过度授权　鲨鱼作乱　　60

第三节　行权过度　机制受伤　　63

一、专家行权　冲突空前　　63

二、垄断求利　偏离正道　　76

第四节　风雨如晦　鸡鸣不断　　85

一、爱好创新　天才闪光　　85

二、许可福特　受骗上当　　87

三、普遍侵权　无人买单　94

四、破家维权　终见曙光　95

## 第四章
# 浪潮再起　专利道长　99

第一节　行权改革　过正矫枉　101

一、调整机制　补足短板　102

二、联邦巡回上诉法院　103

三、联邦地方法院　105

四、等同原则运用　113

第二节　授权维新　催化丛莽　116

一、万众创新时代回归　116

二、软件专利改变规则　118

三、商业方法专利泛滥　120

四、信息产业丛林密布　122

第三节　榜样力量　鼓吹播扬　124

一、登峰造极的莱美尔森　124

二、最成功的破产企业　134

第四节　运营专利　巨企提倡　140

一、创制规则　140

二、提供武器　141

三、培养精英　142

四、准备理论　143

## 第五章
# 亦魔亦道　搅动四方　145

第一节　异名杂出　谁定良善　147

一、流行的绰号　148

二、正式的学名　153

三、媒体的别名　158

第二节　同气相求　同志同往　166

一、独立发明人　166

二、研发公司　169

三、教研机构　172

四、金融投资　173

五、制造企业　174

六、交易中介　175

七、防卫囤积公司　177

第六章

鱼龙混杂　乱象丛生　185

第一节　禁令限制　阵营分化　187

一、黑莓发酵　无产遭殃　187

二、始吉终凶　规则改变　188

三、大势已去　影响深远　190

第二节　流氓蜂起　攻击中小　194

一、食底泥模式　194

二、大量受害者　194

三、捅了马蜂窝　195

四、案例: 头疼的六字真言　196

第三节　私掠猖獗　外包行权　201

一、历史上的私掠船　201

二、专利私掠优势　203

三、微软诏安Mosaid　207

四、苹果的海盗船　212

第七章

黑云压城　水来土掩　219

第一节　阴谋丑化　创新受谤　221

一、欲擒故纵阴谋　221

二、离谱的报道 223

三、偏袒的研究 225

四、误导的舆论 227

五、都是钱在说话 229

六、被丑化的发明人 230

第二节　新法落地　格局渐变 233

一、共同诉讼变革减少诉讼 233

二、专利复审改革打击过宽 234

第三节　司法变革　步步为营 239

一、最高法院收回权力 239

二、商业方法专利判决 241

三、费用转移实践 244

四、证据开示试点项目 245

第四节　继续立法　各持己见 247

一、立法措施　良莠参半 247

二、立法游说　利益保障 252

第八章

是非功过　一笔难判 261

第一节　改善环境　服务创新 263

一、平衡资源　缓和矛盾 264

二、加快闭环　增加供给 264

三、护航"万众创新" 265

第二节　构建市场　完善机制 268

一、提供可信威胁 268

二、专利交易经纪 270

三、专利囤积清算 271

四、促进创新市场形成 271

第三节　极致高智　做市清算　276

一、大腕出手　硅谷恐慌　276

二、发明网络　全球聚敛　279

三、专利囤积　布局多方　282

四、投资冲动　行权趋强　283

## 第九章
# 狂波暗涌　全球激荡　289

第一节　东亚多难　291

一、规则变革　钳制东亚　291

二、日本：紧随美国　横霸东亚　293

三、韩国：加强防卫　国家参与　297

四、我国台湾地区：久病成医　积极行权　298

第二节　欧美逐利　301

一、加拿大深度融入　301

二、欧洲火上浇油　301

三、澳大利亚步步跟进　303

## 第十章
# 中国：专利要疯　创新要狂　305

一、中美创新竞争　307

二、中国创新驱动　308

三、美国创新变局　309

四、创新机制竞争　311

跋　314

参考文献　316

# 第一章

## 专利狂暴　创新受谤

"美国发生专利革命了！"各种规模的企业主奔走相告，危言耸听："美国二百多年历史的创新机制面临变革，美国领先世界的创新竞争力可能因此逆转！"

积极参与革命的是创新无产者——除了无形的专利资产外一无所有的独立发明人和破产创新企业的股东们。他们是创新世界的贫雇农，自己的发明劳作只能在企业主的农田里开花结果。

领导革命的是一群职业"革命家"，他们被叫做专利丑怪（patent Troll，学名"无产实体"）。

企业主们纷纷证言，这些怪物躲在暗处，手里捧着创新无产者的专利文件，小心翼翼地仔细研读，一旦发现机会就会果断出击，所有制造和服务企业都是他们的攻击目标。为了实现专利文件中记载着的权利，他们充满热情、不择手段、不计后果。独立发明人、教研单位甚至拥有基础专利的创新企业、互联网泡沫出局的信息技术先锋、专利管理专家、金融精英等都被他们蛊惑煽动，投入到热火朝天的专利行权①运动中，向企业主讨要创新回报。

根据专利自由网站的数据，2013年，美国无线运营商AT&T被无产实体诉讼54次，谷歌被诉43次，威瑞森被诉42次，苹果被诉41次，三星和亚马逊被诉39次，戴尔和索尼被诉34次，华为被诉32次，黑莓被诉31次……

# 一、无产"暴恐"

## 神秘行权

美国各大媒体都在说，无产实体来无影、去无踪。企业主和银行家纷纷诉苦：只知道自己遭到专利攻击，但不知道谁在实施攻击！

企业主能接触到的都是壳公司。他们本希望收到的专利许可函能披露真实利益相关方，顺藤摸瓜就可以轻易找到发明人，然后通过面对面的谈判或者不断的电话沟通让创新无产者"知难而退"或者"适可而止"。现

---

① 本书"专利行权"与"专利运营"含义相同。——编辑注

在无产实体横亘其间，这些传统手段失去了用武之地。

真正的专利权人往往匿名，即使打通许可函上的电话，企业主联系到的也都是些无产实体雇佣的专利许可律师。提到专利权人，律师们都会满口代之以"雇主"或"客户"，就是不说雇主或客户的真名实姓。

上门拜访更是天方夜谭。美国某广播电台做过一个"专利在行动"的报道，描述了这些无产实体活动的办公楼，生动道出了企业主的无奈：

"……地址是得州马歇尔市东休斯顿街104号190室。这是一幢平凡的两层建筑，位于市区中心广场，离联邦法院两个门。楼道很窄，两边是一间间有金底黑字公司名标牌的办公室。虽然是工作日的上午晚些时候，但这些办公室都锁着门，从门缝看，里面没有灯光。没有人知道有没有员工，没有人见过有人出入。站在没有人的走廊里很怪异，所有的房间都一样，关着门，门上有名牌，没有灯光，寂静的走廊，空空如也的办公室。这些办公室驻扎的都是那些专利侵权案的原告公司。站在这样的楼道里就像站在世贸大厦遗址的原爆点。"

## 恐怖函件

"黑券是什么，船长？"我问。
"那是一种通牒，伙计。"

**——《金银岛》第三章"黑券"**

在小说中，一向粗暴残忍的海盗船长收

到黑券后，"抬起眼皮，顷刻间醉意全无。他脸上的表情与其说是恐惧，倒不如说是垂死的苦痛。"

美国企业主收到专利许可函的感觉与此一般无二。

从2005年开始，越来越多的美国企业收到这些神秘无产实体发出的专利许可函。在很多企业主眼中，专利许可函就是"黑券"，就是追杀令。打开信函，企业主就看到从来没有听说过的一个公司，威胁说自己的专利被侵犯了，要求收到许可函的企业按期缴纳专利许可费，否则就要提起诉讼。谁都知道，美国专利诉讼都是以百万美元起算，更不用提动辄数以千万计的侵权赔偿金。

这样的许可函一般都是典型的格式信，上面满是各种专利代码或者许可费计算公式。许可函中存满警告语言，言辞激烈，看起来没有丝毫谈判空间。

有钱有势的大企业主生气上火，中小的商家被吓得六神无主。固执的企业主准备回击；胆小的企业主怕惹火烧身，不问情由就付了款；性缓的企业主采取鸵鸟战略，得过且过；性急的企业主急忙慌，抓着个律师就商谈对策……

根据美国行政办公室的"专利行权和美国创新"报告（由总统经济顾问委员会、国家经济委员会、科学和技术政策办公室2013年6月准备），仅2012年一年就有10万家企业收到了这种"专利许可函"。

## 噤若寒蝉

据企业主描述，被无产实体攻击的行业，往往像土匪扫荡的小镇，空无一人，寂静无声，但从各种迹象可以看出，无产实体就要来了或者已经被无产实体掠夺过了。

在遭受无产实体"洗劫"的行业，很少有人愿意站出来陈述事情原委。接受媒体采访的人都只能匿名进行，今天站出来接受采访，明天就可能接到无产实体的专利侵权诉状。有的企业已经与无产实体达成了和解协议，同时也签署了保密约定，不能对外讲解评论任何和解细节。

企业主表示，信息隔绝使得他们心神不定，无法联合应对危机。由于不知道别的企业是否妥协或者支付了多少和解金，大大小小的企业主陷入了"囚徒困境"，只能听任无产实体摆布。

## 二、巨企失常

专利大革命中损失最大的是美国信息产业的大腕巨头们，尤其是风头正劲的谷歌、苹果、思科、脸书等公司。这些硅谷的高科技大企业对待专利诉讼的一贯策略是"拖延"与"反诉"，就是用各种策略拖死专利诉讼原告或者反诉专利诉讼原告侵犯了自己的专利权以求和解。无产实体一无所有，无法反诉；有一套成本风险控制策略，也不怕诉讼拖延。这使得这些大企业无计可施，一时间手忙脚乱，怪招迭出。

### 联防自保

为了减少自身的专利侵权诉讼数量，减少运营成本，大企业团结了起来，组成各种策略联盟，赞助反"专利丑怪"网站之外，他们还积极参与各种专利防卫性基金。

成立防卫性基金的是为了不断从市场收购风险专利，不让这些攻击性武器落到无产实体手中。这是对创新市场的坚壁清野，可以在一定程度上清空专利市场，按某些媒体的说法是："舀干池潭，蚊虫不生"。

信息高科技大企业首先加入了微软血统的高智投资基金，后发现高智用他们的风险投资收购成万的专利私藏在了几千个壳公司，有积极诉讼的意图，可能成为无产实体中的巨无霸。搬起石头砸了自己的脚，信息高科技大企业只得另起炉灶。2007年，威瑞森无线通信、谷歌、思科、爱立信和惠普等成立了购买风险专利的联合安全信托（Allied Security Trust，AST），可事实证明，信托机制决策效率底下，收购风险专利能力有限，难孚所望。2008年，美国最大的风险投资机构（KPCB）、Charles River Venture和Index Venture联合投资组建了理性专利交易公司（Rational Patent Exchange，RPX），谷歌、Ebay、摩托罗拉等又纷纷掏钱成为会员。可惜不久他们就发现该公司与著名的几个无产实体暗通款曲，养寇自重。

更为关键的是，IBM、微软、诺基亚甚至苹果等大企业对无产实体的态度慢慢发生了变化，曲线救国、输送武器、外包许可、私掠行动等等或明或暗的合作不断增加。眼看各种大企业防卫联盟貌合神离，成员间尔虞我诈，难以达到目的，苦大仇深的谷歌开始独自行动，自扫门前雪，启动了"谷歌专利计划"，以团结周边的中小企业，限制与谷歌关系紧密技术领域风险专利的活力，实现"解除武装""智胜丑怪"。谷歌先后推出的项目包括"开放发明网络许可""开放专利承诺""转让前许可"以及2015年的"专利购买突进计划"等。这些项目效果如何，媒体没有后续报道。

## 偷梁换柱

为了对付可怕的无产实体，一些传统产业的连锁大鳄披上了小企业联盟的外衣，甚至成立了"主街专利联盟"，用来博取媒体和社会舆论的同情。

2013年8月，美国商店和宾馆联合起来对抗无产实体，发动了"断绝坏专利"运动。推动者包括互联网协会、全国餐馆协会、全国零售业联合会、食品营销协会。他们的口号是："无产实体从来不制造，他们只是越来越有钱。"印刷品发放和广播运动在15个州展开。活动组织者要求选民联系他们的国会议员，促使议员"断绝坏专利，根除丑怪"。

在此基础上，2014年1月，美国24个行业协会成立了"主街专利联盟"，呼吁国会开展"共识的专利改革立法"。协会成员涵盖饭店、零售、宾馆、杂货店、经销商、应用软件开发、房地产经纪、广告、博彩等等。

这个"主街专利联盟"名义上代表美国小镇主街上的夫妻店，说会员是"主街小商户"，也就是美国几千上万人口的小城镇唯一一条大街上的小商户。但经过媒体调查，"主街专利联盟"实际上是美国最大公司的集合。全国餐馆协会的成员名单和全国零售业协会也都是美国最大的服务业公司的俱乐部；美国博彩协会包括一些美国最大，甚至全球最大的银行如高盛、摩根斯坦利等。

## 国会诉苦

万般无奈之下，大企业通过大量的游说团体将问题提交到美国国会两院。无产实体的无情打击使得这些一向趾高气扬的信息高科技企业在国会变成了人畜无害的小可怜。

2005年后历次专利新法案的立法听证会都成了这些大型高科技企业忆苦思甜的诉苦会。他们的代表在听证会上重复诉说可怕的无产实体的故事，说无产实体与独立发明人或者小型专利持有人合谋，通过诉讼迫使大企业不断为专利支付许可费，同时承担不堪重负的诉讼费用。

## 资料: 雅虎的控诉

### ——雅虎代表在2013年10月"创新法案"听证会上的证言

雅虎是互联网的先驱,服务着全球8亿多用户。产品服务多样化,提供很多个性化服务,包括搜索、内容和通信工具,满足网络和移动设备用户日常习惯需求。我们提供45种语言平台,覆盖60个国家,是互联网协会的创建单位。互联网公司不成比例地被无产实体瞄准,需要通过联盟形式清除丑怪加于经济的负担。

雅虎相信专利和专利系统,认为专利系统在社会扮演积极角色,促进创新、鼓励发明、方便创业和促进就业。公司有1 600件已经授权的美国专利,大部分覆盖软件相关发明。每年投资几百万美元研发,支持服务。现在的专利诉讼系统失去了平衡。不断增加的系统化的专利滥用已经导致费钱无效率和不公正。从1995年成立起,直到2006年,雅虎每年只有2~4件专利被告案件;2007年开始,雅虎任何时候都面对20~52个专利案件,整整翻了十番!

这种情况不是雅虎特有的,互联网应用发明领域的专利起诉率是其他行业的九倍,互联网公司专利诉讼在过去六年中疯狂增加。

用于诉讼的专利质量越来越差,一个名为Bright Response的丑怪曾经起诉雅虎,涉及的专利是电子信息处理,如电子邮件和声音信息。该公司扩展了专利要求权的范围,并在此基础上认为雅虎付费搜索广告的服务侵权。该专利基于一个临时专利申请,解释说有关发明已经在申请前一年多就公开使用。该专利本身无效,但该公司一直走完诉讼全程。不用说,雅虎为了说服陪审团专利是无效和没有被侵权,花了很多时间金钱。Eolas提起的诉讼中,雅虎成功获得了陪审团作出两个涉诉专利无效的裁定,结果该公司继续用相同的专利起诉其他互联网企业。

Portal Technologies的专利是一种轻松升级公共电话亭信息的方法,但延伸到覆盖雅虎产品,涉及为个人使用者提供个性化网页技术。API的专利公开的是进行企业诊断性测试的计算机化方法,但将该专利延伸,用来起诉雅虎的应用程序接口,出于防卫成本的考虑,这些案件我们都和解了。

一旦成为被告,雅虎一般花两年时间才能解决,成本是好几百万美元;如果案件到了庭审阶段,还要拖一年,再花费好几百万。所有时间和钱的浪费都是机会的损失,花费在专利诉讼滥用的时间和金钱本来可以建设性地花在工作岗位、新产品、新设备以及其他投资。专利诉讼的高成本意味着和解一直是最省钱的选择。

根据Lex Machina的研究，75%的专利侵权案件都和解了。这让丑怪认为自己的回报有保障，不需要多少投资和准备就可以赢得官司。风险律师帮他们的忙。他们没有办公室，没有日常管理费，投资和成本很少，结果是他们收益可观。越来越多的人被吸引进入这种商业模式，这样的案件也越来越多。

## 三、媒体点火

从2005年开始，各种丑陋惊悚的北欧丑怪（TROLL）图片就断断续续地出现在美国各大媒体的头版。记者和评论家们针对他们认为坏透了的无产实体不断发表报道和评论。

这些文章的题目吸引眼球：《专利丑怪威胁》（《华盛顿月刊》2005年）、《立法者想镇压专利丑怪》（今日美国网，2005年）、《专利丑怪咬谷歌》（《新西兰商业评论》，2005）；《专利怪相》（《纽约时代》2006年）、《明显的（专利的）荒谬》（《华尔街日报》，2006年）……2010年以后的报道更是举不胜举。2011年7月，芝加哥国际公共广播，美国生活广播播出了《当专利丑怪进攻时》，在美国引起了很大的反响。2012年，《纽约时代》发表了《专利：用作剑》，《华尔街日报》发表了《专利丑怪战术在扩展》……

如此之类的煽风点火文章不断出现在这些大媒体的重要位置，将对无产实体的口诛笔伐不断提升到新的热度。

## 四、国会抓狂

组织起来的同时，美国的企业主将镇压这场大革命的最后希望寄托在新的专利法案上。

美国专利法改革从2005年一直延续到今天，无产实体活动一直是争论的要点。经过多年努力，最终在2011年颁发了美国发明法。让信息高科技企业遗憾的是，在生物制药行业大佬的全力反对下，新的专利法案没有实现他们的愿望，在打击无产实体方面不够彻底。硅谷的高科技巨头对新法都表示失望，觉得工作只完成了一半。他们表示，美国发明法虽然降低了质疑挑战已授权专利的门槛，改变了一次起诉几十家企业的共同诉讼，但没有从根本上解决问题，无产实体诉讼还在泛滥流行，专利革命已经从星星之火发展到燎原之势。他们认为，需要更新的立法来终结这场烦人的专利大革命。

　　在信息高科技企业的不断游说和金弹攻势下，美国国会开展了一系列无产实体相关的立法活动。众议院和参议院开了很多次没有独立发明人和无产实体参加的利益相关者听证会。议员们提出的立法建议有"盾牌法案""专利诉讼诚实法案""减少专利滥用法案""专利透明和改进法案""专利质量提升法案""专利诉讼和创新法案""结束匿名专利法案""创新法案"等。

　　据统计，2013年到2014年两年间提起的各种专利改革法案高达15个！

# 五、总统主张

　　2013年2月，在综合考量各种利益后，美国总统奥巴马也站出来谴责无产实体。在一次网络炉边谈话活动中，他回应一个网民的提问时说："你谈到的家伙是一种类型的例子；他们自己实际上不生产任何东西。他们只是努力利用和抢劫任何他人的创意，看是否能从他们敲诈一些钱。我们在专利法改革的努力只走到应该走的一半，我们需要做的是团结其他更多利益相关人，看是否能达成构建更灵活的专利法的共识。"

　　总统不是说说就算，这个与谷歌和硅谷关系密切的总统不久后就发布了一系列行政方案，打击无产实体的活动。美国政府出台了好几项政府研究报告和五个行政命令，在美国专利商标局开展试点和变革，意图调整美国专利行权机制，扑灭越来越汹涌的专利革命浪潮。

### 观点：TROLL宣言

　　一个幽灵，专利的幽灵，在美利坚合众国的大地上徘徊。为了对这个幽灵进行神圣的围剿，美国的一切势力，总统和CEO、谷歌和思科、大银行大连锁店和大媒体……都联合起来了。

　　有哪一个专利侵权诉讼的原告不被它的被告指责为TROLL呢？又有哪一个被告不拿TROLL这个恶名去回敬强硬的原告和自己的竞争对手呢？

　　从这些事实中可以得出两个结论：TROLL已经被美国的一切势力公认为一种势力；现在是破解关于TROLL的各种神话的时候了。

在创新无产者的眼中，TROLL是杀富济贫的罗宾汉，是发明人的及时雨，为发明人利益不计得失、冲锋陷阵的拼命三郎，是为富不仁的企业主的短命二郎、活阎罗，是行动神秘、见头不见尾的入云龙，是未卜先知的智多星，是令咨嗟的企业主闻之胆寒的黑旋风。他们戴着各种各样的面具，把钱袋扔进饥寒交迫的独立发明人和穷酸的科学家的窗户，让他们欢呼老天爷也有开眼的一天。

在有产的企业主的故事中，TROLL是见不得天日的胆小之徒，伺机讹诈的小丑，是不分是非善恶的恶棍、恬不知耻的奸徒、唯利是图的小人、无所不用其极的青皮流氓、美国再工业化的负能量。他们被美国商业社会的所有资本家所诅咒，不容于各种大小富豪的舆论圈子，受到左右各派媒体无休无止的围剿，承受资本豢养的学者专家丢给他们的各种恶名：不劳而获、不择手段、破坏制造、道德败坏……。美国之外的媒体也吠声吠影，趋风逐势，给他们冠以各种诨名：专利投机人、专利流氓、专利地痞、专利海盗、专利幽灵、专利魔鬼……

他们没有巨额资金，没有生产流水线和制造工厂，甚至没有规模化研发的实验室。他们在生产经营的体系外活动，不制造产品，不提供服务，不遵守企业主制订的"专利交叉许可"和"保证互相毁灭"的潜规则。他们是为自己的利益和创新无产者利益奋斗的专利好汉，唱的是好汉歌，行的是好勇斗狠、弱肉强食的绿林规则。

他们是职业的专利革命家，似乎无所不能。他们是顶尖的律师，掌握着世界上最复杂的创新法律规则；他们是疯狂的科技天才，对相关领域的顶尖技术了如指掌；他们是老到的科技战略家，对科技产业的发展方向如数家珍；他们是专利世界的天使，能够解读晦涩难懂的专利说明书，能在浩如烟海的专利海洋中觅取珍宝。他们神出鬼没，从固若金汤的专利封锁中透阵而出，将那些平日耀武扬威、呼风唤雨的产业巨人刺于马下，逼迫抠门的企业主一次又一次地解开腰间沉甸甸的钱袋。他们玩全世界的巨商大贾于股掌之上，让这些人颜面扫地，无可奈何，胆战心惊……

他们是如此神秘，以至于难以用任何专用名称来限定。他们的声望谱系从专利魔鬼、专利恶鬼、专利流氓、专利地痞、专利蟑螂、专利海盗、专利妖怪、专利怪物、专利劫匪、专利渔夫一直到专利投机人、专利怪客、专利刺客、专利侠客。

他们是大众创新时代的探宝人，是创新无产者的保护人，是美国专利创新机制的坚定维护者，是"创新之火加利益之油"的忠实践行者；他们是在美国创新西部淘金的快枪牛仔，是知识经济时代的快钱圣手，是美国创新致富梦的承载者。在他们的不懈努力下，攻击过他们的企业主一个个转变，成为他们的盟友、战略伙伴、客户、金主，他们的队伍越来越大，浩浩荡荡，不可遏止……

# 第二章

## 创新西部　烟尘弥天

信息技术领域是技术创新的西部，是一个充满机会和风险的淘金之地。世界级的大公司横空出世：微软、苹果、雅虎、谷歌、脸书……这些信息产业的现金牛现在一个个成了无产实体的主要猎物。

随着互联网技术的普及，所有产业都在数字化。美国的企业界就像被施了连环计，所有企业主都染上了互联网专利诉讼传染病。无产实体手中的专利覆盖了所有信息技术的基本创意：互联网互动，通过电子邮件发送照片，纸质文件数字化，聚合新闻报道，提供Wi-Fi服务，等等。于是，银行、信用社、大媒体、连锁宾馆、连锁店……一个个也都成了无产实体的猎物。

专利狩猎季开始了，美国法庭成了无产实体的逐鹿之地。

# 第一节　互联网命悬一线

大多数中国人可能没有听说过Eolas这个公司，但是在信息技术和互联网领域，它确实是世纪之交的一个重要公司。说它重要，不是因为它制造了什么重要的产品或者提供了什么吸引人的服务。就是这个名不见经传的公司，曾经对抗了整个互联网产业，劳动了几乎所有互联网创新先锋出庭作证，并且将美国信息产业界的"土豪劣绅"—— 微软带了高帽子拉出来游了街。

## 一、大学专利

Eolas的创始人是迈克尔·道尔。他曾于20世纪90年代初期在加州大学旧金山分校"创新软件系统工作组"从事研究工作。1993年，他与张昂（Cheong Ang）、大卫·马丁三人一起在研究如何改造科技信息的生成、存储和出版，其中的一个尝试就是让科学家不但能在线阅读科技文献，还同时可以实现在线互动。其他网络先行者尝试使用帮助软件，他们团队却考虑使用网络平台的互动插件实现这一目标。在1993年9月，工作组已经作出了专利有关创意，他们定名为"可见胚胎计划"①，并在两个月后着手实验证明。

1995年，基于最早的图片浏览器"马赛克"，他们发布了"网络唤醒者"浏览器，他们声称这是第一个支持插件的网络浏览器，具有使用插件、终端图像映射等先进功能。多年后，这种插件性质的交互操作成为互联网的行业标准。

由于当时技术条件已经成熟，与"网络唤醒者"齐头并进的研究实际上还有很多。例如，华裔科学家魏培源于1992年在伯克利大学分校学习时已经开发了"中提琴"浏览器，增加了插件功能。该浏览器在全球最早的网络社区"欧洲核子研究组织"是推荐的浏览器，是当时最受欢迎的浏览器。

基于对美国专利的了解，道尔的工作组抢先开始了专利申请工作。三人在1994年就向加州大学做了发明披露（因为是大学研究项目产生的创新成果，所以要通过大学的同意才能申请专利，三个人只是"发明人"），开始准备专利申请文件。1998年11月，加州大学取得了美国专利商标局授予的专利证书：专利号是5838906，专利名字是"自动调用外部应用程序提供超媒体文档中嵌入对象的交互和显示的分布式超媒体方法"。

该专利被独家许可给创建于1994年的Eolas公司。Eolas在爱尔兰语中是"学问"的意思。董事长、首席执行官和唯一的雇员都是迈克尔·道尔。三个发明人都是Eolas公司的股东，道尔占有40%股权，马丁占8%股权，张昂持股状态保密，同时加州大学也占25%股权。

Eolas立即开展与发明相关的运营，联系微软和其他企业商谈专利许可事宜，但当时没有人在意这个除专利外一无所有的公司。

## 二、状告微软

"擒贼先擒王"，1999年，Eolas在伊利诺斯北部地方法院首次提起专利侵权诉讼，指控微软的IE浏览器侵犯了该公司的专利权。

微软也不示弱，积极应诉。微软提出最主要的抗辩证据是存在在先技

---

① 这个系统可以让医生远程看到胚胎活动。

术，也就是说在Eolas申请专利前，魏培源已经发明了网络交互技术，所以该专利缺乏新颖性，不应授予。可惜，魏培源在法庭上只证明了自己的浏览器能提供当地而不是远程的交互操作。

2003年8月，陪审团判决Eolas公司及美国加利福尼亚大学胜诉，微软为此需赔付5.206亿美元赔偿金。

这个判决在互联网络界乃至全软件行业引起很大震动。因为不少公司的技术对IE的插件功能具有非常大的依赖性，微软败诉就意味着大家都得作出改变。互联网企业发现，虽然微软对判决提起上诉，但同时也在修改其IE浏览器以求技术绕过，减少可能随时来到的禁令打击。这就意味着微软对打赢这场专利官司没有自信。在这种情况下，整个互联网界人心惶惶。

首战告捷的Eolas公司则不断请求美国芝加哥的联邦法官颁发禁令，禁止微软继续发布使用Eolas专利技术的软件产品，其中包括新版IE浏览器。

## 三、联合施压

案件的进展使得Eolas专利受到社会的广泛关注。虽然发明人道尔承诺不会起诉非营利软件公司，但他没有给任何自由软件组织提供专利授权。这引起了整个互联网界的深度恐慌。

全球网络标准制定机构互联网联盟（W3C）主管提姆·伯纳斯·李站在了争论的最前沿。李是互联网的发明人之一。1991年，他创建了第一个网址，设计了第一个网络浏览器，名字就叫"互联网"，后来改名叫Nexus。在欧洲核子研究委员会工作时，他想到了将超文本与互联网结合到一起的创意，并在为乔布斯设计NeXT电脑时完成了设计工作。20世纪80年代，李和罗伯特·卡里奥一起制定了互联网的基本协议（包括HTTP和HTML）标准，因此被认为是互联网先驱。在1994年他成立了互联网联盟，并把网络行业最具有竞争力的成员组合在一起。微软以及其竞争者Oracle，Sun等公司都是互联网联盟的成员。

诉讼一出现，李马上写信给美国商务部副部长兼美国专利商标局局长，信中指出，有在先技术可证明'906专利（Eolas公司的专利）是无效的，美国专利商标局应该在第一时间重新审查。他重申互联网联盟的很多技术都早于Eolas公司的专利。具体地说，早期的由互联网联盟理事李和其他工作人员开发的HTML可以被看做此案的在先技术。微软Windows3.1提供的文字处理程序Write，使用户能够在word文档中嵌入绘图程序创建的图片，也可以看做在先技术。李的信中还提出，即使不从在先技术的角度来说，'906专利在文字处理程序的实际应用中没有添加任何技术。

李呼吁要求专利局无效掉该专利，清除互联网运行的最大障碍，"以防止对互联网上实质性的经济和技术运作造成巨大损失"。微软的修改行动有可能"影响到大量现有的网页"。"取消该项不合适的、产生分裂效应的失效专利非常重要，不止对于Web的将来，更是对于过去。"李的信中说，"'906专利给全球互动性协作和开放式Web的成功造成了实质性挫伤。"

在李的号召下，一向痛恨微软的自由软件的领导者们几乎都站在了微软一边对抗该专利，因为这件专利威胁到网络的自由特性以及已经建立的超文本标记语言标准。一个公司控制网络架构的命运几乎让所有人惶惶不安。如果'906专利有效，微软就必须对IE浏览器作出修改，这个修改将破坏数百万计的网页，大家都必须投入时间、精力对自己的软件和网页做重大改变，这个成本可以以海量美元计。

在强大的舆论压力下，美国专利商标局对互联网联盟的申请作出了答复，并在2003年10月30日下达了重新审查的命令。到11月10日，该命令正式传达给了专利审查员。这让微软和反对软件专利的人士兴奋不已。

# 四、屡战屡败

2004年3月，好消息再次传来，美国专利商标局重审了'906专利，初裁认定该专利无效。许多观察人士认为Eolas诉讼将无果而终。

Eolas公司没有妥协，在4月提交了要求复议的申请。2005年9月美国专利商标局审查后又支持该专利有效，拒绝了魏培源中提琴浏览器中相关代码与'906专利的关联性。

故事反转，Eolas乘胜追击，坚持要求微软以现金方式赔偿损失。同为原告的加利福尼亚大学其总法律顾问则表示："我们的专利通过了美国专利商标局的重新评估，这件专利是我们为互联网作出的独一无二的贡献。美国专利商标局的判定保护了我们的知识产权。"

这对微软而言是一个不小的打击。微软在一份声明中称，该公司正在仔细研究美国专利商标局的决定，不过仍然准备把IE侵权官司进行到底。微软还表示："我们有信心获得满意的结果。"

为了显示决心，微软对法院判决提出上诉，2005年3月，美国联邦巡回上诉法院发回地方法院重审，要求在重审中对两项"中提琴"浏览器有关的证据需要陪审团决定，但地方法院判决中侵权和赔偿部分被维持。

为了在新的审判中推翻原判决，微软公司要求地方法院指定新法官来重新审理它与Eolas之间的专利纠纷案，该申请得到了批准。此前，微软要求更换审理这一案件法官的申请曾遭到拒绝，但巡回上诉法院支持了微软的申请。巡回上诉法院在判决中说，微软并没有声称最初的审理存在任何偏见或不当行为，只是认为在这一案件中重新指定法官应当是"自动的"。

上诉的同时，微软还向美国联邦最高法院做了申诉，但是在2005年10月，联邦最高法院拒绝接受微软申诉。

虽然一直在向外界表决心，但眼看形势不妙，微软心下非常着急。2006年2月，微软声明修改自己的浏览器软件以绕过Eolas专利。原来只要光标移动到链接的内容就会出现菜单，修改后用户需要先点击插件图标打开插件才能阅读和欣赏有关信息。可见微软已经做好了败诉准备。

## 五、微软投降

2007年8月31日，在多番讨价还价后，微软与Eolas的专利纠纷战画上句号。Eolas在致股东的一封信函中表示，它与微软就这一纠纷达成了庭外和解，获得了"不便披露金额"的现金赔偿。这一和解协议结束了两家公司之间有关Eolas专利的"马拉松"式的官司。

考虑到案件的进展，微软对Eolas的赔偿将远低于第一次庭审时5.2亿美元的赔偿额。据各种分析，微软支付的专利使用费超过一亿美元，其中大约3 000万美元属于加州大学旧金山分校。

## 六、众怒难犯

打败微软后，Eolas扩大诉讼规模，用相关的两项专利起诉了22家知名浏览器相关企业。谷歌、Adobe、亚马逊、Ebay、苹果、花旗集团、Sun微系统和德州仪器等都成了被告。

这场专利诉讼声势浩大，很多媒体做了报道，因为如果这些大公司败诉的话，Eolas和加州大学几乎能够向每一个网站收费。法律和技术专家大都认为道尔赢得诉讼的可能很大，毕竟这些专利久经考验，微软都已经认输了。

顺水翻船，Eolas的专利行权给美国互联网界带来了空前的恐慌，在舆论的强烈要求下，美国专利商标局和联邦巡回上诉法院重新定位，出尔反尔，先后认定该公司核心的两件专利权绝大部分无效，也就是拔掉了这些专利的"利齿"。美国和全球的互联网业主们欢呼得救了，省去了一场"大手术"。谷歌、雅虎等八个坚持下来的被告企业更是喜极而泣，他们可以自由使用相关技术，不必支付一美分。

# 第二节　Wi-Fi危机重重

近五年来，智能手机一统天下，无线互联成了时代的新宠。Wi-Fi技术是无线互联的核心，它遇到专利侵权问题，就意味着全球的无线通信网络面临挑战，智能手机面临危机。这是可怕的事，但这样可怕的事在美国每天都在发生。

对Wi-Fi提起侵权诉讼的专利很多，破坏性最大的是Innovatio公司的专利。

## 一、出身名门

Innovatio公司的创始人是著名无线通信公司博通公司的知识产权副总管诺埃尔·惠特利。他创建了Innovatio公司，该公司的大部分专利源自博通公司。博通公司是美国著名的无线芯片制造商，曾经在专利战中大胜高通，奠定了其在无线通信领域的领先地位。这使得博通公司对自己手中的专利资产寄予厚望，希望深度挖掘，于是产生了Innovatio公司。

Innovatio公司手中的大部分专利是20世纪90年代和21世纪初申请的，最早的专利源自20世纪90年代初期两个无线局域网络系统的先驱。他们申请的专利组合中有31件专利，覆盖了无线局域网相关的所有运营。这些专利原来属于一个小公司，该公司被博通公司收购后，相关专利组合落入博通公司手中。这个专利组合中的有些专利已经成功通过诉讼考验。2009年，专利持有人博通公司和竞争对手高通和解结束了专利侵权诉讼，众所周知，高通支付博通8.91亿美元。在诉讼过程中，这些专利的有效性得到国际贸易委员会和联邦巡回上诉法院的支持。

与高通的专利战胜利后，这个专利组合被博通公司转让给不同的公司，支离破碎。2011年2月28日，在Innovatio公司行权前一周，这个专利组合的主要"成员"奇迹般地从博通公司、易腾迈科技公司（物流无线射频识别扫描设备企业）、纽约美国银行等企业汇集到了Innovatio公司手中。专家相信这些转让都是形式上的，其实这些企业在该专利许可中享有实质的利益分成。

## 二、撒网捕鱼

Innovatio公司利用这些著名的老专利，向一万多家服务性企业发出了措辞严厉的许可函件，要求每个连锁宾馆和咖啡馆为使用Wi-Fi路由器支付2 300美元到5 000美元的许可费，不支付就提起诉讼。

撒下这么大的一张网后，Innovatio给出了很低的报价，提出了2 500美元到3 000美元的和解方案。对很多企业来说，这要比雇佣律师对抗专利诉讼要便宜得多。Innovatio公司表示，迟延谈判的话，就有繁重的诉讼工作等着他们，马上签署许可协议的公司将获得很大的折扣。

为了表示自己的专利组合正统合法，Innovatio公司声称涉诉专利已经收到超过10亿美元和解金和许可费，这个数额确实可以吓呆那些企业主们，迫使他们就范。

据统计，到2014年与思科签订和解协议时，Innovatio公司总共发出了1 400份律师函给Wi-Fi的终端用户。正是这个原因，让该公司成了国会反专利团体证明专利大革命"糟得很"的代表。

## 三、不依不饶

服务企业大都对专利许可函无动于衷，希望法不责众、蒙混过关。再三催促无果后，Innovatio公司只得通过诉讼来解决问题。

2011年3月，Innovatio公司开始起诉连锁咖啡店、连锁饭店以及百货商店。为其诉讼做代理的律所是著名的芝加哥"尼禄哈勒和尼禄律师事务所"（以下简称"尼禄律所"）。Innovatio公司芝加哥市区的办公室离尼禄律所很近，相距只有五个街区。

2011年9月，Innovatio公司扩大了专利诉讼攻击规模，一个月之内就立案六起，被告包括美国最大宾馆连锁店的个别成员。

紧接着，Innovatio公司起诉咖啡店、宾馆、饭店、超市、极大零售商、运输公司以及其他无线互联网使用企业，指控他们为客户提供无线网络服务、利用无线互联网管理内部流程侵犯了该公司的23件专利。

Innovatio公司指出其手里的专利组合是覆盖无线互联网标准的基础专利，自己的诉讼不是烦扰诉讼或强迫烦扰和解金诉讼。自己的专利组合很基础，所以侵权现象普遍存在，运行无线网络的企业都侵权，不管是内部企业网，还是为客户提供的增值"无线热区"服务，所以争端才有这样的规模。

Innovatio公司同时指出，很多在运营中使用Wi-Fi技术的公司都接受了专利许可，许可价格还很高。无线热区服务的侵权者是宾馆、饭店、咖啡店。这些服务单位提供免费或者收费服务，他们的客户可以在服务场所使用自己的计算机、智能手机和其他无线设备上网工作、娱乐。

可是这些服务企业主反抗非常激烈，使Innovatio公司的专利许可工作很不顺利。当Innovatio公司尝试与一个连锁宾馆谈判两百万美元的许可时，连锁宾馆说自己有500多个独立拥有的加盟店，Innovatio公司应该从每家收取3 500美元，每家加盟店单独支付自己的份额。Innovatio公司根据这个建议做了，却中了奸计。它发出了几百份专利许可函，因此被该连锁宾馆指责是无产实体，是追求快速许可和解金的投机分子。

# 四、巨头介入

Innovatio公司提起的第一个诉讼案在2011年3月8日，被告为驯鹿咖啡连锁等几家连锁店。

为了保护自己的大客户，同年5月，无线网络设备提供者思科、摩托罗拉两家企业对Innovatio公司的几个关键专利提起了确认之诉。此后，音墙网络、网建公司、惠普等也加入进来，要求法院判决他们的产品没有侵犯Innovatio公司的专利，且这些专利是无效的。

2011年10月，原告思科修改诉讼，指控Innovatio公司使用非法手段从思科、摩托罗拉等企业的客户压榨钱财。还列出了Innovatio公司的一系列"非法"罪状。思科指出，原告公司都获得了涉诉专利的使用许可，根据专利一次耗尽原则，那些设备的使用者不受侵权指控。也就是说，只要购买了专利授权产品就意味着获得了专利使用授权，但Innovatio公司在律师函中没有说明这一点。

思科还指出，涉诉专利是电气与电子工程师协会认定的标准专利，相关专利的拥有者当时承诺这些标准基础专利仅仅用于基于RAND原则的许可，但发放专利许可函已经超出了"合理"的范围。Innovatio公司没有信守标准专利许可承诺，非法获得和寻求获得自己无权收取的专利许可费，极大地损害了与原告、原告的客户以及公众的权益。

思科说，Innovatio公司在许可函中明确告诉无线设备的使用者，威胁说和解要比诉讼便宜，甚至比雇用律师分析这些专利要求项都便宜，还告诉这些企业，涉及的产品制造商思科等公司不会保护自己的客户。事实证明这是欺诈，思科就站出来保护自己无线设备的使用者。

思科总结说，Innovatio公司送出了8 000多封威胁信给咖啡连锁店、宾馆和其他使用Wi-Fi设备的零售商。Innovatio公司的策略是误导、欺骗和非法，实际上将滑向勒索计划，那样就违反了联邦的反勒索法。

经过审判，2013年2月，芝加哥法官驳回了思科公司、摩托罗拉和美国网件公司对Innovatio公司的勒索指控。法官说，他认为Innovatio公司的行为很大程度上受到美国宪法第一修正案原则的保护，至少表面上Innovatio公司提出的被侵权专利还是有效的，所以许可活动不是虚假的。

法官也认定，19件涉诉专利属于标准基础专利。这些专利的原持有人对标准组织IEEE承诺，在合理无歧视的原则下许可这些标准基础专利。根据公平合理不歧视原则，涉案专利组合中的23件专利加在一起许可价值不超过每台设备十美分。在估算专利许可费时，法官采取了对被许可人更友好的方法，以Wi-Fi芯片而不是整个路由器的价格作为计算许可费的基数。

## 五、和解结案

山雨欲来风满楼，在思科等巨大高科技企业的压力下，Innovatio公司感到压力巨大，在庭外的和解谈判中屡屡退步，从开始要求每家企业支付几千美元变化到每个路由器支付几美元。2013年年底，摩托罗拉和音墙网络率先和解解决了与Innovatio公司的争议，撤出了诉讼。

2014年2月，思科在付了1 300万美元诉讼费后，与Innovatio公司达成了结束诉讼的和解协议，和解金为270万美元。Innovatio公司承认思科的一亿多台被指控的设备已经获得授权，剩下850万台每台无线设备支付3.2美分许可费。

如果根据Innovatio公司原来的计算方法，每个接入点收取3.39美元，每个笔记本4.72美元，每个平板电脑16.17美元，每个存货跟踪设备（如条码扫描器）收36.90美元。这四项加起来平均每台Wi-Fi设备收取15.30美元，最后Innovatio公司只收到了3.2美分。

# 第三节　APP难逃罗网

智能手机的最前沿就是成千上网的APP开发商，没有他们开发的各种运用程序，苹果和谷歌智能手机的吸引力就会大打折扣。新兴APP开发商不断吸引风险投资、大型上市融资的新闻不断，无产实体也开始了"发薪日抢劫"。

## 一、四件专利

Lodsys公司2011年春天才第一次出现在大众的视野中，却是近年来美国威名赫赫的无产实体之一。该公司用手中的四个专利提起了几十起侵权诉讼，被告遍及各个行业，在美国引起了很大的舆论关注。

Lodsys公司位于专利诉讼圣地得州马歇尔市，拥有源于一个创意的四个美国专利，专利号分别是5999908、7133834、7222078、7620565。专利最初的创意是互联网上就产品和服务问题与客户互动，为客户提供在线帮助、客户支持、在线教程、在线升级、在线调查，等等。通过申请专利延续案，该专利组合的保护范围延伸到企业与客户互动的所有领域。

这些专利的发明人丹尼尔·艾比洛（Daniel H. Abelow）是发明家、技术顾问和作家。艾比洛毕业于哈佛大学和沃顿商学院，毕业后开始写小说，还做过别人的枪手。他的作家生涯非常成功，写过五本书，其中两本卖到100万册以上。他还在撰写一本关于数字世界和现实世界互动的小说，这部小说基于他最新申请的"现实交替"专利。

艾比洛还是成功的技术顾问，20世纪90年代初他就为一大堆新创企业家做市场推广，包括安装和维护早期局域网和分布式数据库的公司。在此过程中他为几百家公司提供了咨询服务，其中包括思科、埃森哲、IBM、哈佛商学院等。

在与网络接触的过程中，艾比洛深感企业和客户互动的必要，也认识到了互联网在这方面的优势。他在1992年申请了第一件专利并于1999年获得授权。该专利是关于在使用产品时通过数字方式与厂商互动的创意发明，在当时很超前。在此基础上，他又申请了五个相关专利。这些专利成为企业在线客户服务的基础专利，被后申请的相关专利不断引用。据悉，这五件专利最多被引130次，引用这些专利的企业包括来自世界各地的顶尖公司。

艾比洛是发明家，但没有专利许可能力。从专利授权到2004年，他的五件专利还没有一件专利被许可过一次。于是他将这些专利卖给了前来洽谈的高智公司。在向其投资企业大量许可后，高智在2009年将专利剥离给两个专利许可公司，据说高智公司为自己保留了90%的许可收益权。这两个许可公司中广为人知的一个就是Lodsys公司，该公司分到了专利组合中的四件专利。

艾比洛虽然不再是专利权人，但在2009年专利许可开始后，作为最初发明人，他还是不断收到一系列恐吓信，包括死亡威胁。

## 二、诉讼巨企

众多的引用量和高智的背书使得艾比洛的专利价值大增，行权阻力下降。在高智公司和Lodsys公司的努力下，全球500多家公司接受了艾比洛专利的许可，包括苹果、谷歌、微软、惠普、索尼、美国运通公司、福特汽车、洛克希德马丁（航空航天）、万事达信用卡、三星、西门子，等等。这些企业来自五湖四海，遍及各行各业。

从2011年春天开始，Lodsys公司发起了撼动全球的专利行权活动。到2013年7月，已经立案50起，起诉了几十家公司，向全世界各行业各种大小的公司发出的专利许可函不计其数。影响巨大的行权活动包括：2011年2月，诉讼佳能、惠普、利盟、网威、摩托罗拉等公司；2011年5月，诉讼六家网络游戏企业，包括一家越南企业；2011年6月开始，很多成人网站也收到了专利侵权提示函，指称使用在线互动广告、订阅模式、数据收集等活动侵权；2012年1月，在客户不断被寄发律师函的情况下，世界级的网络社区公司Bold Software无奈与Lodsys公司达成保密的和解协议，Lodsys公司承诺不对其过去、现在和未来的客户提出侵权指控；2012年6月，甲骨文一些客户被Lodsys公司追踪诉讼；2013年1月，Lodsys公司起诉通用汽车、东方商事公司等五家企业；2103年2月，Lodsys公司起诉美国大众等九家企业的在线会谈软件侵权。

## 三、攻击APP

"打老虎也打苍蝇"，苍蝇也是肉，Lodsys公司对中小企业主也不手软。

智能手机流行后，出现了一大批智能手机的第三方应用程序。手机使用者可以从应用商店（苹果的iTunes商店，安卓系统的Android Market，黑莓用户的黑莓 AppWorld，以及微软的应用商城等）下载这些程序，这些程序大部分是免费的，也有部分收费。收费的小软件中，不少提供试用版本，在试用满意后，客户可以付费下载收费版本。这些小的应用程序都是由小企业甚至个人开发的，这些人可以称为APP开发商。

据报道，美国目前有超过110万的智能手机APP。APP的开发商大都是独立的中小创新企业，是智能手机领域"大众创新"的典范。一些成功的APP特别是游戏领域的APP已经成长到相当的规模，不断有APP开发商在美国各个证券交易平台上市交易。小荷才露尖尖角，早有蜻蜓立上头。敏感的无产实体闻声而至，要求已经融到资的APP开发商支付专利许可费。Lodsys公司只是要求支付许可费的无产实体之一。

2011年年初开始，Lodsys公司就开始向APP开发商索要许可费，有的人甚至收到了律师亲手送达的文档，威胁如不接受专利许可将面临被提起专利侵权诉讼。不少远在美国领土之外的人也收到了许可函。德国安卓游戏开发商、西班牙安卓APP开发商、英国的APP开发商都收到了侵权函。为了许可专利，Lodsys公司先后起诉过越南的Wulven Games、瑞典的Illusion Lab、芬兰的Rovio等。Lodsys公司如此多的专利行权在无产实体中也是少见的。据专家分析，Lodsys公司诉讼的目的有二，一是获得许可费，二是杀鸡儆猴，吓唬那些没有接受许可、还在诉讼对抗的大中型企业，推动专利许可计划的进度。

## 四、对抗苹果

大的APP开发商纷纷落马，兔死狐悲，其他APP开发商都非常紧张，大家鼓噪起来，引起媒体注意，希望平台提供者苹果、谷歌、黑莓站出来解决纠纷。APP开发商认为关于程序内购买、互动在线广告、在线帮助和更新订阅等功能实际上是由苹果和谷歌提供的，自己是使用公司的开发者工具和相关开发工具开发的，实际上APP开发商承担了他们本身从来不可能想到的法律责任，他们是在替这些大企业受折磨。

APP开发商要保证不侵犯专利权，就得对苹果提供的每个技术进行调查，保证使用的每一个技术都不侵权。对很多APP开发商而言，这样做成本不可承担，况且他们还要给苹果上缴30%的收入。他们希望苹果提供专利侵权免责保护，或者至少在他们遭受无产实体攻击时保护他们。

从严格的法律上讲，苹果自己没有侵权责任，因为苹果从有关专利的前主人高智手里获得了专利许可，是一揽子许可的一部分。况且，在与APP开发商的格式协议中，平台企业都有相关的免责条款。例如，苹果在和APP开发商的协议中规定，APP开发商应该为自己开发的应用软件及其使用者的知识产权行为负责。可是，APP商店的繁荣依赖这些APP开发的软件，而这关系着苹果iPhone的吸引力，影响着产品销售。如果苹果忽视APP开发商的利益任由他们陷入诉讼，就会引来两个问题：第一是被认定无力保护自己的圈子，无产实体会纷纷聚集；第二是在不断的专利诉讼骚扰下，APP开发商退出苹果智能手机平台软件开发。

不能任由Lodsys公司发律师函吓跑APP开发商，所以苹果必须站出来。谷歌也是一样。

在公开的停止侵权与禁止使用公函中，Lodsys公司给APP开发商21天时间作出答复，否则就会面临诉讼。在综合考虑了各种因素后，苹果首先发布了给Lodsys公司的公开信，明确指出为什么Lodsys公司专利侵权指控没有根据。Lodsys公司在苹果方面看好像是双重收费。苹果是Lodsys公司专利组合中四件专利的被许可人，许可条款容许苹果分许可给APP开发商。苹果法务总监给Lodsys公司的信明确指出：Lodsys公司起诉苹果APP开发商没有任何理由，苹果完全准备好保护苹果的许可权。

Lodsys公司明显没有被苹果保护自己APP开发商的函件吓退。为了避免苹果先下手提起确权诉讼，Lodsys公司不退反进，提前行动，在得州东部法庭起诉了至少11个APP开发商。Lodsys公司解释说，出于应对苹果的公函，Lodsys公司必须尽快起诉，这样做是为了保护自己的法律主动权。

无奈之下，苹果和谷歌都站出来参与诉讼，保护自己的APP开发商。苹果申请作为第三方参与诉讼，声称法律容许自己向APP开发商提供专利保护的功能并不受侵权指控。法庭同意苹果加入庭审，这对整个智能手机界是好消息。一旦苹果胜诉，谷歌和黑莓也可以援引保护自己的开发商。

第一次，谷歌和苹果站在了一个团队中配合作战。在参加诉讼的同时，谷歌向另一个方向努力，对涉诉两件专利向美国专利商标局申请了双方再审，挑战专利的有效性。专利复审需要的时间稍微少一点。一般来说，专利不一定被无效，但可能被收窄保护范围，一些权利要求项会被无效，收窄保护范围后是否侵权就要看仍然有效的专利要求权项是否还涵盖有关功能。

苹果和谷歌的介入对收到函件的小企业没有直接帮助，他们还得自救，决定是和解还是对抗。专家讲，谷歌的无效申请没有什么特别的地方，APP开发商需要的是法律指导和保护以及经济支持。很多黑莓的APP开发商也收到侵权函，但近两年黑莓市场不景气，自顾不暇，对APP开发商的支持就更谈不上。可见，所有压力还得这些中小企业主自己扛着。

# 第四节 金融业火烧连营

信息技术迅速普及，美国的所有产业都在信息化和互联网化，为无产实体火烧连营、大规模追讨专利许可费创造了条件。最保守的金融企业最终也被互联网串联了起来。资金丰厚、远离技术领域、缺少法律员工、不了解技术和专利，这些特征使得全美国的金融机构成了无产实体首选的目标。

## 一、人傻钱多

当多金的金融机构竞相抓住不断流行的在线和移动服务市场时，他们就被目光敏锐的无产实体瞄准。最近十年来，针对各种规模金融机构的专利诉讼此起彼伏，被告数量不断高速增加。2000年这样的案子只有12件，2011年上升到240件，而且没有减弱的迹象。这类案件大部分围绕在线金融和移动银行应用展开，如支票成像、安全交易处理等。智能手机领域的专利麻烦也传染给了金融机构。

更可怕的是，金融机构多年来对技术创新非常麻木，对专利更加不敏感。这使得大部分银行相关信息技术创新被大量独立发明人布局了专利，这些风险专利最后掌握在了积极行权的无产实体手里。

最开始遭灾的是大型金融机构，其中最具代表性的就是数据金库公司（Data Treasury）的系列诉讼案。数据金库的两件专利是该公司的"现金牛"，专利号分别是6032137和5910988。这两件专利的保护范围覆盖了扫描支票、然后通过互联网或者传真传输扫描数据到数据库。在法庭上，这两个专利不断胜诉，美国的银行一个个被迫付款。数据金库通过诉讼从摩根大通等大银行获得了超过四亿美元的巨额赔偿金，还不断诉讼其他银行。大银行希望废掉这个无产实体，无效掉这两个专利，他们组成了强大的联盟——金融服务圆桌会议，但效果寥寥。

很多风险投资家都对这两个专利下了注，最后该公司的投资者竟然达1 000多个！

近两年，美国众多诸如金融信用社这样的中型金融机构也遭遇了专利行权问题。这些金融机构多金且脆弱，没有法务部门，即使有法务人员也不懂技术和专利。

在全世界都一样，金融机构是纯粹的技术终端用户，每一个技术产品都是以高价格从著名的、稳健的大企业购买的，所以他们总认为这样高价买的技术产品肯定没有专利问题。金融机构管理者从来没有想过专利的事。对他们来说，专利是很遥远的事，就像在宇宙中运行的大量小行星，危险但很少会与地球碰撞。

事实证明不是这样的。

## 二、九年专利

特拉华州的自动交易公司成立于2000年年初，成立公司的目的是许可发明人大卫·巴塞罗的专利。巴塞罗1995年申请了ATM自动柜员机和互联网相结合的专利，专利许可是自动交易公司的主要营业项目。自动交易公司的专利没有重大技术突破，但非常有前瞻性。在巴塞罗申请专利时，ATM机用的还是原始的网络，用T1线或者是拨号网络连接，没有通过互联网连接。巴塞罗说他产生了互联网可以用来连接传输信息的创意，这是他第一件专利的发明内容。此后他申请了12个延续专利申请，将专利组合的保护范围延伸到不同的应用领域。最后形成的专利组合不但包括关于ATM机和互联网的直接连接，还包括关于通过无线网络、卫星网络连接互联网，以及一个金融机构国际业务间的互联网连接。根据自动交易公司的说明，所有ATM通过互联网传递信息都侵犯了它的专利权。

在申请专利时，该专利技术还是新颖的，也是没有人使用的；但到九年后美国专利商标局授予专利权时，与互联网相连的ATM机已经遍地开花，成为标配和通用技术。

一个给200多家金融机构就该专利提过法律意见的律师说，被行权的专利是历史事故："令人沮丧的是，你必须穿越回专利申请的年代来了解这些专利。在1996年专利申请时，互联网很大程度上没有应用到ATM提供的商业交易。直到2005年该专利才授权，那时，技术已经向前跃进了一大步。"

经过努力，自动交易公司到2005年时已经签约了42家银行，收取了大量的专利许可费。同时，在纽约、佛蒙特、新罕布什尔等州，该公司有十几个案子在诉讼中。

最近一轮的ATM机专利诉讼集中在2013年2月。自动交易公司起诉银行、信用社和独立服务机构。根据法院的登记，该公司起诉了14家银行、五家信用社以及四家独立服务机构侵犯了它的ATM机相关专利。

## 三、求助无望

面对越来越汹涌的专利诉讼浪潮，金融机构手足无措，希望转移或者分担风险。对提供包含专利技术设备的制造商和服务提供商追偿如何？金融机构接到无产实体寄发的专利许可函件后第一个想到的就是这个问题。金融机构不是创新者，没有发明这些技术，他们从供货商购买了技术。购买ATM机时，制造商就保证说是拥有自主知识产权，购买者有权使用所有的技术。服务提供者也保证自己有需要的所有技术的专利授权。现在信用社就要成为被告了，是不是应该向设备制造商和技术服务提供者索赔？这非常合乎逻辑。问题是：第一，这些公司说金融机构只是接到了律师函，还没有打官司，也就是说没有被证明侵犯了别人的专利，没有赔钱。第二，这些狡猾的企业会找理由隔岸观火。制造商说，他们的ATM机获得了所有专利许可；服务提供商说，他们的服务有适当的授权，所以他们都没有违约。例如，他们会辩解说，服务者的技术和ATM技术的结合产生了界面接口，是在这个接口处发生专利侵权，所以这不是他们的问题，专利侵权是在金融机构运行过程中产生的。

## 四、引火烧身

银行面对无产实体没有有效的应对措施，分析利弊，他们只能选择和解。

银行和信用社有专门的人管理风险，但没有专业的律师或者法务具有评估专利许可函风险的能力，函件会在一大堆被诉讼风险吓呆的人手里流转。在每个专利诉讼案件中，咨询专利律师专利的有效性和专利侵权评估就要花掉几万美元。在美国专利商标局走无效程序和法院诉讼就要花更多的钱。如果看得开，不计较对错的话，花钱消灾是最好的选择。

金融机构对专利诉讼的无能吸引了更多的无产实体，这些无产实体大规模围剿金融机构，用最短的时间和最小的投入掠夺他们积累的不义之财，就像吴用智取生辰纲一般，一车一车地运走金银财宝。ATM机、在线和移动银行、智能手机应用、远程票据系统、票据处理等，所有技术领域的专利权人都找上门来收取创新税。平常镇静从容的银行家们脑袋开始冒汗，开始把钱用在贿赂华盛顿的政客身上，大把大把地在美国两个议院撒钱，结果是在2011年颁布的美国发明法中出现了奇怪的第18条。

## 资料: 银行业立法博弈

美国对抗无产实体的立法活动是拖延不决的战斗，先后经历了2005年专利法案、2007年专利法案，议会花了近十年时间才达成了妥协。大企业在知识产权规则上争斗不决，先后卷进去的注册的游说公司就有800个！最激烈的就是被称为无产实体的几家公司与银行团体之间的争斗。

2005年专利法案提出的目的之一就是降低互联网和软件公司的专利诉讼成本。从21世纪初起，很多巨大的科技公司专利诉讼不断，被无产实体紧撺着追讨专利许可费。这些无产实体从互联网泡沫破裂的机遇中收购了覆盖已经产业化的信息技术的专利，力争通过诉讼在法庭上变现。当时的专利行权活动还主要是博彩性质的，就是择肥而噬，选择大公司下手。

据报道，2005年一年，无产实体就用这些低质量专利发起了几百件专利诉讼，搅得科技巨人们寝食难安，急切盼望通过新的专利立法解围。但制药公司立场相反，他们不希望新法影响自己的专利行权活动，经过国会较量，2005年法案流产。2007年专利法案流产的情况也大同小异，无产实体的影响还小，很多人还在习惯性地支持专利行权，反无产实体的媒体阵营和社会舆论尚未形成，"专利丑怪"的"恶行"还没有"大昭于天下"，立法时机还没有成熟。

此后，无产实体的诉讼活动逐渐延伸到服务业领域，首当其冲就是"人傻钱多"的银行业。为了改变专利诉讼的不利状况，财大气粗的银行企业积极参与了专利立法活动。他们积极沟通，成立了金融服务圆桌会议。金融服务圆桌会议代表美国最大银行的利益，强烈支持新专利法案的第18条，其内容是针对商业方法专利创建一个新的专利无效程序，这个程序只适用于金融服务领域。

当时在银行领域积极行权的数据金库公司也不妥协，指出这一条款不是要修改美国的专利复审程序，创造就业，而是要牺牲美国发明人和小企业的利益来讨好整个金融行业。对一个小公司来讲，数据金库为反对第18条作出了惊人的努力。该公司举办讨论会，呼吁记者支持，雇用顶尖的政治操盘手将自己的诉求呈现给立法者，也就是美国国会议员。

　　数据金库公司的游说活动由得州的Nix Patterson & Roach律所负责，在2010年选举中，该律所是民主党全国委员会第三大金主，捐款179 000美元，前两大金主是谷歌公司和另一家律所。Nix Patterson律所为数据金库公司在游说民主党活动中引入了班·巴恩斯，班和妻子那些年以个人名义的捐款就达到了379 000美元。另外巴恩斯还是非常有影响的筹款人，仅2008年上半年就为民主党竞选委员会筹款63万多美元。要知道，在美国，为竞选筹得20万美元即可算做"超级打捆机"。更为重要的是，巴恩斯与当时美国众议院民主党领袖南希·佩洛西关系很近，有过多次合作。

　　数据金库公司在华府最主要的联盟是美国工商业协会，该协会成立于1933年，自我宣传是小企业联盟，代表近2 000家公司。美国工商业协会组织了三次会议，主题就是新法案第18条。据报道，参加会议的议员很多，工商业协会雇用了三个外部说客给共和党吹风。协会还设置了几个网站吸引茶党成员，希望将一些平常不关注知识产权争论的共和党人吸引过来。2010年10月，协会宣布将给数据金库公司的创始人克拉迪奥·巴拉德颁发"本年度发明人"奖，协会还给一个劝说几十个茶党成员投票反对第18条的人授了奖。在斗争激烈时，数据金库公司提升了创意，直截了当地攻击说第18条是国会对银行的秘密救助。

　　与他们对抗的是美国金融中心纽约的代表团，主力是金融服务圆桌会议。金融服务圆桌会议联合了全国零售业联合会支持第18条。这两家游说团体前不久还在信用卡刷卡费的立法中争斗不休，现在却互相支持。华尔街需要盟友支持，确保银行业接受一个特殊的、不应得到的施舍条款。圆桌会辩解说18条是关于专利质量和诉讼滥用的条款，不是对大银行的救助。

　　众议院民主党领袖南希·佩洛西明确反对专利新法案，鼓励其他民主党人反对，佩洛西说，新法案偏袒国际跨国公司，这样立法会失去鼓励美国企业创新的机会。她强烈要求剔除第18条，正好与奥巴马的表述相反。民主党认为第18条是某些人送给华尔街资助人的礼物，挑出一个行业订立单独条款进行特别保护是危险信号，是银行业寡头在使用他们的政治影响力。

　　佩洛西纠合了两个民主党和两个共和党议员，在2010年6月15日给其他议员发出了一份信，怂恿他们反对第18条，说该条为华尔街挖出了一个壁龛，会窒息美国创新。

　　即使这样，新法还是通过了，第18条也保住了。大家心里都清楚，数据金库公司的行为是螳臂当车，胜败在开战以前就决定了：金融家在美国政坛无人能敌。

　　新法第18条的内容是"涵盖商业方法专利的过渡方案"，美国立法者还在2012年2月10日公布了《实施涵盖商业方法专利的过渡方案的细则》及《涵盖商业方法专利的过渡方案——技术性发明的认定》作为细化和辅助。美国这些有悖法制精神的行为成了全世界法律界关注和探讨的话题。

# 第三章

## 利益驱动　创新迷狂

在对美国专利大革命开展严肃的评论和情绪化的批判之前，我们有必要先了解一下美国独特的专利创新机制，了解这个平民化的创新机制产生的背景：英国的技术垄断，美国的万众创新土壤，创设者杰斐逊的良苦用心……

在独特的专利创新机制的护佑下，美国创新驱动发展的高潮一个接着一个。平民原始旺盛的创新力一次次突破其他生产要素束缚脱颖而出，吸引金融投资和产业投资，主导经济发展方向。

在美国经济发展的关键创新节点都会出现"亲专利"景观，也都对应着一场专利革命。每一场专利革命中都有无数专利创新和专利行权故事，讲述着美国创新无产者的艰辛、光荣和梦想，也讲述着美国万众创新机制的矛盾、调整和完善。

# 第一节　变革专利　根深实繁

顺便，这使我想起来，在我创建的政府中，要做的第一件事情，也是第一天做的事情，就是建立一个专利局。因为我知道，一个没有专利机构和完备的专利法律制度的国家就像一只螃蟹，只会横着爬和倒着爬，永远不会向前走出太远。

——马克·吐温　《误闯亚瑟王宫的扬基人》

小说中，马克·吐温通过穿越到中世纪（讽刺英国的封建和宗教制度）的康纳迪克州黑人小女孩卡伦表达了他对专利制度的意见。他的这些意见是创制美国专利创新机制的国父们的意见，也是他那个时代（小说写于1889年）美国普通人的意见。

## 一、独创机制　鼓励无产

历史表明，美国的专利法本身就是创新史上一次开天辟地的创造，是一场创新机制的革命，解放了美国平民大众的创新潜力，在人类历史上第一次实现了"万众创新",使得美国在短短的一百年内成为世界第一大经济体、全球创新的火车头。

## 1. 平民的专利权

专利制度源于中世纪的行会活动,历史悠久。财政困难时,英国国王就会对特定行业的特定商品授予专利权,收取高额"专利费"以提高收入。英国1624年垄断法案废止了国王授予的一般专利权,但保留了授予发明人的特殊的专利权,由此演化出了现代专利制度。英国的这种专利授权保留了很多王室特权特征,这种状态一直延续到19世纪。在这种机制下,专利权被视为国王的恩惠,申请人必须获得一系列官员的支持,最后国王签字,整个过程没有透明可言,申请费也非常高。英国专利系统的另一个弊端是在专利失效前限制社会获得专利说明书,对专利申请人是否是发明人也不关注,英国和其他大部分欧洲国家在9世纪经常授予引进技术的人以专利权,这就使得专利和创新活动的联系并不直接,起不到创新驱动作用。更重要的是,在当时的英国,发明人获得专利前必须要制造自己的专利产品,结果是只有有钱人才能获得专利授权,创新无产者的创新热情得不到专利的保护。

在美国独立前,英国国王享有美洲殖民地创造的一切知识产权,所有美国人的创新都得不到英国专利制度的保障。美国的国父们认识到,要使美国成为机会的土地,每个美国人必须能够获得、许可、出售专利,不管他们的财富和地位如何,只有这样才能促进美国创新活动,改变对美国不利的国际分工格局。

在建国时,美国还是一个落后的农业经济体,没有活跃的国内工业,工业产品几乎完全依靠进口。根据经济历史学家的研究,当时美国的生活水平不但不能比肩欧洲,甚至低于几乎所有南美国家。在创造民主管理机制的同时,国父们当时还面临解放美国公民潜在创造力和促进生产力发展的重要任务,以对抗前宗主国英国的经济封锁。1787年,杰斐逊在给女儿的信中表示,因为美国被剥夺了从英国进口技术的权利,所以要自力更生,"我们有责任发明和实施制造,为自己找到办法,不去依靠别人。"

国父们研究了当时比较先进的英国专利系统,他们了解到英国专利费是普通英国公民个人平均年收入的11倍,专利权人被要求实施自己的专利——根据自己的发明制造产品。高昂的专利费和实施要求限制了英国的创新活动，只有少数有工厂或者有建厂能力的富人才能获得专利。工人阶级等无产者被排除在英国的创新活动外。可笑的是，这一缺陷还被英国的国会看做是英国专利系统的优点。高费率和实施要求将创新活动引导到资本密集型产业，而不是破坏式创新的新产业，而后者才会引起经济的极大发展。

美国的国父们认为，英国的专利架构对美国不起作用，美国除自然资源外所有的资产就是富于进取心和事业心的国民。与英国僵化的阶级社会主要组成部分是佃农和工人不同，大部分美国人是拥有小农场的自由民、商人、店主、手工业者和工程机械师，就是现在所说的中产阶级的先驱。他们普遍做着"美国梦"，充满向上层社会拼搏的野心。为了尽快发展、创造全新的美国创新经济体，美国国父们自觉地尝试着设计一种不同于英国人的专利系统，以激励、开发普通人的创新天分和企业家潜能。简单说，他们要做的就是努力扩大创新者队伍，吸引尽量多的人参与创新活动，包括没有钱商品化自己发明成果的创新无产者。

1789年美国《宪法》第一条第八款第八项规定："促进科学和实用技术的进步，赋予作者和发明人在有限时间内对其作品或发明享有独占权。"从而确立了专利制度的立法基础。1790年美国第一部专利法——《促进实用技术进步法案》由华盛顿总统签署。该法案确立了"足够实用和足够重要"的专利授权标准，同时规定由国务卿、主管国防事务的陆军部长和联邦最高法院法官组成的小组负责专利审查和授权。

新的专利系统与英国专利系统区别很大。第一，美国专利系统确定了一般公民能够负担得起的专利费，只有英国专利费的5%，以确保任何发明人都有财力申请专利。第二，美国专利系统不给专利权人增加实施要求。为了刺激创新者产生新的技术，美国专利法要求申请人是第一个和真正的发明人。第三，为了创新共享，该法规定专利的说明书在授权时就向社会公开，以此加快技术知识的扩散。第四，该法明确规定专利权的许可和转让，创造了世界上第一个新技术的许可产业和第一个专利交易市场。

美国专利法加强了专利体系的创新效率，大大促进了美国的创新活动和创新技术商品化过程。受到低申请成本和相对快速先进的行权机制的鼓励，美国发明人从一开始就对专利充满热情。到1810年，美国人均专利持有量超过了英国，美国的万众创新活动进入良性循环，好形势贯穿了整个19世纪。

美国专利法颁布13年后，杰斐逊总结道：专利法对创新的促进超出了我的想象。

当时，英国的数百发明人都来自特权阶级，美国的数以万计的发明家大多数都出生贫寒，他们是农民、工人、商人、机械师和手工业者。美国19世纪早期的160多名伟大的发明家中，70%以上只接受过小学或者中学教育。美国创新史上大名鼎鼎的马提亚·鲍尔温（火车头）、乔治·伊斯曼（感光胶卷）、伊莱亚斯·豪（缝纫机）、爱迪生等都在年龄很小时就被迫离开学校养家糊口。可见，英国的创新是贵族或者有钱人的创新，美国的创新才是真正的"万众创新"。

美国专利法的整体设计使得美国成千上万的有技术创新天赋的无产者发家致富。发明变成了可以养家糊口的职业。有了美国的专利法设计，爱迪生才有可能从一个贫穷的报童变成企业家。美国很快变成了创新无产者的天堂，越来越多的公民发现他们能够通过解决一些农业和工业问题的小发明来养家糊口。创新致富成立美国梦的重要组成部分，光荣与梦想都和创新发生了直接的关系。

在美国的人均专利申请率中，公民成为创新者的比率飙升。到南北战争（1861~1865年）时，美国百万人均专利申请率已经达到英国的三倍，而且每个专利权人都比英国的同行多产。到1885年，美国百万人均专利申请率达到英国的四倍，而且其中大约85%的专利都能许可出去，转化为商品。

可以说，美国专利机制建设是美国国父们自觉自愿的制度创新和制度革命。他们的努力产生了人类历史上第一个现代专利制度。美国国父们知道这种平等主义将创造一个世界上没有过的创新系统，200多年的立国史证明了他们是正确的。

19世纪70年代，美国作为一个经济大国，正从西半球昂扬崛起，创造了一个强国发展的奇迹。至19世纪80年代，美国的经济已居世界第一。在这个经济飞跃的过程中，鼓励万众创新的专利创新机制发挥了巨大的作用。美国成了人类历史上第一个创新驱动发展的经济体。

## 资料: 杰斐逊的贡献

美国第三任总统托马斯·杰斐逊是美国专利系统的设计者、第一任管理人，也是第一个专利审查员。18世纪晚期的公众人物中，他是专利立法工作最好的人选。杰斐逊自己是个发明家，他发明了犁板、转椅、计步器、折椅、复印设备以及其他东西。他对发明家群体很感兴趣，并且理解他们的需求。

使杰斐逊成为设计和运行专利系统最佳人选的另一个原因是他不完全信任英国式的专利。他认为，英式专利是一种垄断权，对以反垄断天堂作为特征之一的美利坚共和国是危险的。实行英式专利制度对于美国年轻脆弱的经济来说无疑于加上了勒死它的绳索。

杰斐逊对英式专利制度在英国经济中引起的负面作用十分熟悉，在英国，16世纪晚期伊丽莎白一世发现国会拒绝给她提供挥霍资金，她就通过向贵族们出售专利垄断权以获得钱财。1624年，英国国会通过了垄断法案，宣布垄断非法，把专利作为例外保留了下来，用来鼓励创新。麻烦的是英国国会无法确定谁是真正的发明者以及真正的发明是什么，伊丽莎白的继任者詹姆士一世和他的儿子查理一世仍可以向虚假的发明人出售垄断权，只要"发明人"有购买能力。这最后成为1649年英国国会砍掉查理一世脑袋的罪状之一。

杰斐逊认为他可以修补英式专利体系中这一基本缺陷，他的办法是授权审查。只要发明具备一定的特质，就可以授予专利权变成私有财产，而缺少这种特质的创新则被视为人类的共有财产。杰斐逊坚信，学者可以通过学习和推理的力量来决定发明是否授予专利。审查制度是美国对专利制度的最大贡献，已经普遍被现代国家所效仿。

许多启蒙时代的思想都是听起来容易、做起来难。杰斐逊和他的从事专利审查工作的同事们为"发明"的定义费尽心机。杰斐逊宣布，为了获得专利权，发明必须是新颖的和有用的。当然，当杰斐逊使用"发明人"这个词时，他心里想的是一位农民或小手工业者在收获庄稼或者在做门把手时发现一个捷径或设计了一个新的工具使工作更轻松或产品质量更好。工业研究实验室，数千名发明者成为领工资的雇员，在一个几十上万甚至百万人的大企业从事研发工作，这样的场景是不会出现在杰斐逊的头脑中的。

知道怎么制作一把著名的瓦里小提琴吗？谁都不知道，为什么？因为那个时代没有专利保护，安东尼奥·斯特拉迪瓦里只能通过商业秘密来保护自己的创新，这导致他的制琴绝技失传了。因为同样的原因，人类文明已经丢失了无数的创新和发现。

## 2. 万众创新机制

可以说，美国开天辟地，第一次使专利制度真正成为一种创新驱动机制，也使专利制度成为全世界现代市场经济国家创新机制的核心。

19世纪的工业革命推动了各工业国制造业迅猛发展，创新竞争非常激烈，技术创新需求促使各国都在考虑提供更为强有力的创新机制保障。此时，美国进一步完善了专利法。1836年，美国对专利法进行了大规模修订，确立了可授予专利的主题类型的范围；建立了规范化、专业化的专利审查标准和程序。同年联邦专利局正式成立，美国专利制度也进入高速发展时期，大量专利得到授权，大量专利技术得以推广运用，进而专利诉讼量也呈快速增长趋势。

独立战争使美国从政治上脱离了英国的殖民统治，但在文化和技术方面，独立后的美国仍然是欧洲技术的寄生者和欧洲文化的追随者。在技术方面，它是欧洲的净进口国，国内的创造活动有限，主要集中在改进性质的"小发明"。为了保护国内工业界经营者的利益，开始时，美国的专利权只限授予本国公民和居民。1836年之后，美国专利法有了一定进步，外国人可以申请专利了，但美国政府对外国人申请专利的收费仍然是对美国公民收费标准的十倍，如果是英国人则还要多付2/3。

1858年，美国专利商标局局长在年度报告中指出："据统计，在过去的12个月中，国外发明人共作出10 359件发明，而令人遗憾的是，只有42件在美国获得专利。对外国人索要过高费用以及其他充满偏见的歧视性行为，是出现这一现象的主要原因。也许本国政府是这样看待这个问题的：即海外发明对本国即使不是有害的、也是危险的，对其征收税赋不仅在道义上是公平的，而且在政治上也是明智的，就如同对某些外国毒品的进口如此征税一样。"

美国最伟大的总统林肯认识到，专利制度是"为天才之火添上利益之油"，在他的努力下，美国专利创新机制作出了很大变革。到1861年，外国发明人开始被无歧视地对待，美国的专利创新活动也更加活跃。

虽然美国专利制度设计非常超前完善，但受制于19世纪农业经济主导地位和美国是技术引进国的现实，美国专利制度所发挥的作用十分有限。为了鼓励创新，美国政府系统协调一致，积极完善了专利行权体制。在各方面的努力下，美国的专利行权在法律上得到了大力支持，美国的专利创新系统得以正常运转。当然，企业主、农场主的激烈反对也从来就没有间断过，死亡威胁、带着左轮手枪去收专利许可费的尴尬故事不断发生。就是在这样激烈的冲突下，美国的专利创新系统越来越完善，越来越具有弹性，美国的创新驱动发展的目标也得以实现。

1860~1880年，美国的煤炭、钢铁、石油产量逐步超越了英、法等国，交通迅速发展，1875年每天进出芝加哥的火车达750列。工业化目标基本实现，美国成为世界上经济实力最强大的国家。

其实，美国的创新机制在此之前已经得到发达国家的认可。1851年，英国在伦敦海德公园举行了世界上第一次国际工业博览会，史称"水晶宫博览会"。在这次博览会上，美国用自己的创新成就让世界眼花缭乱。当时，美国的工业体系已经非常完整，获得了世人的称赞。美国的发明人作出了很多技术贡献，在降低生产成本方面展现了非凡的创造力。关键是，美国各阶层的人都参与到了创新活动中。

英国精英认定美国专利法是美国创新跨越的根源，英国议会此前近25年的专利法变革探讨就此有了结论。英国在1852年对自己的专利体系做了重大修改，参考了美国的专利制度，目的就是与美国在创新领域再争高下。但现实证明，英国的万众创新死灰难燃，再也没有复兴机会。其实不但是英国，此后的德国、日本、韩国以及我国台湾地区，从美国学习到的都是创新机制的皮毛和枝节，美国的创新精神，美国的整体专利创新驱动机制，特别是"为创新之火添加利益之油"的专利行权机制从来没有出过美国国门半步。

## 观点：两种专利创新机制

从专利创新的角度看，美国的创新战略是激进的、平民化的、革命性的，欧洲和日本的创新战略是保守的、贵族化的、平缓的。其中最大的区别就是美国有较为完善的专利行权机制。欧洲和日本的创新机制缺少行权系统，结果是不断为创新者发放专利奖牌，却很少给创新无产者发放奖金。这些国家主要通过大企业内部自然的创新需求，实现技术变革。这种创新机制可以最大限度地延续传统企业的生存周期，减少创新冲突带来的风暴，增加社会稳定性；然而，创新惰性、错过重大创新机遇等弊端不可避免。美国创新战略是高弹性的、大开大合的跨越式创新战略，是一代又一代创新者的不断革命。在革命中，颠覆性的创新成果不断出现，创新者从一介平民跃升为创新新贵，新的创新企业突然崛起，老一代的创新企业"英年夭折"，退出历史舞台。这就使得美国的创新史是一个高山接着另一座高山，欧洲和日本的创新景观则更像平原和丘陵。在一定程度上，欧洲和日本的经济发展实质上还是资本和要素驱动的，美国的经济才在更大程度上实现了"创新驱动"。

## 3. 无产者的创新市场

美国专利系统是世界上第一个解放普通民众创新潜能的专利系统。为了完善这个创新驱动机制，美国国父们设计了方便专利许可交易的市场。

创新无产者要从自己的创新完全实现利益回报，必须要有强大的法律支持和活跃的创新二级市场。没有专利许可和转让，专利授权对缺少制造资本和管理经验的创新无产者来说就是国家设计的骗局。

美国国父们故意、自觉地创造了一个创新市场，目的是启动美国创新驱动发展的新经济体制。对美国早期发明做过深入研究的经济学家指出，1790年美国第一部专利法在当时非常出色，包含专利权出售的明确条款，法庭和政府都为专利交易提供各种方便和支持。

当时美国的发展困局就像中国现在的经济转型，不过他们面临的是农业经济向工业经济的转型，他们要突破的是英国的技术封锁。他们找到了与中国当代政治家相同的解决方法，那就是"创新驱动发展""万众创新""大众创业"。他们找到的路径是建立一个不同于"英国专利"的专利创新驱动机制。为了这个创新驱动机制的运转，他们必须给创新之火加上利益之油。

与其他权利一样，没有法庭上的行权能力，专利权就没有任何意义，专利许可交易不可能存在，创新市场也不可能形成。有了行权机制保障，美国的各种创新实体才愿意冒着各种风险不顾一切地去创新。有了可信的专利诉讼威胁，制造资源才会接纳创新资产，专利许可和转让的创新市场才有可能存在。

美国方便专利交易的机制是从创新无产者的利益出发设计的。这样做对普通工人和农民在经济上切实可行，他们没有资本商品化自己的发明专利。没有专利交易他们就不能回收创新成本，就不能持续参与创新。在美国专利制度下，发明人可以通过许可或者售卖自己的专利获得收入。强有力的专利创新驱动机制，对专利许可、买卖的鼓励和促进，配合只有英国专利费5%的低费率，使得越来越多的有技术创造力的美国公民将科技发明变成了新的职业，极大刺激了美国公民的创新热情。

美国国父们的决策给美国快速技术进步和经济增长提供了重要动力，专利创新市场的形成对美国产业革命产生了关键的影响。19世纪的专利文献记录证明，美国产业革命中三分之二的伟大发明人是创新无产者，这些创新无产者专职发明工作，将部分或者全部专利许可给生产企业开发新产品。美国贝尔电话公司曾经在公报中披露，自己从外部发明人那里取得了73件专利许可，自己内部仅开发了12件。

专利技术交易机会的增加使得美国黄金时代独立发明人的创新成果非常繁盛，总体上刺激了美国的"万众创新"活动。

## 二、驱动创新　高潮迭现

美国的专利系统是一个完整的创新驱动系统，既有领先全球的专利审查授权机制，也有可根据创新动态不断调整保护强度的专利行权机制。

在专利创新机制的驱动下，美国出现了创新高潮与专利行权革命同时出现的波浪式的奇观。

在每个科技创新的关键节点，美国总会适时调整专利创新系统，降低专利授权门槛，颁发更多的专利权；同时调整专利行权机制，加强创新保护力度。于是，专利行权革命出现，很多发明人靠自己的创新成果发家致富，大量创新企业如雨后春笋。同时，旧的创新循环闭合，新的创新循环得以开始。在利益驱动下，整个社会创新热情高涨，一大批靠创新成功的企业家引领风潮，领先世界的技术创新成果如火山喷发。

一旦创新高潮过去，各种经济发展资源和要素调整到位，美国专利创新系统又会及时调整，封山育林，保护专利技术实施者的利益，提高专利授权审查标准，减少专利数量，同时也调低专利保护强度。革命迅速进入低潮，专利系统进入冬眠期，创新者的狩猎季结束了。于是，创新技术开始低价制造，复制普及，让最大量的技术终端使用者收益，促进经济的跨越发展。

从历史资料分析，美国已经经过了三轮专利行权高潮，也就是专利革命，分别对应三轮技术大变革。第一次专利革命发生在工业革命初期的19世纪中期，对应的是机械技术变革和蒸汽动力革命；第二次高潮是在19世纪末20世纪初，对应的是电力技术革命，第三次高潮就是正在进行中的专利大革命，对应的是信息技术革命。

这三次专利革命规模一次比一次大，影响一次比一次深远。第一次专利革命影响的主要是农业机械技术领域；第二次专利革命影响到了为核心的创新热点领域，包括电影、电视、无线电等等；第三轮专利革命的影响则远远超过了信息技术领域，覆盖了与信息技术相关的各个产业，几乎影响到美国每个企业的命运，所以称之为"专利大革命"。

## 观点：驱动创新的专利行权系统

世界各地的专利系统都分为专利授权系统和专利行权系统两大子系统。前者由政府专利主管部门负责，工作是审查专利申请的实用性、新颖性和创造性，授予申请人专利权；后者由司法系统主管，工作是在专利权人的要求下支持其实现专利赋予的法定权益。

专利行权系统是创新驱动的关键。没有强有力的专利行权保障，创新成果就得不到尊重，发明人得不到足够的创新回报，创新循环难以闭合，创新供给不会增加，创新市场也不会形成。

正是因为强有力的专利行权系统，使得美国的专利制度成为特殊的创新驱动机制。其他国家的专利系统缺乏强有力的专利行权系统，专利证书很大程度上只是发给发明人的创新奖状。

## 观点：创新轴心轮辐

在这一较为完善的，富于弹性的专利创新机制规范下，美国在二战后成了世界创新的轴心，越来越多的顶尖创新成果源于美国。其他国家，包括欧洲国家和日本、韩国、东亚，都只能是创新的"辐"和"轮"，成为美国创新技术的移植者、完善者、复制者和学习者。战后各国的产业也都成了美国创新产业扩散、转移，追求低成本制造的结果。

# 第二节　启动不易　失足授权

创新无产者与制造有产者是创新矛盾的两个方面，不同的利益诉求把他们分隔在不同世界，双方的利益截然相反但又紧密相联，冲突、斗争和合作都不可避免。

美国创新机制启动之初，这个矛盾就显露无余。由于掌握着资本、资源、能源、管理等生产要素，制造有产者一开始就占主导地位，出于利益本能反对和压制专利行权。经过创新无产者不屈不挠的斗争，美国专利保护逐渐加强，专利行权机制渐入正轨，美国专利创新机制起航。恰在此时，专利主管当局授权失度，在农业机械领域引发了美国创新史上第一场专利革命。

## 一、棉花加冕　专利艰难

在只有专利授权机制缺乏专利行权机制的年代，发明人注定是被欺骗、被掠夺的对象。在美国专利体制运行之初，改变美国经济构成的伟大的发明家伊莱·惠特尼就是例子。

到18世纪末，欧洲工业革命蓬勃发展，蒸汽动力时代到来。随着欧洲织布机的改进，对棉花的需求飞涨。远离欧洲大陆的美国其时尚在资本积累时期，农业是国家经济的基础，棉花出口成为美国崛起的最大机遇。可是，由于气候原因，远离美国东海岸的地区只能种植一种绿籽棉花。这种棉花的籽和棉花纤维缠结紧密，去籽非常困难。工人工作十个小时才能手工将一磅的棉花和好几磅的棉籽分离。当时，美国的棉花生产成本很贵，因为大量的劳动力都花费到去籽上面；加上远途运输成本，美国的棉花在欧洲市场没有多少竞争力。

给美国棉花加冕的人是惠特尼。他生于马萨诸塞州的一个农民家庭。惠特尼从小就有机械天赋，曾经用自己组装的机器制造自家农场需要的钉子。由于上大学较晚，他1792年从耶鲁大学毕业时已经27岁了。在农业时代的美国，机械天赋的天才是找不到适合自己的工作的。他无奈接受了南方州的一个家庭教师岗位，但一到位就被砍了一半薪资。一气之下，他拒绝工作，来到了佐治亚州（小说《飘》故事发生地）的萨凡纳种植园，为一个独立战争将军的遗孀工作，协助其管理农场。

这个时期，他开始琢磨提高棉花加工效率的机器。他研究棉花去籽工人的手部运动，制造了一个有坚硬梳子齿状的机器来对付原棉，这些齿去掉了大部分烦人的棉籽。几天时间他就制作出了分离棉籽的模型机，开始效率不高，十小时才能生产一磅无籽棉。经过不断改进，他的机器最后每天能生产几千磅的无籽棉花。

事实证明，惠特尼的轧棉机发明大大提高了棉花加工的工作效率，原来每人每天只能生产一磅无籽棉花，现在可以生产50磅无籽棉花。美国棉花的成本大大降低了，种植园主很快大量种植绿籽棉花，美国南部棉花开始出口海外，满足欧洲企业海量的需求。据统计，美国的棉花出口量在两年内翻了十番，从1794年的13.8万磅达到了1796年的160万磅。"棉花为王"深入南部美国人之心。棉花成了南部经济的基础、南部文化的基础、南部人骄傲的基础。

惠特尼的发明不但影响了南方种植园主的钱袋，还影响了美国的农奴制度。在他的发明之前，南方没有大面积种植棉花，蓄养奴隶的收益不大，黑奴在不断减少中。来自美国南部的国家领导人如华盛顿、杰斐逊等都将奴隶制看做必须扫除的罪恶，大家普遍认为奴隶制会在美国慢慢消失。惠特尼的发明导致南方棉花利润大增，摘棉花和使用机器轧棉花的黑奴数量也随之暴涨。南部州棉花生产大盛，黑奴蓄养有暴利可图，奴隶密度又开始增加。棉花产业的突然爆炸性成功给美国奴隶制带来了新的生机。奴隶被用来为全世界生产几百万磅的棉花时，美国人特别是南部州的种植园主对奴隶制的认识发生了变化。南方的经济极度依赖棉花，棉花依赖奴隶，华盛顿他们的奴隶制不道德的信念被看成过时老套的腔调，奴隶制被看做应该珍爱的制度。美国北部的"扬基"还在固守国父们的理想，于是矛盾越演越烈，最后爆发了美国南北战争。在这个角度看，惠特尼是南北战争真正的"元凶首恶"。

惠特尼发明了轧花机，如果不相信专利制度，理性的选择是将自己发明的机器藏在一个黑屋里，这样就没有人知道发明的具体内容。大家把原棉运到惠特尼的黑屋子前，在另一边收取去籽的棉花，然后交钱走人。开明又天真的惠特尼相信美国刚刚搭建的专利制度，认为专利制度已经使得美国的发明内容共享变得安全。通过专利许可，就可以有几万个轧花机同时工作，促进美国整个国家的劳动效率，自己也可以收取可观的专利许可费。

惠特尼对美国的专利系统充满信心。1793年10月，在完善机器设计后，他立即向国务卿汤姆斯·杰斐逊（也就是美国第三任总统）递交了新发明的专利申请文件。杰斐逊在11月16日回复道："唯一不合法律要求的是没有提交一个模型，一旦收到模型，您的专利就马上核发"。1794年2月，惠特尼完成了自己满意的模型机，3月带到费城杰斐逊办公室演示，并且在1794年3月获得专利授权。

不幸的是，他的发明很快被广泛仿制。到1794年专利授权时，惠特尼的专利机器已经传遍南方。可是，惠特尼个人却没有从自己的专利获得商业成功。惠特尼建立了自己的企业生产专利机器，同时派他的合作伙伴米勒到南方收取组装和使用专利轧花机的许可费。惠特尼的专利机器结构简单，易于仿制，仿制机器太多，所以自己生产的机器反倒销售不畅。不久后惠特尼的工厂又经历了一场火灾，1797年就倒闭歇业了。

此时，惠特尼的唯一盈利来源就只有使用他的专利机器的南方种植园主了。惠特尼要求南方种植园主支付使用他专利机器产生销售额的三分之一作为许可费，棉花种植园主认为太高，不愿支付，并纷纷攻击他牟取暴利，是流氓、无赖。惠特尼到南方法院诉讼，南方法院却偏袒南方种植园主，在法律程序上不断拖延，不愿意很快作出裁定。拖到1810年，他的专利到期，他根据法律申请专利有效期续期，但在美国农场主的整体反对下，他的专利续期申请被无情地拒绝

评论：

　　惠特尼是改变美国历史进程的人，他的发明给了南方人棉花财富，使美国成为举世瞩目的棉花国，同时也延缓了美国农奴制度的生命，促成了美国南北方的对立，导致了南北战争。惠特尼在创造工业北方方面也扮演了重要角色，像他创造了农业南方一样，他又给了北方赢得南北战争的技术。以一人之力影响美国命运，惠特尼独一无二。

了。南方种植园主兴高采烈，他们从此可以合法地免费使用惠特尼的专利了。

美国的法院系统忽视了惠特尼十年，这让惠特尼非常伤心。在1803年给朋友的一份信中，惠特尼写道："我面对着一群堕落的恶棍，和他们混战"。最后他收到了九万美元专利许可费，支付完十年的律师费后，只剩下几千美元。

这一现实使得惠特尼对美国的专利制度心灰意冷，愤愤不平之余，愤世嫉俗不可避免："我这个专利太有价值了，以至于对发明人没有任何好处！"

在1814年到1818年，惠特尼和其他几位同行为了改进枪支的生产而共同发明了铣床，并接受政府的授权，用自己创造的铣床批量制造通用件来福枪。惠特尼的工作大大促进了美国通用零件的发展，为北方工业系统奠定了基础，也为美国北方在南北战争中打败南方奠定了经济基础。惠特尼的铣床生意使得他挣了很多钱，但是，鉴于许可轧花机专利的不愉快经历，他再也不申请什么专利了。

# 二、贫民创新　许可为王

贯穿美国创新史的，是创新无产者和制造有产者的激烈冲突，充满偏见、狡诈、屈辱、无奈，也不乏反抗、暴力、坚持和勇气。

为了生存，美国的创新无产者不甘示弱，带上律师，有时候甚至要带上左轮手枪，冒着生命危险与以野蛮著称的有产者洽谈许可事宜。美国专利创新机制的发展和完善，很大一部分得力于他们的勇气、坚持和牺牲。

到19世纪中期，美国的专利创新机制慢慢转动，开始支持创新无产者的专利行权活动。那个时代的创新代表是缝纫机领域的发明人伊莱亚斯·豪，他从一介贫民通过缝纫机创新成了百万富翁，收入远超当时很多的缝纫机制造商，创造了第一个创新奇迹。

更为重要的是，他没有制造过一台缝纫机，是货真价实的创新无产者。他发家靠的就是一件专利，还有对美国的专利创新机制的信心。

## 需求急迫　欧洲领先

今天，缝纫机很难被认为是复杂的发明，在高科技的信息时代，生物制药和苹果手机才能称为高科技，缝纫机太土了。今天的年轻人很少有人见过缝纫机，但是在20世纪，缝纫机还是中国家庭的"三大件"之一。在19世纪，缝纫机更是开天辟地的大创新。

穿衣保暖是人的基本需求，所以缝纫就是文明人认为的有价值的技艺。不幸的是，长时间手工缝制单调乏味，会让人精疲力竭，尤其是在18世纪和19世纪早期的批量制作衣服的缝纫工厂。当时女缝纫工人靠十指谋生，工作条件很差，报酬低廉，工作艰辛，每天工作十四五个小时，甚至不断有工作累死的传言。美国人托马斯·胡德为此创作了《衬衫之歌》这首歌在美国内战前非常流行。歌中唱道：

> 手指疲惫不堪，
> 眼睑又红又重，
> 妇女坐在肮脏的碎布中间，
> 针线起伏，
> 一针、一针、一针！
> 身处贫困、饥饿和污垢，
> 却仍然用忧伤的旋律，
> 唱着衬衫之歌。

缝纫机可以将这些人解放出来，但创造缝纫机的努力在其出现前的一个世纪中却屡战屡败。这是因为实用的商业化的缝纫机非常复杂，要达到缝纫目的，必须具备十个互补的发明要素：（1）双线连锁缝纫法，（2）尖端有眼的眼子针，（3）带动底线的梭子，（4）连续供线的线轴，（5）水平的工作台，（6）工作台上安置眼子针的悬挂臂，（7）与针头动作同步持续移动的布料供给设备，（8）松可紧的缝线控制，（9）脚控制的机械动力设备，（10）能缝出直线和曲线的设计。

缝纫机必须的这10个要素中有很大一部分在几十年前就被欧洲发明人创造出来，有的还申请了专利。这些创新开始于18世纪中期。用机器做缝纫工作的需求开始于工业革命的第一阶段，工业革命使得社会生活水平总体提升，无所不在的衣服需求日益迫切，手工制作在数量上很难满足需求。实际上，有很多创新活动与上述所列因素的第（2）项，也就是眼子针有关。眼子针在1755年被德国机械师查理斯·维森塔尔创造，他在1755年申请了英国专利，但是没有商业化开发他的发明。1807年，英国的查普曼获得了眼子针绑扎机英国专利，但使用领域有限，他没有看到在自己的专利中开发缝纫机的潜力。1810年，德国的针织品制造商克雷姆斯将眼子针用到链形缝的机器中，可惜的是克雷姆斯既没有申请专利也没有商业化他的发明，最后他的发明在1813年随着他的去世失传了。他死后一年，奥地利的裁缝麦德斯·波格发明了刺绣缝纫机。1839年，波格发明了使用眼子针并使用第二条线产生锁针的缝纫机，他为两个发明申请了奥地利专利，但他的机器有缺陷，不好用，所以也没有商品化。1850年波格在贫困中去世。1841年，另外两个英国发明家发明了在手套上缝制图案的眼子针刺绣机器，可惜这个发明也没有用于通用缝纫机。

上述眼子针缝纫的发明都是概念上的，并不实用。关键原因是早期缝纫机的创意都在努力模仿人的缝纫动作，那就是驱动一根带线的针穿过织物，然后把针再拽上来。1804年，法国的两个发明家申请获得了一个法国专利，用机械钳模仿人手动作的专利，不出意料，该发明只能用于有限的领域。到这个阶段，缝纫机发明人面临的是进行观念突破，打破人手动作转化机器动作的死结。

关键的概念创新首先由一个法国裁缝蒂莫尼埃作出，1830年他发明了一个工业用缝纫机，包括实用缝纫机十个因素的大多数，例如水平工作台和装有针的悬伸臂。他是被认为将缝纫机用于商业化用途的第一人。到1841年，他在自己巴黎的店铺有80台缝纫机为法国陆军制造制服。遗憾的是他生逢乱世，店铺被法国破坏机器的卢德分子毁掉了。一个发明家无法对抗对新发明的喧嚣和反对，包括政府的和经济的。他死于贫困，没有实现任何经济收益。另外两个英国发明家，费舍尔和吉本斯，在1844年也有了概念上的突破，他们的机器使用一个眼子针带动一条线，一个梭带动另一条线，但他们的机器只用于生产织物上的花边。

欧洲旧世界的发明之外，美国发明人在19世纪四五十年代缝纫机创新成果也不少。美国的商人和工程师发现，成功实用的缝纫机不能简单复制人手的动作。美国人率先从概念上实现了突破，制造出了第一台实用缝纫机。

## 贫民创新 推广实难

从1840年开始，美国发明人就开始获得缝纫机组件专利授权，但这些发明意义都不大。直到1843年，伊莱亚斯·豪发明了他的版本，然后是一系列独立的发明和完善性发明，最后在1850年生产了实用的缝纫机。

1839年，伊利亚斯·豪在波斯顿的一个机器厂做学徒，挣着很少的工资，同时被糟糕的身体折磨，生活艰难。有一天，他不经意间听到一个发明人和一个商人的谈话，话题就是缝纫机。发明人问："你为什么不制造一台缝纫机？"资本家回答："我倒想自己能造一台，但做不到。"资本家告诉发明人，假如他能发明一台缝纫机，"我保证你能获得一大笔财富"。豪没有接受过正规的学校教育，没有学过自然哲学或者机械学，但被这段话打动了，开始考虑制造缝纫机要解决的问题。

1843年，他开始热情投入发明工作，希望变成资本家说的富人。当年的秋天，他发明了一台缝纫机。几年后，他申请了一件专利，1846年该专利获得政府授权。豪的专利要求权项保护的内容是"使用眼子针配合梭子带动的第二条线产生锁针"。《美国科学》杂志在1846年立即公开了这件专利，题目是"新发明"。那个时代的人描述，豪的缝纫机模型是所有提交给美国专利商标局最漂亮的模型之一，是工程精品。该模型机每分钟可以缝250针，比手工快七倍。豪专利创造的三个因素构成了19世纪50年代风靡美国市场的辛格缝纫机的核心。

豪生不逢时，当时缝纫企业和有购买力的大众已经被此前声称解决了缝纫机问题的一个又一个发明人弄得失望透了，所以豪商业化自己缝纫机发明的最初努力失败了。1846年10月，豪出发到英国去，希望能说服英国的裁缝使用他的发明，直到1849年才回到美国。他在欧洲推广产品的努力也失败了，回来时比离开美国时更加穷困潦倒。

在豪的发明基础上完善缝纫机并实现商品化的是艾萨克·辛格。他是一个易怒的人，生活却可谓丰富多彩。他是一夫多妻论者，有时候用假名字生活，一生至少娶了五个妻子。辛格婚外有18个孩子，他的暴烈脾气经常使得家里人、商业伙伴和同事恐惧。辛格也是一个聪明的生意人，有与生俱来的灵感和强烈的赚钱冲动。他喜欢自嘲地说自己"只对钢镚感兴趣，而不是发明"。

这种冲动使得他对自己的两个合作伙伴日尔波和菲尔普斯比较宽和，能够沉下心来努力改进缝纫机。

1850年，辛格和合作伙伴日尔波和菲尔普斯签订了一份合同，由辛格改进完善缝纫机。两周后，辛格完成了突破。在后来的一次维权诉讼中，他讲到，自己为了发明"没日没夜地干，一天只休息三到四个小时，一天只吃一顿饭，因为我知道必须完成，因为要卖40美元，或者一无所有。"

辛格缝纫机成功了，他带着模型机去了纽约，雇人申请了专利。辛格的专利在1851年8月获得授权。他的缝纫机满足了商业化缝纫机的所有十个要素。在当时，训练过的手工缝纫师可以每分钟缝40针，豪的机器是250针，辛格的机器能缝900针。

## 艰难行权　起伏跌宕

豪1849年从英国回来了，发现美国大众正在疯抢一种新的缝纫机，那就是辛格的缝纫机。但辛格从来没听说过伊利亚斯·豪。

豪发现市场上的新缝纫机侵犯了自己1846年的专利，不管有多少增加的特征，他们都使用眼子针配合梭子产生锁针达到缝纫目的。豪很快发动了对所有缝纫机企业的专利战。他贫困潦倒，只能找人资助他的专利侵权诉讼，最后他说服了乔治·布利斯投资自己的诉讼活动。

他与辛格公司的诉讼拖得最长，花费也最多。1850年，豪来到纽约市辛格公司的店面调查取证。辛格的儿子向豪展示了辛格缝纫机，这是辛格第一次看到了他。豪很快联系辛格，声称自己的专利被侵权。在此后的谈判中，豪开出了2 000美元的价格，但此时辛格的公司尚未盈利，没有钱给豪。听到有人向他要专利费，辛格性急如火喷，与豪大吵一顿，威胁要将豪踢下店铺的台阶。谈判由此破裂。这样的威胁豪遇到过多次，比这更极端的死亡威胁也遇到过，但为了生存，为了他的创新发财梦，他必须积极面对一切危险。

1851年豪再次向辛格主张权利，要求补偿。这次他要求25 000美元，相当于今天的645 500美元。辛格再次争辩，并雇用了律师。辛格的律师逞一时口快，说到："豪是彻头彻尾的骗子，他自己非常清楚从来没有发明任何有价值的东西。我们已经起诉他，因为他声称自己发明了针和梭子配合使用。"豪非常生气，很快兑现了诉讼威胁，起诉辛格公司和其他几家缝纫机公司专利侵权。在1552年的第一场针对Lerow & Blodgett公司的诉讼中，豪胜诉了。豪获得了针对辛格公司和其他被告的临时禁令。在禁令压力下，大部分缝纫机企业妥协和解了。到1853年9月，接受豪专利许可的企业已经有六家。他们生产的每台缝纫机要给豪上交25美元。

到1853年年底，只有辛格还在诉讼。豪在媒体上打维权广告，辛格就在同一页上也打广告。辛格的广告词是："缝纫机，最近两年马萨诸塞州的伊莱亚斯·豪，一直威胁对世界上所有制造、使用或者销售缝纫机的企业诉讼和申请禁令。我们已经卖了很多机器，还在卖得很快，一直有权卖它们。公众不认可豪先生的借口，很有道理。（1）根据豪专利生产的机器不能实用，他努力了好几年，没有能够卖掉一台。（2）豪名声狼藉，特别是在纽约。豪不是整合针和梭子的机器的原创者，他声称这些发明归自己所有是无效的。最后，我们制造销售最好的缝纫机。"

豪对辛格提起诽谤诉讼，同时还起诉《纽约每日论坛报》发布了辛格的诽谤。那些已经接受专利许可的企业则幸灾乐祸，隔岸观火。当时有媒体写道："所有其他制造商都向豪屈服，他们对待豪和辛格公司的对抗犹如传统西方拓荒时代的妻子看待自己的丈夫和灰熊之间的打斗，哪个胜了对她都无所谓，她更在意看一场生动的、活生生的激战。"

辛格有名的坏脾气再一次体现出来，有人说他咆哮着将自己的脚放到了豪的脖子上，虽然这样做可能让他在诉讼中损失很大一笔钱。双方都寸步不让。辛格公司那几年的销售收入和所有精力几乎都消费在与豪的争斗上。

辛格开始采用现在很多专利诉讼被告采取的策略，力图无效掉豪的专利，釜底抽薪。欧洲发明人的眼子针发明对辛格没用，因为豪的专利要求是创新性地将眼子针和梭子结合产生锁针。辛格开始寻找新的结合这两者的人。他首先努力发掘英国、法国专利库中的在先技术，甚至争辩说缝纫机早就被中国人发明了，但他没有证据。最后他找到了沃尔特·亨特——美国战前多产的发明家。亨特说他早在1834年就发明了眼子针和梭子结合的缝纫机，比豪早了近十年！问题是亨特既没有制造商品，也没有申请专利。

1853年秋天，亨特就他的缝纫机发明申请了一件专利，声称是1834年发明的。当时的《科学美国》杂志对他的专利申请不看好，认为有造假嫌疑，写道："从来没有一种重要的发明没有被一个以上的人说是自己发明的。"

亨特在《纽约论坛报》上打广告，说"致大众：我发现伊利莱斯·豪正在打广告说他自己是原创缝纫机的专利权人……在此我反驳，豪不是他获得专利的机器的原创和第一个发明人。"

亨特向美国专利商标局提起了发明冲突申请程序，并提供了成百页的发过誓的证人证言。这些对亨特非常有利，但专利商标局的负责人在1854年5月裁决豪的专利名至实归。专利商标局确认亨特发明了构成豪缝纫机的要素，但在发明18年后才申请专利，属于怠于行使权利，所以他已经在1834年后放弃了自己的发明，不能再接受专利授权。与他的懈怠形成对比的是豪，他作出了同样的发明，并通过申请专利公之于众。亨特向哥伦比亚巡回法院上诉，指称专利商标局事实认定错误，并说专利商标局决定冲突程序缺乏法律权限。深入审查了亨特的论点后，法官支持了专利商标局的决定。

虽然亨特败诉了，但豪却因为亨特对发明的再发现伤透脑筋。在此后的专利诉讼中，很多被告继续引用亨特1834年的发明来对抗9年后豪的发明。亨特专利申请虽然法律上无效，但给豪的专利行权增加了很多成本。亨特在发明冲突程序中的失败对豪和辛格诉讼的影响非常直接。豪很快在波斯顿起诉销售辛格缝纫机的公司，并申请了禁售令。虽然亨特在发明冲突程序中失败，但辛格却说亨特的发明破坏了豪专利的新颖性，继续攻击豪的专利。法官没有采纳辛格的意见。判决辛格公司侵权，辛格公司只得和解。豪紧追不舍，立即在新泽西和纽约起诉辛格本人。

在重重压力之下，辛格支付了豪15 000美元和解了。辛格同时答应每卖出一台缝纫机支付豪25美元。

豪开风气之先，在1852年发动了专利战，使得他控制了这个崛起中的行业。六年来没有改变豪贫困状态的专利开始每年给他带来几千美元。

## 许可发家　美梦终圆

豪的专利诉讼就像一颗炸弹在专利丛林中爆炸了，在豪专利基础上申请的很多后续专利陆续授权，投入战争。所有缝纫机制造商卷入混战，斗得死去活来。

虽然摆脱了豪的追诉，辛格的公司很快面临无数专利权人的诉讼。据说曾经在四个不同的法庭有20多个诉讼，包括费城、纽约北区、纽约南区。辛格的公司也以牙还牙，在费城起诉主要的竞争对手Grover & Baker和Wheeler，Wilson & Co.。看起来不断的专利权冲突程序会毁了缝纫机这个新的产业。

诉讼数量外，缝纫机专利战还有一个重大特征，那就是诉讼中的证据材料包括很多非常详细的技术证据，既包括侵权产品的证据，又包括专利发明的证据。每一个案件的证据开示都涉及很多书面材料，例如，有个案件就包括3 575页证据。在没有电脑和打字机的时代，一个案件制造这么多手写的文件是很大的工作量。辛格就为诉讼的证据材料准备了一个壁橱。

到19世纪50年代中期，缝纫机生产厂将所有时间、金钱和精力都花到了专利诉讼中，结果是缝纫机产业日渐衰落，生产销售量不升反降。这样下去收取专利许可费也成了无源之水，大家都需要一个解决方案。办法首先是律师想到的，他叫奥兰多·波特，他深入缝纫机专利战，代表一个当时顶尖的缝纫机企业Grover & Baker，他还是该企业的董事长。他提出的解决方法开天辟地，却异想天开地简单：相关的专利持有人将专利放进一个专利池子，由一个商业信托组织管理。1856年，波特找到了一个向各方提出建议的机会。当时主要的缝纫机企业都到纽约奥尔巴尼市参加1854年开始的一个专利诉讼的初审。在庭前的短暂会议上，波特建议辛格公司、Wheeler，Wilson & Co.， Grover & Bake以及豪将专利捆绑起来，一起许可。据统计，到1856年，这四方控制的专利覆盖了所有商业化缝纫机的主要部件。

波特的呼吁得到了其他两家企业的赞成，但豪反对，因为他的专利在当时影响很大。没有他的专利，专利池无法运转。他的意见也情有可原，缝纫机企业将专利放到池子里是为了将自己从专利诉讼中解放出来专心生产挣钱。豪自己不制造缝纫机，通过专利行权、诉讼威胁和禁令收取专利许可费盈利，把专利放到池子里不收费就断了财路。三家企业为了劝豪参加专利池，作出了巨大的妥协。他们答应每台在美国销售的缝纫机都给豪五美元，出口到外国市场的每台给豪一美元。这是保底的许可费。最重要的是，三家企业承诺缝纫机联盟要发展不少于24个会员。这样才能卖出相当数量的缝纫机，保证给豪带来稳定的专利许可费。

缝纫机联盟是经典的专利池，四个成员可以自由竞争，他们交叉许可各自的专利。每个会员为生产的每台缝纫机支付15美元许可费。这笔费用根据如下比例分配：一小部分存入专利战争经费，支付任何联盟专利引起的未来诉讼；豪收取特别许可费，剩下的钱在四个成员中平均分配。到1860年，联盟将许可费降到了七美元，豪的特别许可费也降到了一美元。

有记录显示，接受缝纫机联盟许可的企业生产的缝纫机达到几十万台。联盟为了防卫自己的专利权还在继续诉讼，这样的诉讼又长又复杂，而且花费很多。作为联盟的领导，波特成了缝纫机专利诉讼的主要原告，他代理所有的联盟专利诉讼。由于绝大部分稳定的核心专利集中在联盟的麾下，所以专利诉讼总量减少了。

通过建立专利池，缝纫机制造的闸门打开了，企业可以集中精力投入制造，而不是全天候自相残杀。缝纫机市场慢慢打开了，最后成了美国工业化的一个标志性产品。

通过反抗和积极的专利行权，豪成了崛起的富翁。到1860年，豪在申请七年专利延期的报告中披露自己已经赚了444 000美元，但还认为自己没有收到应得的报酬，他的报告得到专利商标局批准。到1867年他的专利到期，豪收取的专利许可费总共超过了200万美元。当时的作家抱怨道：豪对他的发明劳动来说收取得太多了。

# 三、过度授权　鲨鱼作乱

**观点：**

有了"万众创新"的专利机制，就有了活跃的持续的创新活动，也有了美国创新无产者辉煌的专利行权历史。获得 "利益之油"的路艰难险阻，创新无产者前赴后继，勇敢维权，"为有牺牲多壮志，敢教日月换新天"，改变了自己的命运，也促进了美国专利创新机制的完善。

专利是法定的排他权，保护力度一旦加强，专利持有人就会积极启动手中的专利权。如果相应的专利授权出现问题，大量低质量专利涌入市场，就会出现不可控的专利行权浪潮，影响正常的生产生活，同时给专利创新系统带来冲击。美国第一次专利行权革命就是在这样的环境下出现的。

19世纪，美国农业创新进展迅速，造就了高度发达的农业经济。为了鼓励农业创新，1860~1880年，美国开始了一场专利大跃进。1860年下半年，专利商标局决定创造一种新的设计专利，授予农艺工具装饰图案设计专利权。这样做的目的是降低专利保护标准，鼓励农艺领域的渐进性创新。为了鼓励农业技术变革，专利商标局负责人坚持给最小功能性的技术改进授予设计专利，扩大专利授权范围，增加专利授权量。

1870年设计专利法修订时，美国专利商标局改变了设计专利（相当于中国的外观设计专利）的授权对象，从新颖性且原创性的设计，改变为新颖性、实用性和原创性的设计。实用性的新标准给专利审查流程增加了不稳定性，结果是几乎任何农用工具的革新都能被归类为设计，授予设计专利。有些人甚至认为任何最有用的结构和设计也是最赏心悦目的，对实用性的任何提升同时也增加了装饰性和艺术性。这样，某些纯功能性提升虽然得不到标准的专利（就是美国的发明专利，Utility Patent）授权，但可以获得设计专利。

这一标准推行的结果就是美国专利商标局在"实用"的标准下大量授权设计专利，导致了专利系统的混乱，使得机会主义许可者可以低价取得各种设计专利，包括犁、铲和其他基础的农业工具。

新的审查标准导致了美国农艺领域设计专利大丰收。1870~1880年，美国新的设计专利申请越来越多，专利商标局忙得一塌糊涂。在1876年，专利理事会向国会报告：在过去的七年中，美国专利申请数超过了此前78年的总数。一些增长归因于内战和重建，但主要原因是设计专利性审查标准的改变。

当时美国专利行权的机会主义者被称为专利鲨鱼（shark在英语中也有骗子、诈骗、欺诈等意思），他们购买休眠的农艺专利，主要是设计专利，诉讼不知不觉中使用了这些专利技术的农场主。遍布的专利鲨鱼，在美国全境旅行，闯进农场主的院子，要求支付农具的各种专利许可费用。

到19世纪70年代中期，专利鲨鱼问题开始引起了公众的注意。专利鲨鱼购买了一些休眠的农具设计专利，主要针对终端消费者也就是农场主开展专利行权活动。农业工具的专利许可大网向全国张开，这些律师身份的专利许可者到处旅行，寻找使用侵权工具的农场主，然后就威胁要提起专利诉讼，除非向他们缴纳10~100美元的和解费。乡下的农场主很少知道技术原理和专利法，也没有途径辨别这些诉讼威胁是否可信，聘请律师应对专利诉讼将耗尽大部分农场主的资产，所以他们只能选择和解。

这些专利鲨鱼跟每个农场主的和解数额都很小，但因为当时美国是农业大国，农场主数量巨大，所以大量小额的和解金加起来也相当可观。专利鲨鱼闹得美国没有一个农场主没有被追讨过专利费，铁犁、耙子、收割机、打谷机等，遍布专利陷阱，防不胜防。1878年，在圣保罗联邦地方法庭就有500件专利诉讼案，每个诉讼原告只要十美元专利许可费。不要希望农具的制造企业站出来维护农场主的法律权利，帮助农场主上法庭。他们也自身难保，当时美国的工场主就像躲避传染病、天花和其他灾难一样躲避专利鲨鱼的诉讼。

媒体称他们为不知足的吸血鬼、骗子和鲨鱼。这些专利许可人组织了卡特尔，称为"专利圈"，通过贿赂来操纵国会和专利商标局，劝说审查员通过专利重发来覆盖专利授权后改进的技术；他们还借口说自己没有从发明获得足够的补偿，申请获得七年的专利有效期延期。这些活动在当时的媒体上被不断攻击。

专利鲨鱼过度的攫取激怒了农业活动家，导致了和今天同样的呼吁：彻底的专利变革。大家认为专利鲨鱼的增加源于过度的专利救济、差劲的审查员，强制许可制度的缺乏等等。

各地的农场主在"全国农庄"的领导下，努力解决问题。他们的请愿次数仅仅次于内战抚恤金相关的请愿。他们提出了各种反鲨鱼措施和专利政策选择。当时的变革建议很多，最流行的是无辜使用者抗辩，认为只有被告知道农具申请了专利才能被认定侵权；还有设定最小诉讼额度，帮助个人农户脱离诉讼；第三种建议是强制许可。所有这些变革方法都是为了给不可替代技术的侵权使用创造一个安全港，但都会在整体上弱化美国的专利保护。

这些主张遭到"专利圈"无情的反对。产业代表和创造游说团反驳说不需要改革，任何改革将削弱创新。最有名的现状支持者是爱迪生，他说改革会压迫发明人，还会极大地挫伤和妨碍有益发明的完善，对他自己的压力很大。爱迪生清醒地认识到专利鲨鱼对小型发明人的重要性，因为没有这种支持，爱迪生个人也就不能开展自己的研究活动。

多年的争论后，19世纪80年代后期，专利商标局开始变革，坚持设计专利只向重大装饰性改进授权。1902年的法规提高了设计专利授权门槛，专利商标局的裁定结束了功能性和美学原理的混淆的做法。专利鲨鱼领导的专利暴动消失了。

# 第三节　行权过度　机制受伤

　　19世纪末，美国的创新无产者迎来了第二次专利行权高潮，美国也迎来了历史上最多产的创新黄金时代，美国创新驱动经济异彩丰呈。

　　在这个时代，专利丛林空前稠密，专利许可交易活跃，专利行权活动越来越规范和系统，律师、企业家、金融家都积极参与到专利创新游戏中，专利的各种策略性运用手段都已经出现。

　　在强大的专利行权压力下，创新资产获得了空前的认可和尊重，创新驱动发展崭露头角。然而，新的转折点出现了。独立发明人与金融资本深度融合成立了巨型创新企业，这些企业在专利战中身经百战，深谙专利游戏规则。在政府的纵容包庇下，这些企业利用手中的专利积极垄断市场，剥夺和压制新的创新创业者，严重危害了美国的万众创新局面。整个专利创新机制被这些企业抹黑和拖累，反垄断法的规制日见严格。

## 一、专家行权　冲突空前

　　到了19世纪后期，美国的专利创新机制更加完善，创新无产者的专利行权活动也更加活跃。一些专业的专利行权者出现了，律师深度参与，金融投资也慢慢向创新领域渗透。"长袖善舞，多钱善贾"，各种专利策略性运用的手段纷纷亮相，创新无产者和制造有产者的斗争空前激烈。

### 律师创新　风气之先

　　乔治·赛尔登1846年出生在美国纽约州克拉克森镇，离罗切斯特市16英里。他父亲是个废奴主义者，参与了1856年共和党的组建工作，1857年被选为纽约州的副州长。老赛尔登是当时著名的律师，担任过美国女权主义第一人苏珊·安东尼的辩护人。要不是他拒绝接受提名，老赛尔登就是林肯总统第二任时的副总统，并成为林肯被刺后的美国总统。

　　乔治·赛尔登积极参加了美国南北战争。在美国内战中，因为喜欢马，他参加了联邦第六骑兵团，被分给了一匹报复心强和脾气倔强的马。他要求长官换马，却被告知马匹短缺，只能将就。他一走近自己的马，马就踢他，如果没有踢到他的肋骨，马就情绪低落，马还时不时地咬人和跑开。和这样的伙伴战斗，赛尔登根本无暇顾及叛军的子弹。最后马和人出了事故，在赛尔登骑乘时这个畜生恼羞成怒，直接将脑袋撞到了树上自杀了。赛尔登在马撞树的刹那跳了下来，他的敏捷救了自己一命。从此赛尔登就产生了恐马症，但马车是当时主要的公路交通工具，无马寸步难行。基于这样的切身经历和实际需求，内战后，他就开始研究无马旅行。

赛尔登内战前在罗切斯特大学短暂学习过，战后进入耶鲁大学学习科学。年轻的赛尔登喜欢捣鼓小东西，有机械方面的天赋，但他的父亲希望他继承衣钵学法律。几年后他被父亲逼回罗切斯特学习法律，1871年，赛尔登成为纽约的注册律师，因为专利法与自然科学以及创造发明紧密相关，所以他选择了专利律师。1878年，他已经成立了自己的律师事务所。

很快赛尔登就专心研究路面机动车项目，为此他读了能发现的所有技术资料。19世纪初，笨重的蒸汽机车已经在英国和美国出现。到19世纪60年代，英国已经有在街上运行的火车。可是，蒸汽机车笨重丑陋，需要几个专业工程师合作操作才能前进。在赛尔登看来，路面机动车发明的主要问题是找到一个新的和轻型的发动机来驱动带轮的车厢。他的创意目标是设计重量轻的、自我驱动的有很大续航半径的车辆，并且是只要一个普通人而不是熟练的专业工程师就能开的车辆。

赛尔登开始也做蒸汽机车实验，后来发现蒸汽发动机太大，不能达到他的设计要求。他转向新兴的内燃发动机。

1876年，美国为庆祝立国100周年在费城举办了百年展览会，此展会成了美国经济和科技展示的舞台，整个工业世界都为之震动，其影响和热闹程度不亚于上海2009年的世博会，因为正是在那一年，美国的GDP跃居世界第一。赛尔登也参加了展会，展示自己发明的制造桶箍的机器，这给了他观摩学习最新完美发动机的机会。巨型的发动机是当时的主流，笨重、吵闹，体量巨大，动力源是蒸汽和煤气。1 160磅双循环的布雷顿发动机也在参展，虽然很大，但赛尔登认为有改进潜力，是驱动路面机车的是首选。赛尔登仔细观察了该发动机的设计。值得注意的是布雷顿发动机是柴油发动机的前身，是不断压缩引燃类发动机，不是今天的常见的火花点燃爆炸发动机。

展会后，赛尔登开始对布雷顿发动机做大幅度的改进，很多改进在现在的汽车中还在使用。赛尔登也做了大量的试验，他将曲柄箱整合进发动机，使之成为一体，这样他就可以剔除笨重的座板、往复式部件和步进梁，大大减省了布雷顿发动机的体积和重量。通过使用短行程的小活塞，赛尔登使得速度补偿活塞头部分空间成为可能。最后，赛尔登设计的发动机加上附件总重量达到每制动马力不到200磅（布雷顿最轻的设计也超过800磅），每分钟转速500转（当时最好的内燃机转速还不到250转）。这样，他发明了可以装进双轮单座轻型马车大小车厢的发动机。虽然这些研究实验工作被经常性的资金短缺打断，但赛尔登还是努力完成了整个发明工作。他兴奋地对技师说：我们打造了一种新动力。

赛尔登将自己改进的发动机与其他基础构成部分组合到一起，设计了最早的汽车。赛尔登设计的汽车包括离合器、脚刹、消声器、前轮驱动，动力轴转动比驱动轮快。赛尔登的发动机有六个缸：三个动力缸和三个压缩缸，装备有一个空气压缩罐，空气进入动力缸，与液氢燃料混合，然后根据布雷顿原理燃烧。这些部件在当时都是公知的，但组合在一起就是创新和可专利的。这是车辆历史上的重要变革，注定要引起美国交通革命。

赛尔登在1879年申请了专利，他将自己的发明定名为：一种液氢燃料发动机驱动的改进路面机车。专利说明书描述道：本人发明的目的是一种安全、简单、便宜的、重量轻的、易于操纵的、能够有足够动力爬上一般斜坡的公路机动车。到今天为止，使用蒸汽发动机驱动公路机动车面临的困难是锅炉、发动机、水、水罐加在一起的重量很大，复杂的装备需要调整适应复杂的公路状况，需要熟练工程师的参与以应对意外事故，不雅的机车外貌等等。本人成功地克服了这些困难，设计出了一种微缩版液氢燃料发动机，能够与部件配合运作，机动车的承载能力适于运输人或者货物，不需要熟练工程师和蒸汽锅炉、水、水箱、煤炭和煤箱等，极大地减少了机动车的重量，一般人只要受简单训练就能操作。

赛尔登专利申请书上的一个见证人就是后来柯达的创始人乔治·伊斯曼。此人后来享誉全球，当时他还是赛尔登办公室同楼公司的一个不知名的雇员，他当时萌生了让每个人接触照相机的创意，与赛尔登有共同语言，臭味相投。

19世纪末是人类历史上重大发明的黄金时代，也是伟大的发明家辈出的时代，汽车技术领域也是如此。在美国，赛尔登独自奋斗；在欧洲，相关的发明活动热情高涨。在赛尔登申请专利时，德国的尼古拉斯·奥特发明了电火花点燃汽油和空气混合物在气缸内爆炸的发动机，与现代汽车使用的发动机基本相同。在赛尔登申请专利几年后，欧洲的科学家纷纷从蒸汽机转向内燃机。本茨和戴姆勒用奥特发动机在德国实验成功，法国制造商上演了汽油机车和蒸汽机车的竞赛，最后蒸汽机落败。同时，法国人还画出了内燃机动车的草图。

为了开发发明成果，商品化汽车，必须获得资本。赛尔登努力去做，他找到了一个杰出和富有的制造商，努力引起他的兴趣，希望募集到5000美元制造全尺寸模型。但该制造商说他疯了。赛尔登反唇相讥对方顽固不化，最后双方关系破裂。几年后，经过努力，赛尔登引起了六个企业主的兴趣，但时运不济，其中的一个突然死了，另一个破产了，第三个生病住院了，第四个遇到意外事故去世了，看到这种情况，其他两个也临阵退缩，改变了主意。当时，很多美国人崇洋媚外，更愿意向欧洲发明人了解技术，而不是一个美国律师。直到德国和法国企业制造商研究出了成果，证明了汽油车的优势，美国制造商才开始认真考虑汽车相对于当时流行的蒸汽车和电车的优势。

## 专利潜伏　合法拖延

有一段时间，美国企业界突然普遍相信蓄电池可以解决无马公路交通问题，但赛尔登坚信自己选择的路没错。他相信有一天技术会向自己的创意发展，汽车的春天总会到来。他不希望到那一天自己的专利失效，自己成了创新烈士，收不到任何回报，所以决定拖延专利审查。

赛尔登不希望自己的专利很快被授权，他不断修改使得专利申请处在悬停状态，具体方法是总在法定的两年时间内提出新的修改意见，重启审查程序。

赛尔登的专利在美国专利商标局开始了漫长的潜伏，在此后的16年5个月零2天中不断修改和答辩。赛尔登因此在此后的诉讼中被批评钻法律的空子，但这在当时是司空见惯的操作策略。

在19世纪，美国专利法是真正的滥用权利的丛林。1836年的专利法案没有规定申请人对专利商标局审查意见的答辩期。1870年限定为两年内修改和完善，但这两年可以无限更新。到了1894年年底，美国专利商标局发现有50 507件拖延的专利申请，其中12 000件潜伏了两年以上，五件（包括赛尔登的专利）潜伏期已经超过了15年。

被激怒的专利商标局行政长官命令在1895年4月，所有这些潜伏专利的申请人必须解释为什么自己的专利申请悬停不动，否则就拒绝审查和授权。这个命令起了效果，在当年将专利悬案减少到了6 859件，但赛尔登的专利安然潜伏了下来。在1879年，还没有人看到汽车的曙光，如果赛尔登预见到汽车产业最后的发展故意迟延他的专利授权，直到汽车的需求出现，那他的眼光也够长远的。赛尔登的这种专利策略就是著名的潜水艇专利策略，要旨是操控申请流程，延伸保护期。通过这种手段，可以隐藏专利很多年直到授权，然后根据计划使专利获得授权，突然浮出水面袭击已经使用专利技术生产产品的企业。

赛尔登被很多技术历史学者苛评，说他是"系统和故意拖延战术的完美大师""拖延王子"，从现有资料看这并非虚言。

每次修改，专利商标局给赛尔登的审查意见只用一个月或者更少，但赛尔登的每个答复都等足24个月，也就是730天。他的解释是自己在努力找资金制造自己的发明产品，但每每无功而返，证据证明他努力做了。在这期间，他将原专利申请的19个权利要求项修改了个遍，跟上了最新的技术变革步伐。总结来说，赛尔登在原专利申请基础上修改了100多处。赛尔登专利悬停了16年多，其中专利商标局积极处理占了7个月，赛尔登答辩和支付最后的审查花费了15年零11个月。1895年11月5日，赛尔登的专利授权了，专利号是549160。赛尔登专利与当时一个新杂志与同月诞生，杂志名字叫《无马时代》。

## 制造不易　屡败屡战

赛尔登专利出生了，但开始时没人关注，赛尔登意兴阑然。汽车制造商亚历山大·温顿支付赛尔登25美元，保留了90天制造专利车的选择权，但这个选择权一直没有生效。

命运总在不经意间惠顾。1899年2月的一场暴风雪给塞尔登带来了希望。律师和金融家威廉·柯林斯·惠特尼闷闷不乐地从他的大厦的一扇窗户看着茫茫不停的暴风雪，因为他出不了门。一座座雪堆使得交通瘫痪了，只有新引进的电动机车可以在雪封的马路上穿梭行走。

这场雪很大，很多人多年以后还提起。但很少有人知道这场暴风雪对刚刚诞生的机动车的发展发生了长远影响，它勾起了美国专利系统编年史上最重要的一场诉讼争斗。

作为美国工业发展强有力的领军人物，惠特尼被电动小车穿越漂流的雪堆的风姿深深吸引了。雪还没化，他就迫不及待地和合伙人汤姆斯·赖安购买了那家电动机车企业——艾萨克·赖斯电动车公司（以下简称"电动车公司"）。惠特尼的计划非常庞大，在他的支持下，电动车公司宣称将在美国主要城市投放12 000辆电动出租车，下一步就是找到能接受如此大订单的制造企业。

1899年，惠特尼到康涅狄格州哈特福特市见当时著名的量产机动车的企业主克罗内尔·蒲伯，他生产的哥伦比亚自行车享誉全美。惠特尼也见到了蒲伯的助手乔治·戴。两人很快发现了共同点：对汽油驱动的机车的厌恶和对电力未来的无限信仰。他们很快就撇开了订单的事，惠特尼建议蒲伯的公司与电动车公司合并，主抓生产制造，就用著名的哥伦比亚商标，成立哥伦比亚机动车公司。

惠特尼是第一个是使用持股公司作为金融运作的人，他希望以此控制了全美的公用系统和公共交通系统。在惠特尼的计划中，电动车公司将成为很多下属分公司的持股企业，通过遍布主要城市的下属公司运行纽约、波斯顿、费城、芝加哥等城市的电动出租车。

作为白手起家的百万富翁和克利夫兰总统时期的海军部长，惠特尼精明无比，结合当时并购企业的经验，他询问是否有挡住他计划的基础专利。年轻的专利专家赫尔曼·康兹是蒲伯的员工，马上递交了一份三页的专利名单，包括蒸汽、电力和汽油驱动的机车。三年来康兹一直纠缠着蒲伯，提醒他名单上的一个专利，也就是赛尔登专利，坚持说蒲伯的汽车试验侵犯了这个专利，但管理层对他的的热情提醒充耳不闻。

惠特尼不同，他渴望从康兹了解更多讨厌的赛尔登专利的信息。蒲伯公司的发明家马克西姆坚持赛尔登专利勾画的发动机完全不实用，是一个笑话。康兹坚持专利说明书的措辞决定了专利的保护范围，赛尔登专利覆盖了汽油机车的所有部件组合，所以是非常厉害的专利。康兹说，当时全美一百多个后院和几十家小型汽车组装工厂组装的每一个汽油机车都摆脱不了赛尔登的专利。马克西姆认为不必乱想，如果康兹是对的，那就可怕到不必相信了，因为法不责众。

这些争论与惠特尼的电动车计划有什么关系？答案是一点都没有，因为他们要做的是电动车。可是惠特尼很敏感，几年前他被一个纸制品专利弄得灰头土脸，使得他对专利持谨慎审查的态度。有这么厉害的专利？于是惠特尼问：谁是赛尔登？

当惠特尼了解到其他五个华尔街投机家正在计划用25万美元购买赛尔登专利时，他决定出手。赛尔登接受了惠特尼的要约，因为他不愿将专利交给投机者，希望转让给制造企业，而当时候惠特尼风头正劲，野心勃勃，赛尔登对他也充满信心。1899年11月，在专利有效期剩下13年时，赛尔登将自己的专利独家许可给蒲伯和惠特尼的公司，每台机车要15美元许可费，保底许可费每年5 000美元。

虽然惠特尼希望将电作为机车的动力，但最后还是认识到大众对电动汽车不感兴趣。为了找到新利源，他想到了囤积的赛尔登专利，也许蓬勃发展的汽车行业可以为他们提供足够的许可费。

## 联盟行权　势不可挡

当惠特尼打算用凡尔登的专利收取许可费的风言风语到处传播时，汽车制造企业都打了个冷战，电动车公司虽然衰弱了，但有了赛尔登专利，加上惠特尼的资金，在专利诉讼中可以说是无敌。《无马时代》月刊将电动车公司称为"铅出租车托拉斯"，因为惠特尼控制了生产铅酸蓄电池的蓄电池公司，该公司为电动车公司提供电池。

月刊编辑建议企业不理这个过气托拉斯的威胁。杂志称惠特尼的团队风格怪异，假如他们还留有一点点自尊心，他们就应该高高兴兴地退休，将场地留给风华正茂的汽车制造企业。

惠特尼不理睬这些建议，他的律师开始积极行权。1900年6月，汽车的领先制造企业都收到了惠特尼公司代理律师的函件。"我们的客户通知我们你正在制造和推广销售赛尔登专利覆盖的机车，我们通知你这是侵权行为，要求你立即停止侵权并立即向专利权人提供适当补偿"。一个月后，法律行动开始了，目标是特选的零部件制造商水牛汽油发动机公司、最大的汽车制造商温顿机车公司。律师同时还选择了两个没有应诉能力的公司起诉，其中一个公司实际上只是两个在自己家后院组装汽车的年轻人。律师同时还提起了另一个专利诉讼，针对纽约进口欧洲汽车的进口企业，这样就堵塞了所有企业的进口通道。

当时各大媒体关于诉讼的新闻报道都是同情制造企业的声音，表达五被告以及其他潜在被告的愤怒和不满。一开始舆论就对惠特尼不利，在大众眼里他们就是金融幽灵和产业垄断者。

1902年秋天，温顿公司的诉讼费不断攀升，账户迅速萎缩，此时又传来消息，说有七个制造商已经申请接受了赛尔登专利的许可。公司管理者战斗意志瞬间崩溃，开始秘密与电动汽车公司谈判和解。电动汽车公司的董事长此时是乔治·戴，他要求对每辆汽车征收5%的专利税，温顿认为太高了。两个底特律的制造商认为最好的方式就是联合行动，在他们的坚持下，成立了一个由十家汽车制造商组成的联盟，建议电动汽车公司只收取0.5%的许可费，威胁如果不答应他们的建议就支持温顿公司抗辩到底。

态度冷静的戴先生和制造联盟谈判开始了。在1903年5月非正式会议上，双方的对抗达到了高潮。在开车去惠特尼豪华大厦的路上，制造联盟五人代表团选马萨诸塞州的卡特勒为发言人。在会谈中，每当惠特尼和他的律师团让对方相互磋商建议新提出的条件时，科特勒就一次次重复事先商量好的措辞。他举着潦草记录发言的破损信封，用新英格兰口音一板一眼地念到："我们将支付1.25%的许可费，产业联盟决定谁被该专利诉讼，谁被许可使用该专利，这就是我们的条件"。声音低沉，带着鼻音，表情坚定。同时，产业联盟的其他人正襟危坐，一言不发。世故圆滑的惠特尼马上意识到他遇到了真正的对手，只好认输，达成了成立授权汽车制造商联盟的协议。

1903年3月5日，授权汽车制造商联盟（以下简称"联盟"）成立，有十个成员，包括电动车公司和温顿公司，戴先生被任命为总管。联盟决定对外许可所有成员的汽车相关专利，当然核心是赛尔登专利。联盟决定对每辆汽车收取标价1.25%的许可费，0.5%给电动车公司，0.5%给联盟，剩下的0.25%给核心专利的发明人赛尔登。出于不可披露的原因，在三个月前的一份协议中，赛尔登同意将自己一半的许可费支付了积极进取的乔治·戴。

当时美国公共广播公司有一个节目，由一个富有的医师和他的技师从西海岸的旧金山开着温顿公司的汽车一路开到东海岸的纽约。经过63天的艰难跋涉，他们成功了，温顿汽车因此名声大政，销量上涨，授权汽车制造商联盟的前途于是一片光明。

联盟出版了年度使用手册，包括联盟企业的不同车型说明。1908年手册中的声明写道："在70年代早期，乔治·赛尔登做公路旅行实验，最后设计了一款内燃发动机并于1879年5月申请了专利。这比德国本茨和戴姆勒的汽车早了五年。美国专利商标局授予赛尔登的专利号是549160，授权日是1895年11月5日，授于17年的排他权，包括制造、销售和使用他的发明。该专利覆盖范围很广，所有汽油机车都包括在内。主要制造商和进口商在全面调查后确信该专利有效，已经获得了该专利的许可，成立了授权汽车制造商联盟，以保护自己的权利和经销商及产品使用者的权利。联盟成员持有包括上述权利在内的400多件专利，防止被使用专利汽车改进却不顾及别人权利的人侵权。联盟的制造商和进口商都完全独立运营，保持自由竞争，相互之间没有商业联盟关系，成员间唯一的联系纽带就是对专利的认同，坚信这种认同是自己的产品购买者免除侵权诉讼威胁的保障。"

依靠赛尔登专利，授权汽车制造商联盟聚敛了大量财富，专利授权生产的汽车销量成倍增长，许可费滚滚流动。最兴旺时，授权汽车制造商联盟的被授权企业占汽车制造企业总数的87%，这些企业汽车产量占美国汽车总产量的90%以上。1910年，联盟总共收到200万美元专利许可费，被许可人包括几十家制造商，一些许可费被作为红利返回给被许可的制造企业，赛尔登个人收到许可费的1/10。1909年中期，赛尔登已经收到了大约200万美元专利许可费。

## 福特抗争　形势逆转

1863年，亨利·福特出生在美国一个普通的农民家庭。1882年，年轻的他进入底特律爱迪生照明公司担任工程师，"汽车之父"和"电灯之父"由此结缘。

或出于天生的敏锐，或得益于公司的创新氛围，不管是什么理由，从1893年开始，福特开始试制汽车。1896年6月4日，福特终于发动了自己借钱买零件拼凑的汽车。当时，为了把停在工棚里的汽车开出门，福特竟然用大铁锤打掉门框，拆墙出去。路上，福特的朋友毕夏在前边用自行车开道，福特驾车开遍了底特律的大街小巷。

1898年，当时正在研究如何通过蓄电池发动电动车的爱迪生鼓励福特："你的车比电动车好，它自己提供动力。不要放弃梦想，汽车的构想非常优越。"除了爱迪生，当时的底特律市长梅伯利也非常支持福特，并发给他第一张美国驾照。1899年，福特向爱迪生辞去了总机械师的职务，开始了自己的造车之旅。

授权汽车制造商联盟没有和特立独行的亨利·福特处理好关系。福特至少两次申请赛尔登专利许可都没有成功。1903年夏天，他的便宜的汽车就要生产了。联盟却拒绝授权，负责人对福特说：在申请会员认证前，先回去制造一些汽车讨个名声。他们将福特的工厂看做装配车间，当时业内很多人都这么认为。

实际上这个决定与当时联盟主席史密斯的私心有关，他是奥兹公司的财务处长，该公司生产的汽车出厂价650美元，而当时福特A型车的市场报价只有750美元，史密斯显然不希望市场上出现强有力的对手。

福特资金即将耗尽，第三次找到联盟，史密斯发出了最后通牒，联盟准备许可给福特赛尔登专利，条件是他的汽车出厂价必须提高到1 000美元，且每年只能生产1万辆。福特汽车公司的秘书后来成为著名参议员的考森斯认为这太过分了，他当场咆哮道："赛尔登可以带上他的专利，随它下地狱去！"所有眼睛都转向福特。斗志旺盛的福特坐在一张斜靠在墙上的椅子上，火上浇油："别看我，考森斯已经回答了你们！"

"你的人是傻瓜"，史密斯生气地说，"赛尔登专利会让你倒闭破产。"考森斯哈哈大笑，福特站起来指着史密斯说："让他们来试一试，就你挑的事。"

福特仍然决定生产和销售汽车，并宣称无意支付专利使用费，而赛尔登专利也无效，因为赛尔登描述的汽车组装起来也走不了。联盟在第一时间起诉了福特。戏剧性的是，福特，这个没怎么受过教育、讲话直率的中西部美国人，对抗了整个汽车业和华尔街强有力的利益集团，受到了公众的拥戴。使得福特汽车名声大震。

联盟开始在媒体上打警告广告，告诫人们不要购买未经赛尔登专利授权的汽车。授权的汽车都在仪表板或者门芯板上有个小铜牌，如果没有小铜牌，就可能面临侵权诉讼。作为未经授权汽车制造企业的领头羊，福特也购买整页的广告版面，有时候就在联盟广告对面的版位上。福特意识到了联盟诉讼可能带来巨大的宣传价值，就宣称假如联盟诉讼自己来帮助推广福特品牌，他就给这个托拉斯1 000美元。

1903年秋天到了，新生的汽车产业都屏心静气地关注着摆好阵势准备厮打的双方。其他未获联盟授权的汽车企业都表示中立。被福特广告刺激了的联盟决定诉讼解决。

1903年电动车公司和赛尔登作为共同原告在纽约州起诉福特及其纽约的代理商专利侵权。为了达到最好效果，诉讼一开始就充满火药味。联盟希望吓跑未获授权汽车制造商的客户，报纸上的广告标题就是：不要买车买来诉讼。福特针锋相对，他的广告是：保证赔偿客户被诉讼的损失。

汽车业界希望一场彻底的对决来维持行业的持续稳定发展，福特也决定放弃庭外和解。其他四个诉讼接踵而至，被告分别是福特车的买主，一家新的福特车代理公司，在美国销售自己品牌汽车的法国庞阿尔雷诺汽车公司，以及一家总部在巴黎向美国推销法国庞阿尔雷诺汽车的荷兰公司。虽然法国车1902年在美国只售出了265辆，但为了堵上所有漏洞，惠特尼帮还是将法国公司及其代理送上了法庭。

为了方便审判，五个诉讼被分成两个共同诉讼案审判，一个合并三个福特相关诉讼，一个合并两个法国车诉讼。1913年之前，美国的专利诉讼不公开，证人在律师事务所、宾馆或者其他地方被法官或者是公证人质询。这就无法有效排除外界干扰，这种有缺陷的系统必然难以避免拖延和昂贵的争斗，但媒体也很难写出精彩的报道。为了拖垮福特，惠特尼帮说，鉴于证据数量庞大，原告要求两案单独取证，结果就产生了赛尔登案惊人的文件量，有14 000多页，包括500万多字。这在今天的研究者来说是早期汽车历史重要的技术史料库。

诉讼双方都动用了最强大的律师团队。福特的应诉律师是60岁的不知疲倦的底特律律师帕克，他是中西部人，胡子花白混乱，带着惠特曼风格的宽边帽，衣服褶皱起伏，与对面华尔街的奶油律师团队形成鲜明对比。当赛尔登出场作证时，气氛达到高潮。赛尔登是著名律师，作证时与帕克冲突不断，使得法庭气氛非常紧张。赛尔登在领带的结上戴着一个金领带夹，图案是他的专利草图，轮毂和车灯用小钻石做成，车身是蓝宝石。尽管双方的敌意无法掩饰，但在结束作证后，赛尔登送了他的底特律同行一个同样的领带夹，说：一点心意。

为了迎合法官和陪审团"崇欧美外"的时代风情，联盟从遥远的欧洲请来了明星证人。他就是苏格兰的专家克拉克，他作证协议为期两个月，预付款二万美元，还有其他津贴。他是欧洲受尊敬的发动机标准文本撰写人。事实证明克拉克的专业主要限于固定发动机，虽然他在英国很多专利案件中作证，但在对帕克的质证中显示出他对美国专利法并不了解。长达30万字记录的举证结束后，克拉克感伤地承认案件可能坏到他手上。事实证明联盟的这一举动确实是弄巧成拙。

1907年，联盟方面坏事连连，先是11月赛尔登专利的总管——56岁的戴先生在佛罗里达去世，12月电动车公司因为抵押负债350多万被破产接管；而充满活力的惠特尼早就离开了队伍，在1904年因阑尾炎去世。

电动车公司的经济问题引发了一波联盟会员抵制许可费浪潮，麻烦越来越大。很多会员威胁离开联盟，除非降低许可费率。最后许可费在1908年降到了1%，还规定了1/5可以在季度末到期后15天内交齐。这使得有效的专利许可汇率降到0.8%。即使如此，还有不少企业完全拒绝缴纳，包括通用汽车的创始人杜兰特，联盟就通过诉讼迫使他们缴纳。

为什么福特对诉讼举重若轻而电动车公司不堪重负？答案是福特汽车的生产流水线能帮助公司快速成长，福特发现与联盟打官司比缴纳专利费更划算。在1908年前，在联盟许可费率下降前，福特平均每辆车要缴纳12.50美元，但与联盟打官司每辆车只需要抽取6.8美元，也就是说，诉讼不交纳许可费可以节约一半费用。到1908年，也就是诉讼的第五个年头，大部分证据已经举证，但准备摘要的工作量很大，与有关专利相关的诉讼案堆积的证据可以装满两辆标准的运货车厢。

1913年新的诉讼程序引进前，美国专利诉讼取证工作必须在正式任命法官前很早就完成。法官的选择也要靠运气，经常决定于法庭排期日程。福特的律师帕克怕碰上霍夫法官，因为他不是专利法官，但案子还真到了这个法官的手里。

1909年3月28日，双方的律师聚到法庭参加最后的六天审讯。在原告律师开始辩论介绍赛尔登专利时，法官打断了他："谁告诉我液氢燃料发动机是什么？"看来这个法官确实不懂技术。原告的策略很简单，就是反复强调赛尔登专利是基础、关键的专利，发动机类型并不重要。被告的律师帕克就累多了，他花了很多时间普及基本常识，讲解技术发展历史，发言就显得冗长乏味。帕克说，首先，赛尔登的发明是用一个动力代替另一个，然后将其他众所周知的部件组合起来，没有产生新的结果，这种简单替代和简单组合不应该授权专利；第二，赛尔登专利的保护范围应该限定在特定的发动机，也就是布雷顿发动机。

听了双方的口头辩论，法官带着大量案卷补课去了，双方休息下来等他的判决。当年的9月，法官作出了判决，他完全同意原告的观点，强调赛尔登专利的保护范围，也认为赛尔登就是汽车的发明人。

法官认为赛尔登的专利非常基础，意义深远，覆盖了每一个石油驱动的现代汽车。此时，没有接受联盟专利许可的制造商队伍乱作一团。很快暴乱开始了，一个制造商急急忙忙跑到联盟寻求专利许可，通用汽车的杜兰特紧急与联盟和解，补交了一百万美元的许可费。法官裁定后授权汽车制造商联盟一度会员数量猛涨。

顽固的福特拒绝让步，他举债上诉。给自己的经销商和媒体编辑发电报："我们将战斗到底！"幸运的是，法官没有发销售禁令，只判处福特支付35万美元的的赔偿金。福特的唯一希望就是第二巡回上诉法院将有不同观点。上诉法庭由两个法官组成，其中的一位审判过多起重要的专利诉讼案件。帕克律师没有出庭，由年轻的律师参加审判，但当他了解到新的法官后很满意：终于等来了懂专利的法官。

此时，法国公司聘请的律师弗雷德里克·高特偶然间发现了克拉克最新的发动机专著，立即应用到口头答辩中，为被告方争取了胜算。他问原告的律师他们的案子是不是很大程度上基于欧洲专家克拉克的证词。在对方律师肯定后，高特拿出了克拉克的专著，问是否付钱给克拉克做证是因为他是这本标准专著的作者。

看到的对方逐渐进入圈套，好莱坞式的法庭情节开始了，高特拿出那本书，指着赛尔登的专利说："让我们看看克拉克先生是怎么说它的。写这本书时，克拉克口袋里没有预付款，克拉克还只是作者克拉克，而不是证人克拉克"。他停了一下制造气氛，"这个人做了电动车公司六年的专家，但在他的书中，没有一个字提及赛尔登。"克拉克的书中点了现代汽车其他先驱的名。他认可戴姆勒是小型、高速、四缸发动机的贡献，完全忽略了赛尔登（这其实只是当时欧洲人对美国人的傲慢）。"没有关于汽车发动机或者汽车的书中有赛尔登的名字，"高特借势说，"很难说整个科学世界包括克拉克都错了，他们将汽车发动机的完善归功于戴姆勒，将汽车的发展归功于奔驰、庞阿尔和勒瓦索尔。"说到赛尔登改进的布雷顿发动机，高特引用克拉克的书："没有人，不管怎么说，比布雷顿本人更大程度地改进了布雷顿发动机。实际上，克拉克已经与此前法庭上的证词自相矛盾，承认赛尔登没有改进布雷顿发动机。"高特尖锐地指出："法庭接受证人克拉克的证词还是著名科学家克拉克的理论？既然只有布雷顿改进了自己的发动机，那赛尔登改进了什么呢？"他接着谴责赛尔登专利是一个恶劣的美国专利系统滥用的个案："赛尔登传奇，有一定程度的影响力，有钱、有名声、有天赋，就是缺乏事实基础。没有事实基础，当历史批判的矛头对准它时，传奇必定破灭。"

在六周的研究后，上诉法官采取了与原审法官不一样的观点。裁决说，在说明书和权利要求中，赛尔登提出所有类型的液氢燃料压缩发动机都能用，保护范围太广，组合起来不能授予专利。法官的结论是赛尔登专利的权利要求应该缩小到只覆盖赛尔登对特定技术的贡献，也就是布雷顿发动机机车，被告使用的是奥特四冲程发动机，所以不侵权。

赛尔登被要求对媒体评价判决，他老老实实地说："我进入这个行业想挣点小钱。我已经意外成功了，收入超出预期，我的专利只有一两年的生命了，这个判决没有严重后果。案件可能上诉到最高法院。"虽然后来采取实用主义态度，但当时赛尔登私下也不无遗憾。在短暂的聚光灯下的辉煌后，他又回到了相对默默无闻的生活。

判决公布后，《无马时代》杂志写道：判决像晴天霹雳，完全出乎在场者的意料。判决宣告后空气都带电了，在场的人都呆若木鸡。当时，授权汽车制造商联盟的成员都聚集在麦迪逊广场花园的年度联盟汽车展会上。联盟勇敢地说将上诉到最高法院，但最后放弃了。实际上，他们反过来还邀请了福特，这个领导对抗联盟的人，参加联盟的酒会，在酒会上福特赢得了一阵阵热烈的掌声和激动的欢呼。报纸将其描述为"爱的盛宴"。

1911年，福特在上诉中赢得了赛尔登案，打碎了汽车行业的专利枷锁，摧毁了联盟，也将自己推向了汽车行业领军人物的位置，预示着未来美国人将把亨利·福特，而不是乔治·赛尔登，看做汽车的发明人。

福特没有从公众视线中淡出，而是扩大攻击范围，挑战整个专利系统："我绝对相信自由竞争，坚信废除扼杀竞争的专利。"在1961年出版的一本名为《垄断车轮》的书中，作者威廉·格林利夫写道，"通过赋予他的抗争挑战专利基本准则的意义，福特将一场精疲力竭、疲惫的专利战争演变成一场一个人发起的争取无障碍机遇的战役。"

这在革新论的政治主张横扫全美的大环境中是强有力的主题，当时美国的社会民主主义仍然在小商人的希望和野心的滋养下。几乎所有的企业家都梦想拥有亨利·福特的成就。他并不是汽车的发明者，但他却成了公认的"汽车之父"。后代人把他制造的福特T型车评为"世纪之车"，而他本人被《财富》杂志评为"20世纪商人"。

# 二、垄断求利　偏离正道

20世纪初，在专利行权机制的强力支持下，很多发明人得到金融资本的支持，成立了公司，变成了"创新创业"的新富新贵。汽车、电力、无线电通信等领域出现了巨型创新公司，这些公司拥有大量基础专利，并利用这些专利打压新的创新创业者，追求垄断的高利润。

## 爱迪生逼出好莱坞

平民创新英雄爱迪生名留美国创新，但其私德大有可议之处。他利用专利资产打压美国电影产业的故事发人深省。

好莱坞是世界的电影之都。全年少雨的气候适合电影拍摄的需求，周边还拥有多样的地理环境：海滩、沙漠、森林和山峦，风景秀丽，气候温和。其实这些都不是好莱坞崛起的主要原因，美国电影产业选址好莱坞纯粹是"流窜作案"的结果，目的就是离专利恶魔迪生越远越好，而好莱坞离爱迪生老巢新泽西州最远。

1891年，爱迪生和他的助手威廉·迪克森完成了活动电影视镜发明并申请了专利。1893年，爱迪生创建了"囚车"摄影场，这被视为美国电影史的开端。随后爱迪生成立了爱迪生公司，经过后续研发和定向的专利布局，到19世纪末，爱迪生已经拥有了许多电影拍摄技术方面的基础专利。

1897年，爱迪生开始为争夺市场不断进行专利诉讼。1909年1月1日，美国七家电影制片公司（爱迪生、维他格拉夫、比沃格拉夫、爱赛耐、山力格、刘宾、卡勒姆）和两家法国电影制片公司（百代、梅里爱）联合组成了"电影专利公司"。爱迪生手里的专利最多，有很多基础专利，所以该公司实际由爱迪生控制，有时也被直接叫做"爱迪生托拉斯"。这个公司控制了16个电影技术关键专利，并从柯达公司取得了电影胶片的专卖权，以此为武器，试图全面控制全球电影市场。

爱迪生要求全美每家影院每周交纳五美元的专利使用费，影片发行商每年缴纳5 000美元的专利使用费。未经电影专利公司专利许可，任何独立制片商不得拍片。爱迪生好诉的威名加上电影专利公司的强大财力迫使大多数制片商、发行商和影院老板纷纷就范，缴纳专利许可费。这个公司在与电影的制作、发行和放映相关的几乎各个领域形成了垄断。爱迪生托拉斯在专利上的控制权保证了只有该托拉斯旗下的工作室能够拍摄影片，放映机的专利也让其能够与影院和销售商签订专利许可协议，完全控制影片的上映时间和地点。

爱迪生托拉斯对于从摄影机到放映机，甚至是影片本身在内的所有专利侵权行为诉诸法律。根据史蒂文·巴赫在《最终剪接》（Final Cut）一书中的描述，爱迪生托拉斯公司甚至会使用一些极端手段—雇用黑帮打手—来确保专利案判决的执行。

反抗开始了，发行商卡尔·莱默尔（环球影片公司创始人）与电影专利公司决裂之后，成立了自己的独立制片公司，并开始摄制影片与电影专利公司抗衡。皮革商与马戏团丑角（福斯公司创始人，匈牙利人）威廉·福斯也拉起了自己的独立制片队伍，与爱迪生托拉斯对着干。这两个人领导了众多对电影爱迪生托拉斯不满的"义军"。

爱迪生托拉斯企图通过间谍、破坏等非法手段来打击对方的正常生产经营。爱迪生托拉斯的经理人肯尼迪组织了一个规模庞大的间谍网，严密监视独立制片商的活动。通过他的情报网，爱迪生托拉斯能迅速掌握了"义军"的一切秘密，甚至知道他们吃什么饭。肯尼迪在纽约百老汇大街52号设立了办事处，占有整整一层楼，作为对独立制片商全面进攻的大本营。爱迪生托拉斯经常派出武装突击队，袭击独立制片商的拍片场地，抢走设备，砸坏摄影机；或者冲进各地的电影院，没收那些没有获得爱迪生托拉斯上映许可证的影片。独立制片商也雇用了武装警卫，双方冲突日益激化，枪击、投弹事件不断发生。

美国电影史上血腥荒唐的"专利权之战"给独立制片商影片摄制工作造成了非同寻常的困难。他们面临两大难题：获得电影胶片，找到较为安全的拍片场所。

由于爱迪生托拉斯已经跟柯达公司定下专卖合同，约定胶片只可以供给持有爱迪生托拉斯专利特许证的人，而柯达公司当时又是唯一的电影胶片生产商，所以独立制片商只能想非法的途径，那就是买通柯达工厂的员工，从工厂偷出胶片，或者拦截柯达公司卖往国外的胶片。当然这样做的成本很高。

解决第二个问题的方法是"走为上计"。发明家爱迪生成了电影产业发展的绊脚石，成了名副其实的硕鼠，真如诗经《硕鼠》所歌："硕鼠硕鼠，无食我黍！三岁贯女，莫我肯顾。逝将去汝，适彼乐土。乐土乐土，爰得我所。"

加州距离爱迪生托拉斯的大本营远，从新泽西到洛杉矶横跨整个美国，对于联邦警察和黑帮打手来说这段旅程辛苦又昂贵。加州的法官对爱迪生和他的那些专利没有什么好感，就算是专利诉讼败诉了，要执行也颇不容易。另外，加州靠近邻国墨西哥，易于逃避法律的约束和制裁。

中小电影公司和独立制片人为了逃避爱迪生托拉斯的高额专利许可费，纷纷携带摄影机、放映机西迁洛杉矶。南加州不乏廉价劳动力，可以降低制片成本。经过仔细勘察，他们发现南加州另有得天独厚之处：日照长，几乎终年都可以进行户外摄影；景色多层次，堪称"有美即备，无丽不臻"；景点之间相距咫尺，摄制组转换场地只是举手之劳，既可免除长途跋涉之苦，又可节省拍摄费用。原本是牧场的好莱坞于是变成了理想的拍片基地。

与此同时，爱迪生公司的许多专利逐渐到期，爱迪生托拉斯在反垄断案中节节败退，爱迪生的专利行权活动已成强弩之末。这就给了这些"义军"喘息发展的机会。好莱坞在电影人逃避爱迪生的专利战中幸运地崛起，成为世界电影产业的圣地。

## 专利审核　强横霸道

爱迪生时代的发明家都热衷于保护自己的创新成果，他们执著并系统地为自己所做的任何一个微小的改进发明都申请了专利，在各个创新领域形成了"专利丛林"。为了解决专利丛林影响制造生产的问题，在政府的支持下，某些大企业享受最优惠政府资源和垄断利益，最具典型性的就是通用电气公司和西屋电气成立的专利审核委员会。

在电流之战中失利后，爱迪生被踢出通用电气公司，新的通用公司开始涉足交流电业务，与西屋电气正面交火，形成了密集的专利侵权诉讼纠纷。专利战阻碍了两家公司的新产品开发，诉讼的巨额支出也让两家公司不堪重负。美国联邦政府开始关注此事，参与寻找解决方法，以减少专利诉讼数量，保证美国社会稳定的电力供应。

经过联邦政府的允许，从1896年至1911年，通用电气和西屋电气联合建立了"专利审核委员会"。该委员会的职责主要有两个：职责之一是保护两家公司的专利资产。当新的电气领域的专利申请时，申请资料会被迅速送到专利审核委员会，由委员们来决定这一专利是否与通用或西屋的专利冲突。如果申请的专利被认为与以上两者拥有的专利相冲突，审核委员会就立即采用法律手段阻止新专利的审核授权。职责之二是购买或者获取新专利的许可。委员会如果发现新的专利申请有创意、不易被无效，就会派出代表努力争取购买这一专利。如果发明者拒绝出售专利，委员会有时会决定诉诸法律，提出各种或有或无的在先技术纠缠不休，通过各种法庭裁决限制此专利的自由转让。在大多数情况下，发明者缺乏长期诉讼所需要的资金，最后只能以很低的价格将专利转让给通用或西屋。

通用电气和西屋电气拥有的爱迪生和特斯拉的基础专利非常强大，加上上述流氓手段的强取豪夺，专利审核委员会形成了强大的专利储备，开始采用各种方法垄断市场获得利益。单个的电灯制造商与这两家企业竞争起来非常困难。因此，一些小的生产商联合起来，在1901年成立了全国电灯协会（NELA）。

迫于各种压力，两大巨头没有向这一组织发动专利进攻，而是采用怀柔手段，通过颁发许可证来控制这个组织。他们允许协会成员使用通用电气和西屋电气的专利来进行产品生产，条件是他们必须遵守特定的规则——包括他们采用的品牌、生产量、价格、销售市场等。

在两大巨头的控制下，那时在美国销售的所有电灯泡均是马自达品牌，马自达就是波斯摩尼教中的"光明之神"。当时美国市场有三种马自达品牌：通用电气单独使用"爱迪生马自达"；西屋电气单独使用"西屋马自达"；其他30个NECA成员共同使用"全国马自达"。前两个品牌可以独立制定销售战略，独立定价，自行决定出口灯泡。"全国马自达"由两大巨头分配生产数量的配额，决定灯泡的销售价格，并禁止他们将产品出口到海外，这样就能够确保灯泡的高价，保证两家垄断巨头获得超额利润。

1911年，在反托拉斯调查的压力下，专利审核委员会和全国电灯协会被解散了。

以今天的标准来衡量这种做法无疑存在垄断嫌疑，但在那个历史时期却是合法的，也为华盛顿政府所支持。

尽管诸如专利审核委员会那样的组织不再存在，通用电气公司这样的大公司一直力争通过法律途径有效地保护自己的专利垄断权利。大公司一直信奉一个事实：小公司将很难承担涉及专利之争的法律成本。

## 剥削偷盗　欺压新创

美国专利制度的核心理念之一就是保护独立发明人利益，鼓励万众创新、大众创业。然而，随着大工业时代的到来，以独立发明人为中心的创新格局发生了变化。在20世纪初，很多大企业成立了内部的研发机构，雇用工程师从事研发活动，大企业创新成了那个时代的主流。

在"自主创新"增加的同时，大企业接受外部专利许可的比例越来越低，他们更愿意采取欺压、欺骗等不正当手段掠夺创新无产者的创新成果。

还有一些大企业利用自己的财势，钻美国专利制度的漏洞，动用各种法律手段来压制独立发明人，毁灭他们新创立的小企业，让他们为自己的创新成果伤心后悔，对美国的专利创新机制心存疑虑。电视机的发明人费罗·法恩斯沃斯就是受害人之一。

法恩斯沃斯去世后，《纽约时报》在讣闻中称他为世界上最伟大、最具魅力的发明家之一。美国邮政1983年为他发行纪念邮票，表彰他为人类社会发展所做的贡献。《时代》周刊将他归入20世纪100位最伟大的科学家和思想家之列。但就他本人而言，电视机是令他最伤心的发明，他应得的收益都给大企业剥夺了。电视机带给他的只有挫折和失望。他因此对电视机深恶痛绝，自己不看电视，甚至不让自己的孩子们看电视。

电视诞生是20世纪最伟大的事件之一。1925年英国科学家约翰·贝尔德就制造出了第一台能传输图像的机械式电视机，1928年开发出第一台彩色电视机，1930年他的系统开始有声电视节目试播。遗憾的是，因为速度原因，机械扫描电视画面质量很差，人物面部很模糊，噪音也很大。这样的质量得不到用户认同，更谈不上电视机的普及。

在此基础上作出革命性变革的是一个美国少年发明天才费罗·法恩斯沃斯。是他发明了高质量的电子扫描图像电视机，促进了电视机在全世界的普及。

法恩斯沃斯于1906年出生于美国犹他州的农家，幼年的他就表现出早慧的迹象。他对见过的任何机械装置具有摄影般的记忆力和天生的理解力。11岁时，他就开始用电做实验，12岁时就自己造了一台发动机，随后他为家里造了第一台电动洗衣机。

1921年，法恩斯沃斯14岁。有一天晚上，他看到杂志上有一篇文章，讲的是在空气中接受图像和声音然后再现的想法。该文章说，世界上一些最伟大的科学家正在利用特殊的机械试图制造这种装置。这篇文章引起了他的思考。他认为这些科学家的做法是错误的，机械的运转速度永远不可能快到能够清晰地捕捉和重现空中传播的电子信号。他觉得这样的装置必须是电子的。电子能够以机械装置不可比拟的速度运转，这就可使图像清晰得多，并且意味着不需要活动元件，既简单又成本低。

此后一段时间，法恩斯沃斯就一直在考虑如何设计一个电视机。几天后，在帮着家里耕种马铃薯地时，他还一直在考虑这个难题。他设想，如果一个画面转换成电子流，像无线电波一样在空间传播，最后再由电子接收机重新聚合成图像。他抬头看着平行延展的马铃薯垄，突然意识到电子束能水平扫描图像。灵光一闪，法恩斯沃斯就产生了一个电子图像接收器的创意：在一个容器中捕捉光线，再将光传送到屏幕，菲罗将这称之为"瓶里的光"。

几天后，法恩斯沃斯对他的老师贾斯廷·杜尔曼谈到这种能够捕捉图像的装置。为了解释他的想法，他还在黑板上给老师画了草图。

高中毕业后，法恩斯沃斯进入犹他州的杨百翰大学学习。他并没有完成大学的学业，在父亲去逝后，他不得不离开学校。法恩斯沃斯没有放弃研制电视机的想法。几年后他搬到加州的旧金山生活，开始为实现他的想法而不断研发。那是在1927年，他21岁。根据他14岁的想法，法恩斯沃斯发明了影像管，并在此基础上制造出了可以运转的电子图像电视机。同年他申请了专利。1930年8月，美国政府授予他电视机专利证书。法恩斯沃斯成立了自己的公司，准备大量商品化自己的发明。

他的发明马上遭到了大公司的觊觎。这个公司就是美国无线电公司（Radio Corporation Of America，RCA），当时美国最大的公司之一。这家公司于1930年使用了俄罗斯移民费拉蒂米尔·兹沃尔金的技术制造电视机。据说当时兹沃尔金已经制造出了一台样机，原理与1927年法恩斯沃斯发明的类似，但成像效果不佳，每帧只有40~50线。这是因为缺少法恩斯沃斯核心的技术秘密。

美国无线电公司高层认为法恩斯沃斯的电视机与公司的战略一致，但该公司不想支付专利费。公司的负责人戴维·萨尔诺夫曾经直白地告诉同事："美国无线电公司只向别人收取专利费，从不支付专利费。"

1930年，萨尔诺夫要求就职于西屋电气公司的发明家兹沃尔金到美国无线电公司工作。为了取得关键技术秘密，他指示兹沃尔金就职前拜访一下法恩斯沃斯位于加州的实验室，以获得第一手的竞争情报。兹沃尔金被要求一定要见到发明家法恩斯沃斯本人，但不能说代表美国无线电公司，而是要谎称自己还是西屋电气公司的工程师，代表西屋电气公司探讨专利许可的可能性。天真热情的法恩斯沃斯根本没想到兹沃尔金是一名"工业间谍"。他花了三天时间陪着兹沃尔金在自己的试验室参观，详细解释了析像管原理，包括很多关键技术秘密。兹沃尔金听了后羡慕地表示："漂亮的电视机，我希望是我发明了它。"

兹沃尔金搞到了发明中最机密的部分，然后回到美国无线电公司。听了兹沃尔金的报告，萨尔诺夫兴趣大增。1931年，他亲自拜访了法恩斯沃斯的实验室。此时美国无线电公司已经在开发电视系统方面投入重金。萨尔诺夫发现法恩斯沃斯的公司的研发制造远远走在自己公司前面，如果有资金支持，以后会走得更远，成为自己的主要竞争对手。为了防止这种情况发生，萨尔诺夫提出用十万美元买断法恩斯沃斯的专利，让他拱手让出电视机市场。法恩斯沃斯断然拒绝了，他自己要生产电视机。

一计不成又生一计，美国无线电公司于是开始对法恩斯沃斯耍流氓、使绊子。他们谎称兹沃尔金1923年的专利申请引导了法恩斯沃斯的发明，向美国专利商标局提出了发明冲突申请。强大的美国无线电公司声称是该公司而不是小小的菲罗·法恩斯沃斯电视公司拥有生产、研发和销售电视机的权利。

美国无线电公司与法恩斯沃斯电视公司之间的官司持续了好几年。美国无线电公司声称兹沃尔金制造了一台电视设备，但并没有有效证据证明这台电视设备运转过。于是，该公司就说法恩斯沃斯是在兹沃尔金发明之后才发明他的电视析像管的，所以他的发明没有新颖性，不应该被授予专利。法恩斯沃斯反驳说他1821年就产生了发明创意，美国无线电公司说，对于一个14岁的小孩来说，产生研制电视机的想法几乎是不可能的。该公司的律师甚至开展人身攻击，说法恩斯沃斯甚至可能都不是什么科学家，他大学都没有毕业。

美国无线电公司要求法恩斯沃斯必须提供他发明电视析像管的证据。法恩斯沃斯最后请出了他多年前的老师——贾斯廷·杜尔曼。杜尔曼出庭作证，法恩斯沃斯早在上中学时就构思出了电视原理，他还当庭画出了当年法恩斯沃斯的构思草图。这一下美国无线电公司的律师哑口无言了。

1934年，美国专利商标局裁定，电视专利属于法恩斯沃斯。美国无线电公司还不死心，采取了"拖"字诀，上诉到法院。官司又打了16个月，该公司再度败诉，但还是不认输，不断诉讼，各种小官司整整拖了好几年时间。

当法恩斯沃斯终于合法地拥有了电视的所有主要专利时，已经到了20世纪30年代后期。这对法恩斯沃斯来说已太迟了，他的资金差不多耗尽了，新的投资因为诉讼也没有及时到位，公司走到了破产的边缘。更为残酷的是，随着第二次世界大战逼近，美国政府不久即宣布暂停发展电视工业。这样一来，电视合法生产的时间不得不推延到1946年后，那时法恩斯沃斯的核心专利已过了保护期限。

专利期一过，美国无线电公司便开始大批量生产电视，并在铺天盖地的公关活动中将兹沃尔金和该公司老板萨尔诺夫宣传为电视之父。法恩斯沃斯再也无力反击，他把最后一点资产卖给了国际电话电报公司，黯然回到家乡。有很长一段时间，他意志消沉，健康糟糕，靠酒精麻醉度日。

# 第四节　风雨如晦　鸡鸣不断

随着20世纪30年代末开始的反垄断浪潮，美国对大企业拥有和行使专利权的限制越来越严。美国的专利创新体制近于停摆，第二场专利行权革命过去，美国专利行权活动全面进入半个世纪的低谷期。

城门失火，殃及池鱼，创新无产者的生存环境空前恶化。虽然与大企业的专利垄断毫无关系，但他们的专利行权活动也越来越艰难。他们面对的不仅是固执的大型制造企业，还有大企业创新模式下的雇佣创新者，也就是企业工程师。由于利益、偏见与嫉妒，他们对创新无产者的误解不断加深。这种集中创新模式引发的复杂矛盾一直延续到今天。

就是在那样极端不利的专利行权环境中，美国的创新无产者也没有放弃自己的信念，他们的坚持与努力值得尊敬和纪念。汽车雨刷发明者卡恩斯勇斗汽车产业的故事就是那个时代的经典。有人曾根据他的故事拍摄了电影《天才闪光》。卡恩斯的坚持使他的家庭成员备受困扰，这场寻求正义之旅走得异常艰辛……

## 一、爱好创新　天才闪光

罗伯特·卡恩斯生于底特律西岸附近的利弗鲁日工厂的一个普通工人家庭。在幼年的记忆里，福特汽车公司的组装工厂对他来说印象深刻。

卡恩斯一个朋友的父亲设计了一款创新的汽车门把手，就是现在常见的带有按钮的弯曲的钢把手，防止汽车在翻滚的情况车门自动打开。这个人将发明卖给了通用汽车公司并大发了一笔。于是卡恩斯立志要在汽车技术领域做一些发明。

卡恩斯的第一个发明是一个能够分配生发油的梳子。这个发明没有脱离制作模型的阶段。他曾经为动过喉部手术的人们研究过扩音器，也试验过气象气球。1957年，他发明了一个导航系统，希望能够将其应用到军方的响尾蛇导弹上去。他的前妻菲莉丝回忆道：有一次丈夫抱着她在厨房中又蹦又跳：告诉她就要发猛财了，回头要为她买两辆凯迪拉克，一只脚踩一辆。菲莉丝说，和他在一起总是让人肾上腺素上升，令人兴奋激动不已。不过卡恩斯的导航系统没有成功，但他继续尝试其他发明。

1962年11月，卡恩斯开着他的福特车行驶在底特律的大街上，这时下起了小雨。卡恩斯把雨刷开到低速档。当时，就连最高级的雨刷也仅有两档：一档用于连阴雨天，一档用于大雨。在小雨蒙蒙中，他们的速度不会更低，即使没有雨水，雨刷也会在挡风玻璃上刮来刮去。结果是不起好作用，反而让司机昏昏欲睡，经常导致车祸。九年前他结婚那天晚上，卡恩斯的左眼曾经被香槟酒的软木塞砸了进去，所以视力不好。在细雨中，他只能尽力透过挡风玻璃观察路况，一边诅咒着讨厌的、吵人的雨刷，一边烦恼着自己带病的左眼。突然，他脑海中灵感闪现，就是这种灵感令发明家从庸众中脱颖而出。为什么雨刷不能像眼皮那样活动呢？它为什么不能快速开合？于是，他产生了间歇性雨刷的基本创意。

当产生间歇式雨刷的创意时，卡恩斯与他的家人正住在底特律北部的卢瑟德大街的一个砖瓦房。卡恩斯曾在韦恩州立大学取得过机械工程的硕士学位，当时在克里夫兰的凯斯西储大学攻读他的博士学位。他一直坚信自己的这个创意与婚礼晚上受伤的眼球有关。他说自己的新娘子菲莉丝当时正在卫生间换装，自己则坐在床上开香槟。他之前从未开过香槟，结果瓶盖砰地一声一下打开了，瓶塞直接嵌进了他的左眼，他向后倒在床上鲜血长流，床单上都是血。菲莉丝尖叫着从卫生间出来。当时一切乱极了。

1963年的前半年，卡恩斯一直在为这个发明奔波，他在地下室用玻璃为自己围造了一个办公室，在那里他可以免受孩子们的干扰专心工作。地下室的另一半是他妻子的洗衣房。菲莉丝回忆道，自己在洗衣房里洗衣服的同时分神照料孩子，卡恩斯就翘着脚工作，他说自己翘着脚工作最有灵感了。

夏天的时候，卡恩斯已经构造了发明的实体模型。他能够调整雨刷呆在挡风玻璃底部的时间长度，也能调整刷雨的速度，甚至还想出了让雨刷根据积水量自动调整间歇的方法。他将雨刷控制器装进一个红色的金属盒子里，盒子的外面写道"工程测试专用，切勿打开，产品设计权归卡恩斯所有"。他让自己的两个朋友在汽车上安装了这个盒子进行测试。

如果下雨，卡恩斯夫妇就立刻停止手中的工作，跑到车边，打开雨刷，然后驾车到处开，实地测试。卡恩斯说，通过测试他搞明白了雨水和水管冲刷的水在弹力方面的差异，自己得保证所有的事情都在轨道上。他的妻子菲莉丝回忆说，自己在雨中开车感觉很骄傲，将双手都放在方向盘的顶部，这样路过的人就都知道不是司机自己手动操作，而是机器在控制出彩的雨刷。

## 二、许可福特 受骗上当

　　1963年10月，卡恩斯觉得是时候向一家汽车制造商展示他的发明了。他选择了福特汽车公司，原因有二：一是福特公司在他试验过程中提供了雨刷电机，二是在他的心目中福特汽车公司永远是最棒的汽车公司。通过在福特车身工程车间工作的兄弟马特，卡恩斯联系到了他认为在雨刷领域有着较大影响的约翰·休帕克进行商谈。休帕克要求他到福特总部，卡恩斯开着自己的福特车就过去了。卡恩斯带休帕克到了停车场，现场展示了新型雨刷的不同速度、不同间歇和对不同雨量的反应能力，等等。他也让休帕克尝试，两人共用了45分钟进行测试，最后休帕克看上去被打动了。可是，他告诉卡恩斯，自己只负责雨刷的连杆和刮水刃，卡恩斯应该给公司的首席工程师乔·内尔演示自己的雨刷。

　　三天后，卡恩斯又一次开着自己的福特车前去赴约，令他惊奇的是，停车场有十几位工程师在等着他，主人公内尔却不在。他们依次对新型雨刷进行测试，在引擎盖下方瞅来瞅去，甚至趴在挡风玻璃下面仔细看。他们一个个轮流将卡恩斯叫到一旁，单独询问该雨刷的运行原理。卡恩斯不愿告诉他们发明的原理，但又不愿意显得过于无礼，只能诺诺唯唯，虚与委蛇。最后，内尔终于出现了。他从实验室中带来了一辆新型号的车，让卡恩斯站得远远地，向卡恩斯演示了一番车上的雨刷，并且告诉卡恩斯凑巧福特公司也在研制间歇性雨刷。不过，内尔也说到，福特公司想看看卡恩斯的发明，如果卡恩斯愿意向福特演示工作原理的话。然后内尔说他想知道卡恩斯雨刷的成本。他还给卡恩斯看了福特公司的特定检测要求。雨刷必须运行300万圈，并且它至少要能在华氏270度的高温下操作正常，那是引擎盖下的最高温度。卡恩斯当时完全处于亢奋状态，多年后他在一份法庭文件中回忆道：我当时就像进了天堂。

　　卡恩斯的间歇式雨刷是一款非常精细的工程作品：共有四个部件，其中一个可活动。它是雨刷设计的一个飞跃，从机械时代超越了电动时代直接到了到电子时代。尽管卡恩斯本人并没有意识到，但是他正处于汽车技术下一轮革命的门槛边。

　　20世纪50年代中期，卡恩斯就职于本迪克斯公司，有过一些电子控制系统的经验。在当时，这种系统只被用于诸如计算机这样的高科技领域。在卡恩斯电路中，晶体管、电容器和可变电阻器是三个基本元件。电阻器和电容器一起组成计时器，晶体管作为开关。电阻器可以由旋钮调节，控制进入电容器的电流速率。当电容器电压达到一定程度，它便会激活晶体管；晶体管打开，雨刷运转一次。雨刷的运行减少电容器的电压；当电压下降到一定程度，晶体管关闭，雨刷恢复到初始位置，直到电容器再次充电。

收到福特公司启动工作的指令，卡恩斯开始检测他的间歇式雨刷。他打算进行为期六个月的300万次循环的检测。他买了一个鱼缸，在上面安装了雨刷，并填充了油和锯末的混合物，以模拟负载的雨刷器，最后将容器放在地下室妻子菲莉丝工作的那边。如果卡恩斯不在，监督容器运转就是菲莉丝的工作。有时，她会用烹饪勺搅动一下里面的混合物。卡恩斯周末回家便会把全部精力用在雨刷实验上。周五晚上，卡恩斯有时彻夜工作。当卡恩斯重组零件时，菲莉丝会帮忙看着测量电脉冲的示波器。周六，他会试车一整日，调整装了自己雨刷的"银河号"。有时他的院子挤满邻居。摩托罗拉或者德尔科的销售人员可能路过，送来一份电阻报价。周六晚上，卡恩斯全家都在客厅，为打印电路板手绘电路图。周日，从教堂出来，卡恩斯会开车载着妻子和孩子到底特律兜一圈，为他想象中的雨刷制造工厂找场地。卡恩斯的儿子汤姆后来回忆道："父亲为我们每个人安排了未来工厂的工作，哥哥丹尼斯要做公司律师，我是首席工程师，弟弟罗伯特要成为技工总管。"1963年年末，菲莉丝再次怀孕。"生个女孩吧"，她记得卡恩斯说，"我们需要一个电脑程序员。"

1964年11月16日，卡恩斯雨刷器完成了340万次运行。（为了精确测量，卡恩斯让雨刷多运行了40万次。）他兴致勃勃地致电福特负责人，告诉他们这个好消息，但是福特那边却显得不那么激动。当时，卡恩斯经济状况已经开始恶化：庞大的家庭需要养活，作为博士后研究员的卡恩斯原本收入本来就不多，更何况他将大笔的收入用于雨刷零件购买；此外，他还需要申请专利的钱。好妻子菲莉丝依然支持他的工作，在她心目中，"卡恩斯的太阳永不落"。可是，菲莉丝的母亲开始怀疑她这个女婿为什么没有像他的同班同学一样在汽车企业找个稳定的工作。"如果放弃专利权无异于杀了卡恩斯，"菲莉丝说，"他宁可死。"

福特一直没有回音，卡恩斯只能另寻他途，他需要一个备用方案，于是开着车去见戴夫·坦恩。坦恩是将父业发展壮大的六兄弟之一。六兄弟将父亲小小的工具模型店发展成中型制造企业坦恩公司，为汽车制造商提供零部件和工具：挡泥板、仪表盘、发动机罩装饰物、模具冲压配件，等等。他是卡恩斯的榜样。卡恩斯把坦恩拉出来推上车，向他展示了自己的间歇性雨刷。"戴夫开了一会儿车，非常兴奋地回来。"卡恩斯回忆道，"'太棒了！太棒了！'他一个劲儿地说着，而且还不愿意把车给我，说'我们换吧，你把我的凯迪拉克开走吧。'于是那天我开了他的车回家，他开了我的。"

卡恩斯和坦恩达成协议，坦恩获得卡恩斯间歇性雨刷的独家专利许可，并支付申请专利权的费用。此外，坦恩支付卡恩斯每月1 000美元雨刷研发费，让卡恩斯继续研发；雨刷投入生产后，卡恩斯还将获得专利使用费。那天卡恩斯带着他第一年的薪酬12 000美元现金回到家，"卡恩斯回来了，把我和孩子带到厨房，将整个橱柜盖上了美元。"菲莉丝说，"真是美妙的一天！"

迪克·艾特肯是坦恩的专利律师，他于1964年12月开始为卡恩斯的间歇性雨刷申请第一件专利。申请文件撰写时，他要求卡恩斯标出发明的四至，也就是最大的保护范围。艾特肯非常出色地完成了任务，将发明的地标插到远到不能再远。1967年11月，第一件专利获得授权。同时，坦恩联系福特公司，与卡恩斯一道向福特工程师和高管们正式展示了这款新型间歇性雨刷。"戴夫买了辆新车做展示，"卡恩斯说，"并且是亨利·福特最喜欢的颜色——黑色。从里到外，所有都是黑的，黑轮胎、黑车轮、黑皮座。戴夫说，'福特喜欢黑色？那好，他喜欢什么，我就给他什么。'这就是坦恩的做事方式。"那次展示非常成功，随后他们又给福特公司其他部门做了一系列展示。

最终，福特主管罗杰·希普曼宣布卡恩斯的雨刷赢得了合作机会。希普曼告诉卡恩斯他的这款雨刷将被用在1969年的水星车上。卡恩斯将被授予其挡风玻璃雨刷电机的原型作为纪念。其他工程师也邀请卡恩斯加入雨刷小组。之后，据卡恩斯称，希普曼要求卡恩斯向其他人展示雨刷控制。据希普曼表示，雨刷是安全项目，法律规定在福特同卡恩斯签署协议前，需全部公开工作原理。这对卡恩斯来说是非常合理的解释，于是他便向福特工程师详细讲解了这款雨刷的工作原理。实际上，福特公司只是要套取卡恩斯的技术秘密。

大约五个月后，卡恩斯被解雇，并被告知：福特并不想要他的雨刷系统，其他工程师设计了自己的雨刷。卡恩斯记得临走时，一名工程师还取笑他癞蛤蟆想吃天鹅肉。

被解雇六个月后，希普曼致电卡恩斯，说他的雨刷还有作为1969水星车的标配的机会，并邀请他再次前来：一些核心技术问题还没有解决。

"就像痴心的情人一般，我再一次回去。"卡恩斯说，"要不然我还能怎么做？福特是我的目标市场。而且在那时我并不相信福特会侵权我的专利。我是个福特信徒。"

### 资料: 福特的雨刷发明

1957年，福特的工程师泰德·迪肯开始接触雨刷，他的上司要求他设计一款电动雨刷发动机。当时电动技术还是汽车行业的新技术：电动窗、电动锁、电动后备箱都是新玩意儿，雨刷还是自动科技中的相对落后的部分。标准雨刷是由发动机歧管内部驱动，雨刷从挡风玻璃中心开擦，在中间留出了一个大大的V字形没有擦到。

福特公司要求迪肯和他的同事设计一款可以让两个雨刷平行工作的雨刷系统。克莱斯勒在1955年就作出了平行雨刷，并广受客户欢迎，所以福特公司也非常想要平行雨刷。但问题是福特汽车挡风玻璃太大，机械系统有效驱动雨刷很难。后来，迪肯设计的电动马达驱动的平行雨刷成为1959年福特水星牌车的标配，并成为1959年林肯牌的选配，马上变得流行起来。当时，汽车美容业才刚刚兴起，出现了很多汽车专卖店。福特公司的策略是通过低价甚至亏本销售汽车，然后吸引客户走进福特的特约经销店，推销大量的选配设备，通过配件来赚钱。

雨刷是当时利润极大的选配产品之一。平行雨刷的成功引发了福特公司管理者的思考：下一步提供什么样的雨刷做选配呢？因此福特公司成立了迪肯领导的雨刷小组，他们到处乱跑、乱玩调查市场，看用户还有哪些需求要满足。他们发现很多人并不太关注自己的雨刷，提不出什么新需求。事实上，当时已经有很多发明支持着雨刷的运行。如果在雨刷运行中途关闭雨刷，什么能够支持他们完成一个擦拭周期？当雨刷收到挡风玻璃底部时，怎么才能不挡住驾驶者视线？这些发明都很重要，但消费者不关注他们。在当时的汽车业界，这些功能被称为抑郁公园。在20世纪60年代初，迪肯和他的同事忙着这些小发明。当然他们也在琢磨间歇式雨刷，也就是琢磨如何设计出一个线路，可以使雨刷在完成一个周期后停下来，一段时间后再运行一次。这种间歇式雨刷是雨刷工程界的圣杯，是当时雨刷设计的前沿。

间歇式雨刷的基本问题是解决定时装置，就是有规律地将电流送给雨刷电机的设置。迪肯的一个同事曾设计过基于双金属的定时线路。定时器的工作原理类似于恒温器，当温度变化时，两种不同金属以不同速率缩小或者膨胀。但这件发明也存在一个问题：加热需要时间。在非常寒冷的情况下，它甚至根本不会运行。此外，让雨刷短时暂停运行也比较困难，因为从热变冷需要一段时间。

1961年年末，福特公司主要的雨刷零部件供应商——水牛城特瑞科公司竭力向福特公司推销一种新型间歇雨刷装置。它是一款非常小巧的真空管，形状和大小如浴缸塞，内含一个活塞和弹簧，外接两个小型空气软管。出口软管接连发动机歧管，内口软管接入仪器板，与一个小盘表连接。当引擎冷却时，通过出口软管吸入空气，在真空管产生吸气，导致柱塞向下挤压弹簧。司机使用盘表控制进入真空管空气流量，弹簧将开关推向"关闭"，雨刷停止。当弹簧最终抬高活塞，将开关推向"打开"位置时，雨刷开始运行。

特瑞科系统并不出色，是银样镶枪头，好看不管用。它有20个活动部件，出问题的几率很大。当驾驶员加速时，真空管不足以驱动间歇模式，雨刷会停留在高速模式。特瑞科公司极力向福特公司推销这款装置，称它是一款独家设计的时尚款式、非常有用，是雨天追超卡车的利器。福特公司的工程师看出了它的设计缺陷。迪肯对媒体说，规划者认为它设计精巧，管理层最终决定将特瑞科的雨刷作为1965年水星车的选配，同时雨刷部门继续研发间歇式雨刷。当卡恩斯第一次来到福特工程实验室时，他见到的就是特瑞科的这款雨刷。

### 资料：福特工程师思维

泰德·迪肯是1963年到停车场看卡恩斯雨刷的福特工程师之一。他在福特呆了38年，1991年才退休。他几乎与卡恩斯同龄，接受相同的教育，研究雨刷实验若干年，但除此之外，他与卡恩斯别无相同之处。采访的记者说他看起来要比卡恩斯年轻十岁，面色丰润，说话办事非常稳重。他和妻子普利尔住在迪尔伯恩宽敞的牧场风格的房子里，这里离自己工作的地方不到一英里。客厅陈列满了家庭成员照：女儿伊丽莎白，福特公司工程师；伊丽莎白的丈夫格雷戈里，通用汽车的产品规划；儿子罗伯特，在当地的广告公司为通用企业公司提供服务。

他的生活环境和生活质量和卡恩斯截然不同，他对创新的看法也与卡恩斯格格不入。

在媒体采访中，迪肯对记者说："毫无疑问，卡恩斯博士的雨刷电路是非常有意思的，他的系统将不同想法综合组合在了一起。但同时我们也发现，这在当时是无法申请专利的。电子计时器具有非显而易见性，是对机械的自然替代，是技术进化的必然选择。"

在福特工作的最后几年，迪肯花了很多时间准备卡恩斯的案子，这也让他对专利系统思考了更多，但他的观点从来不曾改变："我想到了所有福特的雨刷同仁。数十个，不，或许是上百个为间歇雨刷器提供发明的工程师。有来自特瑞科的、通用汽车的、克莱斯勒的、福特的，还有一些我不知道的机构和个人。他们是真正的间歇式雨刷的发明者，不是卡恩斯。"

这是按月领取福特工资的内部工程师对卡恩斯充满醋意的意见。

## 资料：福特专利主管的偏见

在诉讼进行中，福特公司专利部的主管克利福德·萨德勒对媒体说："电子是世界发展的方向，卡恩斯博士意识到了这一点，但要说他发明了电子间歇性雨刷，恐怕完全不是这么回事。即使在1963年，电阻电容计时器就已经是工程设计的标准配置，不过是大学二年级的东西。卡恩斯博士真把自己当成是福特设计队伍的成员了，福特公司可不这样认为。福特的工程师们觉得卡恩斯像只害虫，总是跑来实验室，打听有没有什么活可以干。"

萨德勒还表示福特绝无可能抄袭卡恩斯的设计。"至于说到侵权，我们的律师分析了卡恩斯的专利，认为他的所谓专利根本立不住脚。"卡恩斯的野心就是想成为福特雨刷的供货商，那是白日做梦。萨德勒说："福特有2 000多家供货商，我怎么都想不出一个没有生产经验的独立发明人能够成为供货商。汽车行业没这样的事。"

这就是企业专利主管对独立发明人的典型的偏见。

## 资料: 亨利·福特反专利立场

卡恩斯不知道的是，亨利·福特极端厌恶专利。福特对于专利机制的深恶痛绝是受赛尔登专利的刺激。虽然在那场诉讼中他最终获胜了，但他对专利的观点已经固化。在他的余生，福特实际上忽略了美国的专利系统，肆无忌惮地生产制造。

"作为规定，福特强烈反对接受他人有专利的零部件。"福特传记的作者格林利夫写道，"福特要求自己的工程师自主研发自己的零件。"

在福特的带领下，其他汽车制造商也鄙视专利。在短期内，这给了年轻的汽车行业非常独特的优势，一个技术一旦研发出来就可以免费使用。在很多人眼中，福特可谓是普罗米修斯这样的人物，将社会精英的革命性的新技术拿过来送给社会大众免费使用。

这对技术的创新者来说并不一定是件好事：化油器、火花塞、散热器、橡胶轮胎、助力转向、超速档、折叠式车顶、齿条齿轮转向设计、后车窗除霜器、巡航定速系统、安全气囊、间歇性雨刷等等，这些都被福特的拿来主义变成了公有知识。

福特为了维护自己的反专利立场，也常常列举出自己的发明：轻型便宜耐用的量产汽车。福特说，如果当时强制要求为所有的专利付费，他的这个发明可能就不存在了。"我并没有发明出新东西。"福特说，"而是仅仅是将其他发明者的东西重新组装。这些东西历经了几百年、数百人的研究，还有人继续研究。如果五年或者十年前进入这个行业，福特公司就不会成功。所有的条件具备了，技术进步就会出现，且不可避免。那些教条说人类的历史进步是由极个别人带来的，简直是最差的谎言。"

福特认为美国的专利制度应该废除，他说"专利权滋养寄生虫，会让人们躺在他们的船桨上不做任何事情。专利给小人提供机会，这些小人在其他更加狡猾的家伙的指挥下篡夺天才发明人的成果。专利让讼棍获得打击老实人的武器，这些家伙在书呆子式的公正的名义下，采用公认的方法玩拦路抢劫的生意。"

福特公司的一名律师曾吹牛说，"除了最高法院，世界上没有什么能够让亨利·福特签署专利许可协议，或是支付专利使用费。"

## 三、普遍侵权　无人买单

1969年，福特公司开始提供一种全新的电子间歇性挡风玻璃雨刷，这在行业是第一家。该雨刷的晶体管、电阻器和电容器的配置与卡恩斯的设计完全相同。福特公司花十美元生产他们，以37美元销售他们。最初，福特公司将间歇性雨刷作为独立选配件销售，但销售缓慢。后来，福特公司将其和另一零配件——作为福特公司最受欢迎的配件之一的遥控后视镜一起绑定销售，从此电子间歇式雨刷的销量增长。1974年，通用汽车开始在它的所有型号的汽车上安装间歇性雨刷，1977年，克莱斯勒开始使用间歇性雨刷。萨博、本田、沃尔沃、劳斯莱斯、梅赛德斯等也紧随其后。截至1989年，福特公司已售出2 060万辆配有间歇性雨刷的汽车，从中获利5.57亿美元。间歇性雨刷每年在全球的销售总量约为3 000件。

卡恩斯曾试图向福特公司寻求解释，但是他很快发现："你和福特公司的交流中，就像中间有二极管阻隔，信息是单向的，有去无回。"卡恩斯的律师给福特公司的法律部门写信，告知他们福特公司侵犯了卡恩斯的专利权。最终，他们收到回信声称福特公司并未侵犯卡恩斯的专利权，并且，无论如何，卡恩斯的专利是无效的。

"我只是觉得我受到了严重忽视"，卡恩斯说，"就好像你什么都不是，只是个小虫子。没人在乎你，就是没人理会你。"

卡恩斯曾要求坦恩起诉福特。"事实上，我们不能起诉福特公司侵犯专利权，因为福特公司是坦恩的主要生意来源"，坦恩后来表示，"我们需要福特公司的惠顾来维持我们的生意。"

几年后，卡恩斯从坦恩处要回了他的专利权，举家迁往马里兰州的盖瑟斯堡市，在标准局工作，测试各种路面的防滑性能。那时卡恩斯已经45岁左右了。

1976年7月8日，卡恩斯的儿子在一家梅赛德斯服务中心购买了一个雨刷控制器，并带回家给他的父亲。卡恩斯到地下室把雨刷控制器拆开。"我看到了电容器、电阻器和晶体管——他们都在"，卡恩斯回忆说，"即使是强大的梅赛德斯也侵犯了我的专利权。"

卡恩斯心烦意乱地离开家，搭车前往华盛顿，又乘上了南下的灰狗巴士。不知怎么地，他开始相信理查德·尼克松（美国前总统）希望他去澳大利亚，去设计电车。突然，他又意识到自己从未花时间和孩子们在一起，记起自己总是专注于研究雨刷的工作，甚至从未教自己的孩子们放风筝，所以卡恩斯又糊里糊涂地买了两只风筝。卡恩斯走丢后，家里乱作一团，到处找他。几天之后警察找到卡恩斯的时候，他正傻乎乎地坐在田纳西州的一个公园里，手里拿着给孩子们买的两只风筝。

由于梅赛德斯雨刷的打击，卡恩斯不能工作了。他从雇用单位标准局领取伤残补助金生活，他和儿子蒂姆以在地下室组装和销售数字模拟转换器为生。病情稍好，卡恩斯就决定起诉这些自以为是的汽车企业。

1978年，卡恩斯起诉福特公司侵犯其专利权。后来，他又在诉讼中增加了其他几家汽车公司，但福特公司是他憎恨的主要对象。"我坚决认为福特公司的所作所为是错误的"，卡恩斯说，"这不公平，并且这不合法。"在诉讼中，他要求将3.5亿美元的收益损失赔偿翻三倍，这是故意侵权诉讼中的惩罚性赔偿，加上利息和诉讼费，总额为16亿美元。

福特用了专利诉讼中大企业的惯用手段：拖延，企图让卡恩斯失去信心或陷入资金困难。专利案拖延的理由很多。福特抗辩的核心是卡恩斯专利无效。坚称根据非显而易见性原则，卡恩斯的间歇性雨刷根本不是一件发明。

## 四、破家维权 终见曙光

攻击福特的官司几乎成了卡恩斯生活的全部。他把家庭收入的每一分钱都投入了诉讼，而驱使他这么做的动力是对司法公正的信念和对汽车产业的纯粹的憎恨。

在1980年的听证会上，卡恩斯说，"我想你可以理解我带着一个小徽章，而这个徽章表明我是一个发明家，表明我对社会是作出贡献的。或许你看不到这个徽章，那些企业的先生们也看不到这个徽章，我也相信在这个法庭庭审结束后，也不会是每个人都能看到这个徽章，但是我会证明我是否带着这个徽章。"

卡恩斯的儿子蒂姆说，"我想你会说这场官司毁了我父亲的一生，但是我会用另一种眼光看待这个问题。这是他的生活。如果说真是有最悲剧的一面，就是他从未发明任何东西。你可以看到间歇性雨刷挽救了多少人的生命，而他的下个发明能够挽救多少人，我们永远都不知道，因为他不能就此放手。"

卡恩斯的妻子菲莉丝尽自己的努力支撑着："我们为90天后的听证会做准备。在第89天，电话响了，我听见卡恩斯的尖叫和大喊，福特又给我们倾倒了一大堆新文件，听证会又将被推迟。此前我从来听不见他嘶喊。我的父母从来不大喊大叫，最后到了我接受不了的程度。"1980年菲莉丝离开了丈夫，"卡恩斯希望我能和他一样坚持和投入，但是我实在坚持不了了。"

福特侵权案于1990年1月开庭审理，距离卡恩斯提出诉讼已经过去了12年，而且当时他的大多数专利已经过期了。对于卡恩斯来讲，想取得进展是难上加难。

媒体描述道：在法庭上，卡恩斯看来个子很矮，比小精灵高不了几英寸，但嗓音高，带着鼻音，但缺乏抑扬顿挫。可能是由于多少年来俯身查阅专利文档的原因，他双肩前俯。他肤色粉红，满头白发。

他大儿子丹尼斯说，他的头发是一夜全白的。1976年，他拆解了一台奔驰梅赛德斯车上的间歇风挡雨刷，发现这家伟大的德国汽车生产厂商显然也侵犯了他的专利。当时是惊惧还是生气就说不清了。

一审持续了三周，陪审团又讨论了一个星期。最终认定卡恩斯的专利有效，而且福特公司侵权成立。福特公司开价3 000万美元，要求庭外和解。而卡恩斯不顾周围人的劝告，拒绝了。他说："拿了福特公司的钱，就等于承认他们做的一切都是有理的。"

于是有了第二次庭审，卡恩斯赢得了520万美元赔偿金，相当于福特公司每卖出一个雨刷，就给他30美分。宣判的时候卡恩斯没有出庭。两周前他就抗议程序不公离开了，他没有跟家里打招呼，独自一人回到盖瑟斯堡。《底特律自由快报》的头条是："雨刷诉讼的发明人消失了"。他拿着他的露营设备，在西弗吉尼亚的小班尼特地区公园里搭起了帐篷，以猪排和豆子为生。同时，科恩法官的耐心被磨得所剩无几，他表示如果卡恩斯不出现并接受这笔钱，那么他会考虑开始新一轮聆讯，来判断卡恩斯的精神状态是否胜任诉讼。最终，卡恩斯和福特公司以1 100万美元和解。

美国各地的企业专利部门普遍感到，卡恩斯的案子开创了一个恐怖的先例。从汽车公司的角度看，卡恩斯最可怕的事情，是他不但对金钱不感兴趣。他还要公正。

"他们以为花300万美元就能把我送到公园长椅上养老"，卡恩斯说，"当我是没见过世面的仆从。"他从福特公司获得1 000万美元几个月后，有人发现他独自住在位于休斯敦的一间又小又黑、没有家具的公寓房里，地板上有一只睡袋。装着专利文件的盒子到处都是：地板上、厨柜上、厕所里。卡恩斯后来在马里兰州的东海岸购买了一栋殖民地时代的别墅，隔壁就是生产罐装意大利面企业的富豪，据他说卡恩斯很少去那里。卡恩斯在底特律朋友们的家里蹭沙发，或者干脆睡在自己办公室的地板上。他说他只是想生产挡风玻璃雨刷。那就是他一直想要做的。他将继续起诉，直到全世界的汽车公司都停止生产他的雨刷，然后他将自己生产它们。

卡恩斯很快又将克莱斯勒公司和通用汽车公司告上法庭。不久后，他又起诉了国外其他汽车生产商，先拿法拉利开刀，后告遍了全球汽车企业，专利许可收入成千万美元增加。此时，他已经成为美国国内最有名的发明家，是数千名专利被侵害而求告无门的创新无产者心目中的"维权英雄"。同时，卡恩斯成了那个时代少有的专利行权成功特例，给美国的专利创新机制保留了一线亮光。

# 第四章

## 浪潮再起　专利道长

美国专利大革命的爆发和无产实体的崛起都与国际竞争大变局有关，都源于"日本说不"。20世纪80年代，日本制造不断吞噬美国市场，美国企业无力抵挡。情急之下，里根总统改弦更张，复活了搁置多年的专利创新系统，加强专利行权机制变革，配合广场协议压制日本对美国的创新挑战。日本由此进入失落的20年，美国的专利大革命也由此肇基。

与专利行权机制同时变革的是专利授权机制，为了保护信息产业创新优势，20世纪90年代，美国向软件企业大量授权软件专利，犹如发放糖果。互联网崛起后，与电子商务相关的商业方法专利后来居上，日渐庞杂。软件专利的特点是迭代创新，专利要求权项难以界定，在先技术难觅踪影，侵权认定成本极高，成了引发专利大革命的火药桶。

随着信息技术的普及发展，美国创新模式和创新格局发生了根本变化。大工业时代的大企业集中创新向信息时代分散创新、协同创新、开放式创新转化。创新无产者再次崛起，大量独立发明人和中小创新主体掌握了越来越多的信息技术核心专利和基础专利。互联网泡沫破裂后，创新无产者队伍空前壮大，与大企业创新渐成平分秋色之势。

恰在此时，出现了莱梅尔森这样的专利行权急先锋。在不断高涨的专利侵权诉讼赔偿额和越来越高的专利胜诉率的激励下，创新无产者热血沸腾。大企业专利资产积压严重，专利行权冲动不可遏制，他们领先倡导挖掘专利资产的价值，为自己培养了掘墓人。风云际会，无产实体崛起，美国专利革命爆发了。

# 第一节　行权改革　过正矫枉

出于对资本垄断的厌恶，美国在给专利创新系统消毒过程中用药太猛，IBM、AT&T、施乐纷纷中毒，被限制专利运用自由。经过多年过激的打压，美国的专利创新系统到20世纪80年代已经奄奄一息，创新竞争力空前衰落。为了改变美、日创新竞争的不利局面，临危受命的里根总统能做的就是矫枉过正，全面改革专利行权系统，顺应信息经济发展的要求。

# 一、调整机制 补足短板

"二战"后，经过美国的资本不断输血、产业转移和20多年的恢复，欧洲、日本的经济开始恢复活力，而美国却因为企业只顾开拓国内市场、没有进行设备更新和技术改造而显得步履蹒跚，美国产品的国际竞争力大大降低。更重要的是，美国创新活动一直处在低潮期。经过战后几十年对专利创新机制的禁锢，美国很多企业创新缺乏动力，创新成果有限，支撑不了更高利润的高端制造，而主流的制造已经到了欧洲和日本。

20世纪70年代末80年代初，在日本低价仿制品的强势冲击下，美国开始出现巨额贸易赤字，美国人开始忧虑、怀疑、疯狂，打砸抢烧日本汽车等进口商品的行为遍及美国各州。

同时，第三次技术革命也就是信息革命正在悄悄逼近，美国需要借助创新驱动机制逐步建立起在技术、经济和综合国力上的全球领先地位，而专利制度则是推动技术创新变革的主要驱动机制。

与此相对的是，经过多年反垄断的强化，美国企业和公民的知识产权意识已经非常微弱。通用电气、IBM、施乐等大企业都被各种反垄断裁定约束，获得专利授权都成问题，更不用说专利行权了。

里根政府上台后，进行了一系列的调查，最后发现，与整体经济衰退形成强烈对比的是，美国的高新技术产业表现出良好的发展势头。然而，高新技术产业的发展不但没有得到创新制度的保护和支持，还因为整个经济学界和整个美国社会强烈的反垄断观点而受到压制。1985年，美国产业竞争委员会向里根提出了题为"全球竞争力——新的现实"的建议书，该报告指出：美国的经济衰退是必须面对的现实，但美国的技术力量依然是世界最高水平。这种技术力量方面的优势没有转变为创新优势，更没有反映在贸易上。这是因为美国对专利这样的知识产权保护不充分，缺少专利创新机制。此后的所有事实都证明，这是美国历史上最高水平的经济研究报告。

为了挽救美国产业萎靡不振的状态，里根政府对专利创新制度采取了不同于前的态度，削弱了反垄断法的运作，压制了对专利创新机制持反对意见的言论，以达到用专利作围墙保护国内贸易，激活美国创新，使美国在经济上更加强大的目的。

为了鼓励创新，里根总统时期的美国政府和法院系统不断调整专利行权机制，形成了一系列亲专利的专利创新机制。1980年，美国通过了著名的拜杜法案，为创新市场输血。1982年，美国联邦巡回上诉法院成立，统一了美国联邦地方法院的专利法适用，同时也贯彻了亲专利的总战略，全面影响了美国的专利行权体系，进而上溯到影响美国的专利审查授权体系。美国的专利创新机制满血复活了。

**资料: 设立国家发明家日的公告**

**里根总统　1983年1月12日**

　　大约两百年前，乔治·华盛顿总统认识到发明和创新是美国幸福和强大的基础，他成功推进第一届大陆会议根据美国宪法的明确授权颁布专利法。他明智地建议：没有比支持科学更值得你们投入的事情了。1790年，第一个专利法颁布，启动了美国从一个技术的进口者向世界技术发明领导者的转型。

　　今天，就像华盛顿的年代一样，发明家是科技发展的拱心石，对这个国家的经济、环境和社会福利至关重要。个人的天才和坚持不懈，被专利系统的激励机制所激发，最后提高了人们的生活水平，增加了公众和个人的生产力，产生了新的行业，提升了公共服务，加强了美国产品在世界市场的竞争力。

　　出于对发明家为国家和世界作出的巨大贡献的认可，国会根据参议院第140号联合决议，指定1983年2月11日——美国历史上最著名和最受欢迎的发明家之一爱迪生的出生纪念日——作为国家发明家日。这种认同，在我们国家，力争维持自己的全球创新和科技领导地位的时期尤其珍贵。我们未来成功的关键仍将系于发明家们的奉献精神和创造力。

## 二、联邦巡回上诉法院

　　1982年以前，美国的专利侵权案件由联邦地方法院进行一审，由联邦巡回法院受理上诉案。当时美国共有12个联邦巡回法院，他们对专利侵权的有关标准掌握不一，有些巡回法院被认为是"亲专利"的，有些巡回法院被认为是"反专利"的。这种分配的结果是，即使某些案件案情基本一致，但在不同的巡回法院可能产生截然不同的上诉结果。为赢得诉讼，专利争议的当事人花费大量精力和钱财所做的首要事情就是把案件转移到对自己有利的巡回法院。

联邦巡回法院大多数法官都轻视专利案件。因为一个专利案件会占用法官几个月甚至几年时间，而且通常包含了法官不能理解的技术问题。同时，专利法律也是相当主观且不严密，数学逻辑本来就差的美国法官每每被弄得头晕脑胀，陷入逻辑旋涡不能自拔。在专利案件中，法官被要求将原本不可分割的技术进程分解，并决定上一个发明人的灵感止于何时，下一个发明人的灵感又始于何处，以划分专利权的归属。为了干掉这些讨厌的专利案，不负责任的巡回法院法官倾向于将这些专利无效掉。在1950年至1975年间，在联邦巡回法院，四分之三的专利侵权案件被判专利无效或专利未侵权。某些联邦巡回法院臭名昭著，例如第八巡回法院，管辖范围包括阿肯色州、艾奥瓦州、明尼苏达州、密苏里州、内布拉斯加州、北达科他州和南达科他州，几乎从没有任何专利在该法院被判有效！

为了统一受理专利上诉案件，美国1982年联邦法院改革法将关税与专利上诉法院和索赔法院合并，成立联邦巡回上诉法院。新成立的联邦巡回上诉法院是特殊的专业性巡回上诉法院，专门管辖全国涉及专利的上诉案件。

从此，不服一审的美国专利案件上诉案一律由联邦巡回上诉法院审理。对联邦巡回上诉法院的二审结果不服则可向最高法院上诉。最高法院对于上诉案，只选择它认为是重大和具有典型意义的案件予以受理。所以，可以说，联邦巡回上诉法院就是实质意义上的知识产权最高法院，它在很大程度上统一了专利案件审理的标准。同时，专利申请人或其他当事人不服美国专利商标局复审决定的案件也由联邦巡回上诉法院审理。联邦巡回上诉法院通过这类案件的审理，又在事实上领导了美国专利商标局的审查和授权工作。

成立联邦巡回上诉法院是为了实现专利体制的公正性和合理性，事实证明它也做到了这一点。联邦巡回上诉法院戏剧性地提升了专利的价值。判定四分之三的专利侵权案专利有效或被侵权。1993年时，联邦巡回上诉法院11名法官中有五名曾经是专利律师，他们比一般人更同情发明人，倾向于维护发明人的权益。在联邦巡回上诉法院，除非有证据证明专利无效，否则专利将被判有效。

联邦巡回上诉法院从成立以来一直是以"亲专利"著称的。近年来美国知识产权诉讼案件的数量一直在上升，1999年为1984件，到2001年上升到

2 481件。专家认为，这与联邦巡回上诉法院几十年来全力贯彻"亲专利"方向有很大关系。据统计，联邦巡回上诉法院成立前，美国专利争议中认定专利有效的还不到50%，上诉法院成立后这个比例一直提升到70%。

联邦巡回上诉法院"亲专利"的一个主要证据就是联邦法院支持的等同论原则。

## 三、联邦地方法院

经过上诉改革和联邦巡回上诉法院的案例引导，美国联邦地方法院对专利侵权案件原告的态度越来越亲近。几个"亲专利"的联邦地方法院更是专利权人首选，得州东区、弗吉尼亚东区、特拉华地方法院就是代表。

这三个法院的审判时间远远低于联邦地方法院的平均时限。这三个法院陪审团对原告友好，陪审团给出的侵权赔偿也比较慷慨。

在过去十年中，得州东区法院成了专利诉讼案件最流行的法庭，其原因在于：专利司法经验、亲原告的地方规则、不愿授予简易判决，高速处置，倾向于原告和高赔偿额的陪审团等。1999年时，该区法院还没有进入专利诉讼的前十名。到2008年已经是第一名，且与第二名加利福尼亚中部法院相差甚多。下面让我们近距离了解一下这个全球著名的专利诉讼圣地。

### 小城马歇尔

马歇尔市只有两万居民，是以原联邦最高法院法官约翰·马歇尔命名的。该城位于达拉斯市以东150英里，是一个宁静的小镇，开车到路易斯安那州只有几分钟的路程。

马歇尔自诩为世界陶都，每年有一个著名的火蚁节。这里的居民是得州典型的小城市居民，民风淳朴，朋友关系可以维持一生，友谊可以延续好几代。这儿的居民喜欢谈论南北战争，或者在墙脚争论几十年前的一场高中橄榄球比赛。马歇尔有很多教堂，有50座浸礼教友会教堂，35座其他新教教堂，一座天主教会教堂，城里的很多建筑建成于19世纪50年代，有七个殡仪馆，四个服务黑人，三个服务白人。

现在马歇尔中等家庭的年收入是30 000美元。在历史的大部分时候，马歇尔是一个被财富和种族分割的社会。现居民的爷爷、老太爷辈的人都依靠石油、天然气或者铁路运输挣钱，居住在有大门的宅子里，很少与城中出入沃尔玛和便利店的居民混淆。

马歇尔一度是得克萨斯州最领先和最富裕的城市，但是很多城市产业以及很多城中的商店在近几十年消失了。现在，该城是美国的专利首都，是世界上专利诉讼最忙的城市。小镇的法庭非常忙碌，每天处理200万美元左右的专利案件。是否在得州东区法院立案是辨别无产实体的重要指标。

得州东区法院专利诉讼的历史开始于本地企业德州仪器。20世纪90年代中后期，达拉斯的法庭被药品相关案件堵塞，德州仪器要寻找一个快速处理专利诉讼的法庭。在马歇尔法庭诉讼十年后，德州仪器非常满意。然后来起诉的企业就越来越多。

在专利诉讼利好的带动下，2002年以后，马歇尔经济开始复苏。斧头和电锯的声音在砖铺的街道上回响，各条主要街道通往风格独特的城市广场。那些空了多年的建筑正在装修，改造成出租给专利行权人使用的办公空间。

外地律师不断迁入，原先依靠旅游者生存的饭馆在为来访的律师准备中午和晚上的工作自助餐，一些在州际公路两侧的连锁宾馆工作日有95%的入住率。在一些重大的专利诉讼案件进行时，很多宾馆90%以上的入住率来自于一些前来办案的公司。从波士顿、纽约、旧金山以及得州各地来的知识产权律师纷纷涌入这个地区，租用了沿着美国59高速公路的连锁宾馆，使得马歇尔城变成了一个专利诉讼的有利可图的小宇宙。

外地来的律师经常开着半拖卡车从旧金山或纽约来，带着案件需要的东西，包括卷轶浩繁的文档、机器复制品、办公桌、视频音频设备，甚至卡布奇诺咖啡机。马歇尔人已经开始为他们提供短期的全设备租赁。例如达拉斯的一个专利律师在法庭旁边买了一栋老建筑，进行了翻新装修，租赁房间的公司可以进来就工作，插入电缆就上网，拔了插头抱起电脑就走人。

一个专利诉讼原告方的案子有时需要50个律师同时工作，需要厨房供应伙食，需要专门的制图员为诉讼制作图表，工作环境像一个家庭手工工场。诉讼双方成本都很高，一个案件下来需花费600万到1 200万美元。这么多律师工作，一天下来就要收接受服务的企业200万美元。

马歇尔市只有两个地方可以饮酒。酒馆几乎碰到的每个人都与专利生意有或多或少的联系，主要是作为陪审员，他们都为自己的城市感到自豪，为有人认为美国专利系统运营不好感到困惑不解。当然中间有经济利益因素。专利诉讼案件对宾馆、饭店和律师都有好处。有人认为马歇尔对专利的热情不仅限于自私。在这个地区，对财产权的尊重是根深蒂固的。如果你买了一块地皮，发现下面出油、出天然气，任何人都不能说你不能享有权利。对将财富建立在石油基础上的得州人来说，不能随便使用专利这样的资产是对企业自由文化的诅咒。

最近几年专利诉讼飙升的观点已经被上至总统的政治家普遍接受，正在讨论改革，但马歇尔仍然是世外桃源，大家仍然认为专利这种财产要不择手段地保护，每天200万美元的专利诉讼每星期都在发生，很多人希望改革不会很快到来。

专利诉讼对马歇尔来说是最大的生意，美国每一个著名的高科技公司都在这儿打过官司，世界各地的高科技公司也不断派人来这里应诉，甚至有中国公司考虑在附近的达拉斯购买房地产，派人员常驻附近以应对不断的专利诉讼。这个城市在法庭介绍和法律出版物中经常被称为专利丑怪和专利海盗的温床，这一点都不是恭维。

## 马歇尔的律师

马歇尔历史上有一个非常强大的法律服务团队。在19世纪后期，这是一个熙熙攘攘的城市，是南方与北方的交通枢纽，连接着当地的棉花种植园主和得州太平洋铁路。铁路修成以后，个人人身伤害律师来到城里，代表受伤的工人们进行诉讼。在20世纪中后期，该城市的很多律师挣了几千万美元，成了得州的舆论焦点，方法是通过集团诉讼，起诉某些公司使用石棉和硅土，或者反对某些药物和烟草企业。

到20世纪90年代，马歇尔的律师的好日子到头了，得州的集团侵权诉讼改革限制惩罚性赔偿，为滥用医药诉讼设定的赔偿金上限也有效地限制了律师的收入。2003年，得州的一个法律对医药侵权伤害案件的赔偿额设定了上限，加上电子办公系统代替了纸质办公文件系统，导致这个州的人身伤害律师转行到知识产权诉讼。专利诉讼原来主要集中在技术集中地如弗吉尼亚东区法院和加州北部法院，20世纪末涌向了马歇尔这个不生产软件却有很多陶瓷制造者和强大诉讼律师团队的城市。

在马歇尔，经常讲的律师的笑话就是民事侵权行权升温将很多当地律师从 P.I. 变到了 I.P., 也就是说，他们从人身侵权诉讼（personal injury）转到了知识产权（intellectual property）诉讼。

萨缪尔·巴克斯特就是例子。他原来是一个州地区法院的法官，后来转行做人身侵权律师。1996年，他接到了一个从达拉斯打来的电话，请他代理一个在马歇尔开审的专利诉讼案。他开始拒绝了，说自己对专利一窍不通。最后他被说服接受了这个案子，成为德州仪器诉三星一案中三星的辩护律师。最后这个案子和解结案。从那时开始，巴克斯特代理了一系列专利案件，成为著名的专利诉讼律师。

诉讼速度不是专利诉讼原告选择马歇尔的唯一原因。他们在这里的胜诉率比较高。

专利胜诉率高的一个原因是原告一般都聘请马歇尔当地的律师。因为这些律师不但认识陪审员，还认识陪审员的朋友，知道这些陪审员的生活细节，例如多长时间到一趟教堂。他们举办七月四号国庆节社交会，邀请陪审团的人参加，社交会结束就可以认识每一位陪审员。

别的州来的律师会遇到复杂的人际关系网。在一个专利诉讼案中，原告甚至可以聘请到沃德法官的会计师。外面的律师很难融入，有些外面的律师为了获得同感，会故意放慢讲话速度，拖长调子，或者穿上牛仔鞋。这些律师被当地人称作高大建筑物中的律师，即使天气再热，他们也不会脱下外套。

实际上，当地律师喜欢编造从大城市和国外来的同行的笑话。从太平洋西部来的律师会对马歇尔人的好客印象深刻，在用餐时，他们会用手机拍照，将图片发给家人，因为这些饭菜够很多人吃。

## 马歇尔的专利案件

这个城市在法庭介绍和法律出版物中经常被称为无产实体的温床。根据专利诉讼研究公司 Legal Metric 的分析，此地专利原告诉讼胜诉率为78%（全国为59%）。这些数字使得那些作为被告的大公司听到马歇尔法庭就退缩，协议解决。

实际上，专利诉讼已经变成了得州东区法院不可或缺的组成部分，这个地区的各个联邦法庭都在专利诉讼上下工夫，如谢尔曼市、泰勒市等，马歇尔只是挤在浪头。

这种专利诉讼浪潮令其他区的联邦法院侧目。他们疑惑是什么使得这个不到25 000人的小城变成了知识产权诉讼的避风港，赢得了如此庞大的份额，每年都有几百件专利案子来到这里，这里的专利案子超过了旧金山、芝加哥、纽约、华盛顿，只有位于洛杉矶的加州中部法院接受的专利案件数量可以与这个地区相比。

2002年时，得州东区法院（包括泰勒、特克斯安那、马歇尔）接受了32件专利案件，2006年增加到了234个专利案件，很大一部分在马歇尔。

在过去的五年中，从波士顿、纽约、旧金山以及得州各地来的知识产权律师纷纷涌入这个地区，租用了沿着美国59高速公路的连锁宾馆，使得马歇尔城变成了一个专利诉讼的有利可图的小宇宙。

在私人飞机或租用汽车中，这些律师在工作日聚集在联邦法庭，穿着暗色的、昂贵的西装，带着投影材料，为百万计的利益而战，他们的对手都是大名鼎鼎的公司：索尼、微软、日立……在软件、内容网站、通信、音视频领域的"大家伙"都赫然在列。

## 马歇尔陪审团

马歇尔市大学毕业率只有15%，市民老龄化严重，很难了解高科技技术。虽然是城市，但该市缺乏大公司，大公司在这里受到怀疑。当地人对政府非常信任，极端尊重产权。市民普遍认为专利侵权与闯入他人的有形产业一样，应该严办。

这里的居民组成的陪审团很少有技术训练和知识，对复杂的技术争论很少有兴趣，他们倾向于作出侵权判定。得州东区的陪审团，与休斯敦、达拉斯或者奥斯汀的不同，很多时候连一个有技术训练和教育的陪审员都找不到。这里的陪审团愿意对软性的或者表面的东西感兴趣。这就恶化了被告的问题，也使得得州东区联邦法院成为专利诉讼原告的首选之地。

2008年3月，有个代理过专利诉讼被告的律师在美国律师封面上写了"驯服得州"，他总结经验如下：雇佣专家顾问教给自己如何向得州陪审团讲话，在庭审中听取得州律师意见，简化复杂的技术演示。

## 马歇尔法律

马歇尔吸引人的不是案件如何被处理或者双方律师的争论，而是为什么从东部和西部海岸赶来的大公司来到这个偏远的地区法院打官司。专利律师都涌到得州东区法院的根本原因是它的专利诉讼经验和"火箭流程"。

　　40年来，得州东区保持了一种"火箭结案流程"，对法律辩论和举证设定严格的时限。这样在一些动作舒缓的地区（如达拉斯）需要三到五年结案的案子在马歇尔法庭只需要12~15个月。

　　这个地区有一个名声，就是处理专利侵权诉讼有急迫感，这是其他法庭不具备的。不管代表哪一方，律师都希望两个结果：赢，或者以尽量低的成本输，时间就是成本。律师认为得州东区的诉讼速度很有吸引力，大家认为该区的约翰·沃德法官在处理专利案件时准备充足，业务精通。

　　马歇尔法庭未来也存在挑战，由于案子太多，原先8~12个月解决的案子现在需要20~24个月。有几个联邦地方法院已经建立了自己的"火箭程序"，正在与马歇尔市抢案源。

## 沃德法官

　　马歇尔成为专利战场始于二十多年前。那时，总部位于达拉斯的德州仪器开始一系列侵略性战略，许可它的专利。如果一个公司不妥协或者意图谈判，德州仪器的律师团队就会将对方带到法庭，当时的律师向德州仪器公司的总法律顾问推荐得州东区法院，该公司就选择了马歇尔法庭。在专利诉讼中原告可以选择任何侵权地提起诉讼，但主要考虑的是诉讼速度，这方面马歇尔有独到优势。德州仪器20世纪90年代的一系列专利案件使得马歇尔城成为专利诉讼重镇。其他科技公司也开始跟风。沿着德州仪器开辟的道路一直到马歇尔整洁的法庭。

　　到1999年，当沃德法官成为法官时，德州仪器已经为马歇尔法庭准备了一些专利案件。

　　沃德1943年生于得克萨斯州的博纳姆市，1964年在得州技术大学获得艺术学士学位，1967年在Baylor法律学校获得法学学士学位，从1968年到1999年，他从事玩忽职守和产品责任方面的律师业务，是一个资深的诉讼律师。

　　沃德法官在1999年代理现代电子对抗德州仪器的案件时输了2 520万美元。沃德说，他输了官司，但喜欢上了这种智力挑战。他做了法官后就盯上了专利诉讼。

　　1999年1月他被克林顿任命为法官，同年七月获得参议院批准，九月就职。沃德被刻画为"言语平和的得州人"，保持一种平民风格，态度亲和，很少废话，受人欢迎，但在法庭上性急如火。他对专利案件上瘾，认为具有智力挑战性。对专利法有坚实的基础，着力于效率，准备充分，他审案件时言语得当。

沃德法官决定设计一套系统，以吸引更多的知识产权诉讼。根据他羡慕的加州北区法院的经验，他进行了设计。作为一个专利律师出身的法官，他很快对专利诉讼的慢速、文牍主义、拖延不决表示不满，他开始制订规则。这些规则为专利诉讼设定了严格的时间表，明确什么时候重要的文件必须递交，什么时候必须开庭。100页以上的立案申请或者律师代理词在沃德法官这儿是行不通的，他为法律文件设定了页数限制，用跑表计算辩论的时间，到时间就粗鲁地打断律师的发言。这些变化将马歇尔法庭变成了一个"火箭速度"法庭，这使得该法庭的断案速度大大快于其他地区。得州东区法庭规则委员会由一群当地律师组成，他们帮沃德法官制定了基本的诉前和诉中指导规则，来这儿诉讼的人必须遵守。

马歇尔市的诉讼规则包括前期证据开示，建立了严格的案件审查最终期限，防止原被告双方滥用证据开示程序。程序的加快减少了原被告双方的支出，原告诉讼费减少了一半。

诉讼规则还包括严格限制法庭辩论的时间，原被告各有9到15小时的举证时间（其他法庭也许会用一个月或更多）。被告被刺激更快解决纠纷，而不是冒支出更多的风险。

与加州北部法院不同的是，得州东区的法院一般来讲会为专利审判设定一个最后期限，一般是立案之日起18个月或者更少，这个期限对被告来说就是顶着脑袋的手枪，这是无产实体最需要的。

在加州，律师会自由发挥，压迫法官，直到法官提出严厉警告；在马歇尔法庭，情况不同，法官希望律师少讲话，案子尽快加速。

这些规则，加上得州东区法院一贯的高效率，开始吸引超负荷的加州、弗吉尼亚、威斯康星法庭的案源。包括德州仪器在内的大公司将他们的专利争诉案带到马歇尔法庭，但一些新出现的无产实体更为抢眼。

很多人说，网络泡沫时期的专利已经开始货币化，美国法律太倾向于专利权人。但是沃德说问题被夸大了，上诉判决证明了他的观点，只有一件案子联办巡回法官说他处罚过分，他的每一个判决都有理有据。

沃德后来讲，他的改革给自己惹来了麻烦，因为很多公司到他的法庭来寻求快速解决争端。沃德法官说他很少生气，但如果他发现一个律师不断引导证人，警告也不停止，他就会火冒三丈。

　　沃德加入得州东区法院后，该地区的专利诉讼案增加了十多倍。1999年只有14件专利案件，2002年32件，2005年155件，2006年增加到234件。这个地区是美国八个专利诉讼超过100件的地区之一。到2006年，沃德个人就审理了160多件专利案件。开始时，他审判马歇尔专利案件的90%，后来降到60%。

　　沃德审判的专利案件中，原告获胜的机率很高。据统计，在沃德审判的案件中，88%的案件专利所有者赢（全美国的比例为68%）。整个马歇尔法庭审判的案子中，专利持有人胜诉率为78%；陪审团参与的裁决中，专利持有者赢的比率高达90%。

　　有人指责马歇尔的陪审团亲原告，沃德说该地区历史上是远原告的。他说马歇尔的陪审员是"所有权的维护者"，对"专利主的利益友善"。

　　沃德法官的严酷使得马歇尔成为全球专利律师聚集的目的地，2006年时，日本的Laser Dynamics公司诉我国台湾地区的明基公司侵犯其一个光盘驱动专利，当明基的代理律师在诉前证据开示阶段没有说明白一系列有关的电子邮件，沃德决定杀鸡儆猴，判决明基公司支付50万美元罚金，还没收了明基律师1/3的法庭时间。

## 经典场景

　　一个星期一的早晨，从全国各地著名律师事务所来的大约20个律师走进了灯光明亮、原木地板铺地的得州东区马歇尔联邦法庭。穿着白色衬衫和深色西装，这些律师组成一个个小团队，团队成员间相互倾身沟通，抱手胸前，交谈声调非常平静，他们都是久经沙场的老将。

　　八点三十分整，法庭右边门口传来了脚步声，预示着令人敬畏的沃德法官来了，法庭立即紧张起来。法官穿着黑色袍子，戴着白色假发，快步走了进来，很快坐下来。在案件开庭前，沃德法官会进行一场"眼镜蛇演说"，礼貌地欢迎大家来到法庭，接着就是紧跟步伐的警告。那就是说，如果不能熟悉该法庭的规则，就会输掉案件。大家知道，他说到做到。他不会在开始就咬你，但如果你把他的话当耳旁风，他会毫不客气。

　　在此后的几分钟内，一个十人组成的陪审团粗略地听取了双方律师对案情的陈述。原告认为被告侵犯了他的专利权，要求几百万美元的损害赔偿，被告的律师却说他代理的公司没有偷盗任何专利技术，并且说对方的专利甚至都无效。

沃德法官静静地听着，不动声色。他知道，律师都在看着自己的脸。律师对他的习惯早有耳闻：当生气时，他的脸会变红，然后他的脖子变红，然后用手将下巴压到胸口。如果他摘下他的眼镜，那就不管你是原告被告，最好停止发言，退回自己的席位。

在这样的气氛中，专利侵权诉讼有序紧张地进行。如果取得了马歇尔小城陪审团和沃德法官的青睐，专利诉讼的原告可以非常轻松地赢得专利诉讼案，将巨大的高科技公司拉下马。

## 四、等同原则运用

判定被告是否侵权的原则分为"字面侵权"和"等同侵权"两种。"字面侵权"又称为全面覆盖原则，就是指专利权利要求中的每一个技术要素都被侵权产品或方法覆盖，例如，某一专利权的权利要求有x、y、z三个技术要素，而被控侵权的产品或方法也含有x、y、z三个技术要素，则被控侵权的产品或方法侵犯了专利权。这种原则显然对专利保护是不利的，因为别人可以通过替换专利技术中的任一技术要素而"绕过"该专利。

联邦巡回上诉法院对专利权的权利要求解释所采取的理论依据是等同原则。根据这项判断原则，若被控侵害之产品系以实质上相同的方法，执行实质上相同的功能，而达到相同的结果时，就会因为等同论的作用而被认为侵害了专利权人之专利权。那就是说，即使被告进行了有效的"要素替代"，没有触发字面侵权，也可能构成专利侵权。

采取等同原则的最初判例是1949年联邦最高法院对格雷邦泰克事件的判决。联邦巡回上诉法院设立之后，本判例开始适用于全部专利案件。宝丽来诉柯达案对该原则的普遍采用起了很大的作用。

1990年，绵延14年的宝丽来诉柯达案最终有了结果，柯达被判罚9.25亿美元。据统计，此次诉讼的失败给柯达造成了高达30多亿美元的损失，其中包括侵权损害赔偿、诉讼费用、研发和生产成本损失等。巨大的数额使美国政府进一步看到了用专利对抗"日本制造"的力量，在这一案件中使用了"等同原则"。

双方诉讼争执的技术是一次性成像技术。20世纪60年代早期，柯达就开始关注快照市场，开始了小规模的研究工作，开发照相机和胶卷技术，以期能抢夺快照商品的市场。那时候，该行业已被宝丽来公司完全控制，宝丽来公司在这方面拥有150件专利。虽然宝丽来公司的年均销售额仅及柯达100亿美元的年销售额的1/10，但这是一个快速增长的市场，柯达不想放弃。

柯达前期的研发工作基本失败，因为其研究开发的产品质量不过硬，不能与宝丽来竞争，所有努力都不得不付之东流。到了20世纪60年代晚期，宝丽来公司快速照相机的销售量达到了全美所有相机销售量的15%，这使得柯达公司的高层管理人士更加眼红。一位知情人士说："柯达抢占该商业市场的想法由来已久，而且挥之不去，因为新市场的商业利润太高，令人无法抗拒"。

1969年，柯达不遗余力地发起了新一轮研究浪潮，取名"130工程"。这一次柯达不想像上次一样另辟蹊径了，它已经很清楚地意识到，除了开发一些与宝丽来公司相似的，且已受专利权保护的技术以外别无选择。于是，柯达采用了日本人发明的"绕过"战略。

柯达的高级行政官员和研发经理很清楚地知道，沿着宝丽来的老路走存在潜在危险。首先，宝丽来非常注意保护其专利权产品——"我们认为宝丽来有复杂的专利权情结"，柯达一位资深研究员回忆说。而且，由于两家公司在早期签订过联合开发协议，因此宝丽来还向柯达展示过其下一代产品的设计秘密。

基于这些考虑，柯达聘请了一家颇有声望的纽约律师事务所为柯达研发部门提供有关专利权咨询服务。律师的意见是致命的："不要因存在潜在侵权危险而固步自封，不敢越雷池一步"，于是柯达加快了研发步伐。

柯达公司于1976年4月20日推出了一系列新的快照相机和胶卷。七天之后，这方面的销售额达到了宝丽来公司年销售额的90%。为了保护市场，宝丽来公司控告柯达侵犯了它的12件快照摄影技术专利权。

开始时，法庭对专利权解释采用了传统的限定性原则，认为柯达公司的产品成功"绕过了"宝丽来的专利，没有侵害专利权。

里根上台后，等同原则慢慢发生了影响。四年后的1980年，证据认定开始偏向宝丽来公司。当第一阶段的审判工作结束时，也就是大约自该案开始九年后，美国波士顿法院的法官瑞安·佐贝尔根据等同原则，认定柯达公司侵犯了宝丽来公司的七项专利权。她在判决书中这样写道："柯达公司的官员、代理商、服务人员、雇员、律师以及与那些与上述人员协同作战的人都应该停止生产、使用和销售快照相机、胶卷。"

法院判决柯达赔偿9.25亿美元的损失费。此时的赔偿损害金额是按照故意侵权计算的，是一般赔偿数额的三倍。赔偿金额并不按产品中与专利权对应部件的价格计算，而是按产品的整体价格计算。之所以要这样计算，据说是因为这一独特的即时成像照相机本身是消费者选择的对象，所以受到损害的金额不仅仅对应于同专利权有关的特定部分。

除直接的侵权损害赔偿外，柯达还被迫关闭资产为15亿的生产设备，解雇了700位工人，并花费了近五亿美元买回柯达在1976年至1985年间售出的1 600万架快速照相机。在长达14年的法庭斗争中，柯达也花费了一亿美元的律师费用。除此之外，柯达长达十几年的研发工作取得的所有成果都灰飞烟灭。

# 第二节　授权维新　催化丛莽

信息技术领域的创新引发了工业革命以来最重大的技术革命，同时也带来了创新模式的大变革，工业革命初期的"万众创新"模式在很大程度上实现了回归。

作为信息技术革命的先锋和主力，为了保护信息技术创新优势，美国及时调整了专利创新系统，放宽了专利授权原则，给软件和商业方法相关创新成果授予专利权。这使信息技术领域出现了茂密的专利丛林，为专利大革命准备了足够的弹药武器，为无产实体的成长壮大准备了适宜的温床。

## 一、万众创新时代回归

有专家指出，20世纪80年代后信息技术的飞跃发展是美国专利大革命的总根源。

信息技术革命带来了第三次创新浪潮。阿尔文·托夫勒在《第三次浪潮》一书中指出：信息产业的变革带来了农业文明、工业文明之后的第三次浪潮，也就是信息化浪潮。在新的时代，跨国企业将盛行；电脑发明使SOHO（在家工作）成为可能；人们将摆脱朝九晚五工作的桎梏；核心家庭的瓦解；DIY（自己动手做）运动的兴起……

第三次浪潮给创新活动也带来了革命性变化。在工业化初期，很多美国的发明是独立发明家作出的。随着工业化的深入，集中创新成为潮流，发明和创新似乎变成了大企业的工作。技术越来越复杂，研究需要越来越大的财务规划支持，也需要更大团队的合作。福特公司成了美国大工业时代集中创新的代表。该公司对创新无产者的不友好态度影响了美国的一代人。

互联网信息社会的到来改变了这一趋势。两大改变使得分散式创新、小团队创新、独立发明人创新越来越普遍，在很大程度上实现了"万众创新"的回归。第一个改变是互联网的崛起使得一个巨大的发明前沿开放了。在线软件订购服务、广告技术、电子商务、社会网络服务、App、媒体发布等无数领域每天在向创新小实体和个人开放。很多交互创新都是基于软件的，或者是通过通用硬件将不同功能的软件整合起来的。小团队使用日益改良的软件开发系统和模块化代码就可以实现发明目的，脸书、优步、谷歌等都是小团队创新的结果。第二个改变是云计算的出现和推广。创新者不再需要花几百万美元建立一个数据中心构建原型、测试发明，现在这些工作都可以低价实现。这就意味着高智商人群能够更快地设计和测试创意。独立或者小团队创新者生存环境已经与10年前大不相同。只有高端的生物、医药、纳米、半导体研究留给大型公司，他们将仍然需要大型研发团队和巨额投资。在此外的其他领域，中小企业乃至个人的发明领域空前广阔了。

曾经有专家认为："技术的发展在很久以前已成为科学家和工程师的禁脔。直截了当地说，大多数廉价且简单的发明已经创造完了。"还有专家说，"随着物理和化学的理论的发展，随着这些理论的贯彻实践，随着经验主义在各个领域的衰落，独立发明家必定消失。"信息技术的出现证明，他们的预言落空了。

信息经济时代，创新无产者队伍越来越大，他们的利益需要保障。

### 资料: 集中创新环境下的专利文化

20世纪初期，出于技术复杂性、成本和管理等各种原因，大企业开始雇佣发明人成为自己的员工，形成了不同于独立发明人的另一套发明系统。内部研发成了20世纪大部分时间的创新常态，美国企业对接受外部独立发明人专利许可的态度也日渐消极。源于保护内部研发者的心理需求，来自大企业外部的研发成果往往被蔑视、抵制，独立发明人的专利行权环境空前恶化。

鉴于专利行权的复杂性、不确定性和高成本，创新无产者的创新成果成了大企业攫取的对象。大企业利用专利确权诉讼攻击独立发明人强制购买相关专利，让发明人展示专利相关的技术秘密，然后甩开发明人独立生产，拒绝与独立发明人谈判等实例在美国科技史上比比皆是。正如西谚所说：如果能够通过篱笆挤到牛奶，谁还购买奶牛？面对这样的现实，多数独立发明人只能忍气吞声。

## 二、软件专利改变规则

20世纪80年代美国专利制度调整正好赶上了美国乃至全球互联网经济的崛起。加强的专利保护在一定程度上促进了美国信息产业的突破性发展。软件相关专利，特别是商业方法专利的大量授权为美国无产实体的崛起提供了绝好的温床。

在计算机、网络、通信融合的时代，各种各样的通用和专用软件无所不在。智能手机、数字电视、智能化的冰箱空调和家居环境等无不在软件的控制之下，硬件设备反过来成了软件的附庸。这一过程在世纪初就已经开始，现在已经成了社会各界的共识。20世纪90年代，软件授予专利的争论在现实产业发展的重压下尘埃落定。

软件能不能获得专利授权从计算机发展的初期就一直是知识产权界争论的一个问题。自从1972年菲律宾率先在其版权法中明文规定软件享有版权以来，版权保护就是计算机软件最主要的保护方法。将软件列入版权范畴予以保护而不是授予专利与软件自身的特点有关。软件与生俱来的"作品性"使得人们很容易将它和版权联系在一起。美国早期的判例中也认为软件事实上包含有数学算法，即数学公式，是一种自然法则，因此不是传统专利权保护的客体。

不过软件还具有"功能性"，这使得版权法对其的保护带有一种"先天不足"。版权保护的主要对象是作品的表达形式，而软件的精华却在于其内在的技术思路和思维框架。这一点只有开发过软件的人才清楚：一旦编程的逻辑思想被"反向工程"解密，用另一种表述方法开发一个不侵犯原软件"表达方式"的软件很容易。信息产业的专家指出，说软件由著作权保护已经足够的人或者是外行，或者另有阴谋。

在巨大的产业利益的驱动下，一些软件大国开始了推动以专利制度保护计算机软件的运动。美国的革新是最激进的，因为美国软件公司最为强大，创新能力全球第一。欧洲、日本相对保守，主要原因是自己的软件竞争力不强。

美国专利商标局于1996年2月正式公布《关于计算机执行的发明的审查指南》，自此以后，软件相关专利申请数量急速增加，对科技发展与产业竞争产生了重大的影响。在2000年的AT＆T与Excel公司争议案中，美国还确立了"实用价值"的原则。根据这个新原则，只要软件发明能产生具体的、有用的与可观察的结果，发挥实际应用价值，就可以成为专利保护的对象。这样，软件突破了"数学公式"的禁区进入专利保护的范围。

计算机软件突破了"数学公式"不能作为专利保护对象这一禁区防线，但仍然面临着严格的"三性"审查。可是，对计算机软件而言，要判断其新颖性是十分困难的。软件产品数量众多，版本升级频繁，修改和拷贝的成本极低，极难检索是否存在在先发明。在创造性方面，软件的创造性更不具有传统的专利创造性所要求的"对同一领域的技术人员的非显而易见性"，编程思维一旦公开，任何一个技术人员都会说这是流传了几千年的基本逻辑算法。即使是这些矛盾也阻止不了软件得到专利的保护。急于使本国的软件产业得到更有力保护的技术大国纷纷制定了新的专利审查基准和方法，降低新颖性和创造性审查的门槛，将软件迎入了专利的大门。在这方面，美国远远走在了其他大国的前面。从20世纪80年代开始，美国就接受了软件的可专利性。1995年到2007年，美国授权的软件专利数量从十万件上升到50万件。在欧洲和其他国家，软件只有绑定硬件才能获得专利授权，所以到2007年只有五万件。

软件授予专利是信息时代对专利创新机制提出的最大挑战，也是美国专利创新机制出现后最大的一场危机。新的形势带来了新的问题，软件专利发展如此迅速，以至于在专利行权机制方面，各国都没有做好充分的准备，走在软件专利最前沿的美国首当其冲，做了软件专利过度授权的试验品。据报道，近年来美国一半以上的新授权专利属于软件相关专利，这就使得美国充满软件专利侵权诉讼变得不难理解。

相对而言，美国制药产业一年产值3 000亿美元，占美国总产值的47%，但直到2009年，专利申请量只占美国专利总数的6.44%。信息和通信产业占美国GDP的4%，专利却占总数的40%。有数据显示，美国每年有四万件软件专利授权。

据有的专家讲，软件专利诉讼的可能性是其他专利的五倍。从1999年至2014年，软件专利诉讼量已经是原来的三倍。

最为可怕的是，几乎所有产业都在"软件"化，产业机器人、数字机床、太阳能发电控制系统、汽车传感器等。几乎所有的制造和服务都软件化了，软件专利的价值也空前提升。

美国很多人将美国专利法改革的目标定位在提高专利质量,特别是提高"非显而易见性"的审查。但是,不管是新颖性审查还是创造性审查(也就是美国的非显而易见性),都需要足够的对比性文件。专家表示,这对软件和互联网产业的专利很难,原因是找不到比对的在先技术。软件发展是一个迭代的、持续进化的过程。很多软件方面的创新在笔记本电脑、台式机、服务器上展开,这些工作在专利文献和印刷品上找不到证据,审查员不能方便取得。再努力工作的审查员也从来找不到足够的在先技术与专利申请进行比对。

事实证明,软件行业与生物制药行业不同,缺少重大技术发明,只有不断的在原创新基础上的小改进。软件创新不需要工厂和机器,也不需要多年的实验累积,只需要一台电脑和一个程序员,坐在家里或者办公室里就可以完成。

根据美国专利商标局报告,制药产业每1 000个工作岗位产生46.8件专利,计算机和外设领域每1 000个工作岗位产生277.5件专利。半导体产业以产品高度复杂著称,每1 000个工作岗位也只产生111.6件专利,只有计算机领域的40%。

## 三、商业方法专利泛滥

与软件专利相伴而生的是商业方法专利。商业方法专利其实也是一种软件专利,不过是限于互联网络电子商务方面的软件专利。

商业方法是否可以申请专利保护不是新问题。在1908年,美国法庭在Hotel Security Checking Co. v.Lorraine Co.案中就不得不处理相似的问题。法庭最后判决,该案争议的记账方法系统不能申请专利。该案成为之后美国专利商标局、法律专家和评论家引用的商业方法不可申请专利的经典案例,这一案例总结出来的原则称作"商业方法例外"和"数学方法例外"。

在计算机科技爆炸性发展的20世纪90年代,事情慢慢发生了变化。1998年,美国联邦巡回上诉法院对道富银行(STATE STREET BANK & TRUST CO.诉SIGNATURE FINANCIAL GROUP,INC.)一案的判决具有里程碑意义。在该案中，联邦巡回上诉法院认定决定市场价格以组建共同基金的"轮辐系统"可以成为专利授权对象，因为它有用、具体、有形。这就是所谓的"有用、具体和有形结果原则"。该案判决认为商业方法并不是根本上具有不可专利性，技术和商业的发明不能区别对待。这就改变了一直以来商业方法发明不可申请专利的共识。这个判决影响深远，导致了美国商业方法专利授权数量增加。

从根本上讲，商业方法专利的兴起也起源于产业利益。据eMarketer公司的数据显示，2013年，全球电子商务市场规模已经达到12 210亿美元，这一数额包括数字内容（音乐、视频和电子书籍）收入和在线票务收入；2016年，全球电子商务市场规模将达到18 600亿美元。美国在这个大饼中拥有狮子的份额，特别是在利润方面。

为了占领电子商务时代的"知识财富"，发达国家积极发动了新的专利扩张战争。美国专利商标局创建了"技术中心2100"，专门审理由计算机执行的商业方法专利申请。从此软件厂商和电子商务企业便把在日常生产经营活动中开发出来的软件程序申请专利保护。这些利用软件与互联网络所提供的服务创新成果，只要符合专利三性（新颖性、创造性、实用性），都可以申请专利并获得授权。商业方法专利数量翻番增长。

在政府的鼓励下，美国企业掀起了电子商务专利热。互联网络和电子商务相关专利的申请，与网络技术和电子商务的发展密切相关。1995年与1996年申请的专利多半集中在网络安全领域；1997年则以资金流相关技术为主；1998年集中在商务的网络化，如企业内部的财务管理、数据处理等；到了1999年以后，则以电子购物、银行等技术为申请重点。

据美国专利商标局的统计，美国有关商业方法专利的申请，1998年为1 300件，1999年为2 600件，到2000年5月已有4 500~5 000件。

互联网把所有产业都连在了一起，就像曹操连在一起的大船小船，商业方法专利就是装满干柴、桐油、硫磺的火船。商业方法专利引起的专利侵权诉讼在美国已成星火燎原之势。美国很多网络公司昨天还豪情万丈、横槊赋诗，今天大营就起火了。

通过软件专利和商业方法专利，无产实体可以一告一个行业，开展横扫行业的战争，上中下游整个产业链的企业都难逃罗网，宾馆、饭店、零售连锁店等非技术性服务性行业也被卷入其中，这引起了美国所有企业主的恐慌。

## 四、信息产业丛林密布

在技术更新日新月异的今天，专利丛林（patent thicket）在科技产业普遍存在，也就是说，很多科技产品中都包含无数专利权，且这些专利都属于不同的专利所有者。这些专利是相关产品生产的必要条件，"有之未必然，无之必不然"。从理论上说，如果其中一个专利权人不许可其专利，相关的产品就不能生产出来。专利丛林的专利相互牵制抵触，形成了经济学上所谓的"反公地悲剧"。

有数据显示，2012年，美国有600万件有效专利，300万件待审专利申请。有效专利中，240万件专利内容存在重复。这就是惊心骇目的美国专利丛林。

从20世纪80年代开始，美国专利丛林成长率越来越快。据统计，美国专利授权从1930年到1982年增长率为1%，1983到2002年增长到5.7%。从1995年开始，美国专利授权数量增长率一直在5%左右，到2012年增长率达到了11%。也就是说，2012年一年专利授权数就达到27万多件。

美国信息技术领域专利丛林尤其严重。有媒体指出，一辆汽车由三万多个零部件组成，而一个简单的软件就可能包含几百万个甚至几亿个组成部分，任何一个部分申请的专利都可能绑架整个程序。这就是高科技信息企业界对于未知的专利许可与诉讼成本充满恐惧的根本原因。

更为关键的是，现在几乎所有产业都"软件化"了。以汽车为例，现在的汽车已经与传统汽车完全不同，完全受制于各种传感器，供油、刹车、变速等都与传感器密不可分，也就与软件密不可分。软件专利丛林侵入了汽车的领地，这使得各大汽车巨头胆战心惊。

据攻击软件专利的专家讲，在美国专利商标局和联邦巡回法院的支持下，很多无关紧要的软件创新获得的专利，软件专利丛林快速成长。企业间的专利军备竞赛迫使信息科技公司纷纷申请软件专利，以防止别人的专利诉讼和应对竞争对手的交叉许可谈判。这些专利最后很多都有可能落在好诉的无产实体手中。

很多专家将美国专利行权诉讼的增加归因于美国专利丛林的成长。他们指出，无产实体诉讼问题很多源于互补性的专利分布在众多企业手中，关键是很多掌握在容易破产的小企业或者无产的独立发明人手里。他们没有开发这些专利发明相关产品的能力，却有起诉别人专利侵权的权利。

信息产业的这种专利资产分布情况与大企业成长后官僚机制严重、跟不上技术发展形势、创新不足、专利布局粗疏不无关系。

恒河沙数的专利丛林使得美国专利系统的公开功能失灵。美国高大疏离的专利森林慢慢演化成了浓密的专利灌木丛，解读这些专利的成本已经海量不可计算了。有文章指出，比对一个软件企业的专利与所有在先软件专利文献需要大概两百万名专利律师全日制工作。这是任何企业都做不到的。如果由政府为所有软件企业做这项工作的话，每年将花费4 000亿美元！

---

### 资料: 反公地悲剧

1998年，美国黑勒教授在*The Tragedy of Anti-Commous*一文中提出"反公地悲剧"理论模型。他说，尽管哈丁教授的"公地悲剧"说明了人们过度利用公共资源的恶果，但他却忽视了资源未被充分利用的可能性。在公地内，如果存在很多权利所有者。为了达到某种目的，每个当事人都有权阻止其他人使用该资源或相互设置使用障碍。这将使得没有人拥有有效的使用权，导致资源的闲置和使用不足，造成浪费，于是就发生了"反公地悲剧"。

---

### 观点: 专利丛林和专利革命

还有一个现象值得关注，就是美国经济历史上不断重复出现的专利行权革命和专利丛林（专利申请和授权大量出现）共生的现象。每一创新高潮时，伴随着突然的和根本的技术飞跃，专利丛林和专利行权革命都会同时出现。作为创新驱动机制，美国专利系统事实上从上到下都是为了促进专利丛林设计，所以专利行权革命没有让美国企业耗尽创新资源，专利丛林也没有让美国企业裹足不前。美国专利创新机制每次都会通过变革适应环境，解决过度的专利行权活动和过密的专利丛林，促进企业间的合作，护航突破性技术革新。

# 第三节　榜样力量 鼓吹播扬

21世纪初互联网泡沫的破裂导致了大量创新公司的破产，破产公司的创立者变成了新的创新无产者。他们开始寻找出路，希望变卖资产，积累资本开始新一轮的创新创业。在《阁楼里的伦勃朗》的鼓励下，他们翻检自己的阁楼，发现了大堆的专利，于是联合专利律师和各种金融投资，成立专门的专利行权公司——也就是无产实体——开始行权，或者把这些专利向外出售。充足的、低价的基础专利同时也吸引了律师和金融家，这些善于把握机会的专家积极购买专利，成为新的无产实体。在各种无产实体的努力下，美国的专利创新市场更加活跃。

在专利大革命的初期，几个成功的专利行权案例使得专利资产成了美国舆论的焦点，他们像灯塔一样吸引着从各个方向赶来的无产实体。

## 一、登峰造极的莱美尔森

20世纪90年代创新无产者的典范是独立发明家杰罗姆·莱美尔森，他可以称为美国专利大革命的先知和始作俑者。

### 1. 发明之王

杰罗姆·莱美尔森是爱迪生之后的美国专利大王。他一生获得了600多件专利，个人拥有专利数在美国仅次于爱迪生（爱迪生一生共获得1093件专利）。与爱迪生不同的是，莱美尔森没有发明团队，他的专利发明都是自己亲力亲为的结果，很多专利说明书都是自己写的，专利申请的琐碎工作很多时候也是自己在做。

莱美尔森1923年出生，是奥地利犹太人的后代，父亲是个医生。他小时候就作出了第一项发明——发光压舌板，这件东西为他父亲的工作带来了方便。十几岁时，他就在地下室开了个公司，制造与销售汽油驱动的飞机模型。"二战"期间，他在部队服役，从事技术服务工作。在部队时，他曾经给部队中的黑人工程师讲课。那时候种族歧视很严重，他的讲课地点必须与白人军人的活动区域隔离开。由于这段经历给他的强烈刺激，后来他一直为黑人鸣不平，为保障民权而呐喊，一直呼吁要加强对少数族裔人群的工科教育。战后，他在纽约大学念书，先后获得航空工程和工业工程两个硕士学位。

毕业后，莱美尔森开始在美国海军研究办公室负责基础研究的"鱿鱼皮"项目组工作，研究脉动式喷气发动机和导弹引擎，后来转到共和飞机公司工作，参与导弹设计。此后他曾经到一家新泽西的冶炼工厂做过安全工程师，因工厂不同意应用他建议的安全设施愤而辞职。

1957年开始，莱美尔森就开始了他的独立发明人生涯。此后，他以一个月一件专利的速度坚持发明了40年。

莱美尔森是一个工作狂，每天工作12~14个小时写他的创意，记录他创意的工作笔记有几千本。他的弟弟说，他的这个习惯已经持续多年，上大学时两人同住一个房间，每天晚上灯会打开好多次，莱美尔森会爬起来不断记录下自己的创意。

莱美尔森的妻子也说他几乎无时无刻不在思考。他的枕头旁边永远放着笔记本，躺在床上或梦中产生了灵感，就翻身赶紧记下来。即使在带着全家去海边度假的路上他也不休息，不断地将自己的想法用录音机录下来。到了沙滩，孩子们都去水中嬉戏，他却自己坐在遮阳伞下掏出笔记本做发明笔记。

1996年，莱美尔森得了肝癌，1997年10月去世。在生命的最后一年，他提交了40多件专利申请，很多涉及癌症诊断和治疗有关的生物制药，例如"计算机化生物诊断系统"等。直到2005年10月，美国专利商标局还授权给他超导电力电缆专利；2009年，他去世12年后，还获取了"脸部识别交通安全系统"专利。

莱美尔森自己是独立发明人，也一向为独立发明人鼓与呼。1993年，莱美尔森和他的家族成立了莱美尔森基金会，旨在帮助独立发明者搞发明与创新，解决其困难，维护其利益。

1995年，莱美尔森斥巨资在国立美国历史博物馆里设立了莱美尔森中心，宗旨是：普及发明创新知识，吸引青少年投身于发明创造，帮助公众理解发明对于美国发展的重要性。同时该基金会持有莱美尔森的100多件专利和专利申请，也是莱美尔森专利的行权组织。

作为美国最早的"专利丑怪"，舆论对他褒贬不一。

称赞他的人说："莱美尔森是一个伟大的慈善家，但他的慈善工作的意义远远不及作为发明家和企业家对美国社会作出的贡献。"

贬斥他的人却说："莱美尔森的专利实际上一钱不值，他是20世纪最大的骗子之一。"

## 2. 发明专利

莱美尔森认为，发明人不能坐等创新灵感到来，需要积极行动。同时，虽然发明意味着很多研究和艰苦的工作，但也不一定是一般人想象的那种反复试验的结晶。莱美尔森不设计发明模型来验证他的发明（现代专利申请不需要向专利审查机构提供模型），发明对他来说是纯粹的理论逻辑思考联系。莱美尔森拥有纽约大学的三个工学学位，他每天花费时间搜检40种订阅的技术刊物，包括自动控制、现代原料处理等。从这种跨领域的阅读习惯中，他通过普遍建立联系来合成新的发明。他的独特的本事是将不同创意组合起来形成新的发明。

莱美尔森将自己的成功归于三个优点：好奇心、宽广的知识面以及跨领域整合技术的能力。他能从别人看不到的地方发现联系。例如，看到宇宙飞船飞行造成的快速氧化的瓷片，他就能产生一个利用硅快速氧化的半导体制造方法专利。

莱美尔森还进行"定向发明"。他曾经的律师说，他阅读杂志，确定产业的方向，然后积极布子。从这一点说，有人认为莱美尔森不是努力创新真正意义上的产品，他只是用他的知识在美国专利商标局播种，为未来的专利诉讼奠定基础。例如，"二战"后美国婴儿潮的到来，20世纪五六十年代飙升的玩具市场为各种创新提供了机会，发明者可以从这些小发明中尽快获得收益。不像复杂的发明，玩具市场不需要几十年的时间发展起来，市场化速度很快。莱美尔森看到了机会，积极布局，他早年很多专利是在玩具领域申请的。他将高科技领域的创意应用到各种玩具设计中，申请了维克劳目标游戏、带轮娃娃、图版游戏、改进螺旋桨、无沿小便帽等专利。

莱美尔森的商业眼光和嗅觉特别灵敏，虽然他从来没有发明关键的技术。可以这么说，他每当看出一个产业要向哪里发展，就申请一件专利事先放在那里。曾经给他做过代理的律师就说："他不发明具体东西，只发明专利"。

## 3. 专利事业

1993年时，采访莱美尔森的记者眼中的他是这样的：69岁，个子不高，已经秃顶，纽约腔听起来有些滑稽可笑。他说话速度很快。在每一件发明的背后，都有一个关于如何灵光一闪的故事。莱美尔森会像一位说相声的一样讲述整个发明过程，只不过，他的讲演最后不是打开一个包袱，而是一件发明，几件专利，若干的诉讼缠斗。

有人的生活是一幅照片、一首歌或者一部短篇小说。莱美尔森的生活就是一件专利。他每天想着专利，就连做梦也会梦到专利。他拥有机器视觉系统、工业机器人、传真机、复印机、盒式录音机驱动器以及便携式摄像机方面的专利。他的发明专利几乎涵盖所有技术领域。有一次，有人与他谈论无绳电话，那时的美国刚刚解决了有关无绳电话的电子漂移问题。莱美尔森说："不好意思，我也发明了这个东西。"

专利是莱美尔森毕生的事业。1954年，他在与妻子一起到首都华盛顿度蜜月期间，还抽身去了一趟美国专利商标局，申请了之后让他获得几亿美元的"机器视觉"专利。

莱美尔森一直自己写专利，是这方面的老手。1993年，他对纽约客的记者说："你必须拓展自己发明的四至，确保专利商标局授予你最大的保护范围，你要避免使用形容词，如果你申请晶体管专利，你不要写晶体管，而要写成可控制的电子管。当然，如果你申请保护的范围太广，你的专利申请会被专利商标局拒绝；但如果你写的保护范围太窄，你就会错过具有实际价值的技术，收不到许可费。"

作为一个成功的专利申请者，莱美尔森还有更重要的性格，那就是永不妥协。对他来说，审查员的答复意见拒绝不是事情的结局，而是开头。他会不停地游说，软语相求，控诉，软磨硬泡，再申请……永不放弃，直到达到目的。美国专利商标局的审查员说，他总是不停地抱怨，争取得到你的同情和支持，他利用专利规则的任何细节获得他的专利。

进行发明时，莱美尔森首先选择一个特定的领域，例如，1993年他将目光聚焦到显微外科上。莱美尔森雇人检索有关专利，获取他所关注领域的所有专利信息，他还可能亲自去专利商标局，查阅相关专利信息。莱美尔森设想这一领域的未来发展方向，而后申请一件处在发展之路上的专利。据统计，莱美尔森只有1/7的专利进入制造阶段，他的专利像高速路上的收费站一样，所有驾车者在它面前都必须停下来。与其他发明家相比，莱美尔森的一个巨大优势就在于他自己撰写所有专利申请。从理论上说，专利申请不过是用语言描述自己的发明，但事实上，专利说明书本身也是一个

127

発明。

　莱美尔森是很多企业家眼中最可怕的噩梦。在批评他的人看来，他不过是一位"纸面专利"发明家，充分利用了专利制度赋予独立发明家的权利。而在莱美尔森看来，动用法律武器是独立发明家保护自身权益的唯一途径。他说："有时候，通过许可也可能获利，这种方式在当下要比过去更容易。但绝大多数生产制造商更多地是选择侵犯专利，而不是花钱获得许可。你是否听说过'非我发明综合征'？美国工业界普遍患有这种疾病。他们的态度是：'如果不是我们发明的，我们不会对此感兴趣。'或者'如果这是一项很好的发明，我们难道会想不到吗？'又或者'嘿！我们公司有数千名工程师，为什么要花钱买别人的想法？也就是说，独立发明家与一家美国企业开展发明合作几乎是不可能的。他们对非出自自家的发明不感兴趣。'"

## 4. 强硬的行权人

　专利许可的路并不是一帆风顺的，为了行权，莱美尔森卷入了一系列的专利诉讼和许可谈判中。结果他被诉讼对手诋毁，同时也被独立发明人欢呼为英雄。莱美尔森在诉讼中也表现出与专利申请时一样的坚韧不拔的性格。很多时候，他或者输了官司，或者赢了官司赔了钱（有时候只能获得很少的赔偿金），但他不当回事，我行我素，不停地诉讼。

　有一次，为了保护"风箱发音器"专利，他起诉了十几家企业，这些诉讼延续了19年。由于相关产品只卖75美分，侵权企业也比较小，所以收到的专利许可费和赔偿费少得可怜。在1979年的一个案子中，他赢了一个两人成立的公司，这个公司销售侵权产品收入了8 225美元，法官判决该公司赔偿莱美尔森300美元，他不厌其烦地亲自去收取了这笔许可费。

　莱美尔森早期主要诉讼对象是玩具公司。不幸的是，当时的玩具公司对接受外部专利许可没有兴趣，特别是在市场上有相类的产品时，对新的发明更没有兴趣。莱美尔森不是容易妥协的人，当他发现玩具公司使用他的专利技术后，就去诉讼。这些早期的诉讼塑造了莱美尔森的专利许可"硬汉"形象，成为20世纪90年代专利许可一系列成功的基石。

　经过十几年的失败和挫折，1974年莱美尔森获得了第一个巨大成功，被授权者是日本的索尼公司，该公司花了两百万美元获得了盒式播放机专利14年的使用权。这对索尼来说是一笔小钱，但对莱美尔森来说是第一笔稳定来源。为什么索尼支付了这么高额的专利费？实际上索尼并不依靠这个发明生产产品，索尼的律师说这是因为莱美尔森拥有一个已经授权的专利，且莱美尔森好诉名声在外，当时日本的公司都低调，怕美国公司，不希望卷入专利诉讼引起市场波动。

1981年，IBM花500万美元取得了20个莱美尔森的数据和文字处理技术的专利。IBM邀请莱美尔森主管其公司一个研究部门，他拒绝了，因为莱美尔森希望继续做独立研究。莱美尔森把这些钱都用在了聘请新的律师和支付诉讼费上面。有了索尼和IBM的背书，他更加信心十足，觉得自己的选择是正确的，决定加大赌注，莱美尔森的专利行权行动变得更加具有进攻性。

这一轮IBM资助的法律行动为莱美尔森收获了大约1 000万美元，交纳者主要是日本的电脑和电子公司。当时代理莱美尔森的律师说，他开始不再对莱美尔森感兴趣，因为他不知道莱美尔森会走多远。在那些亚洲公司同意支付莱美尔森计算机专利许可费后，他又要求律师再去找这些公司，说那些专利还涵盖了传真机，要重新付费。律师向莱美尔森表示这样做不道德，但莱美尔森说这不是非法的。两下交锋，律师精神崩溃，主动离开了。

1992年，由于与索尼、三洋、西门子以及其他公司签署了专利许可协议，莱美尔森据说获利两亿美元。他将摩托罗拉、柯达和苹果告上法庭，住处也从新泽西州搬到内华达州。莱美尔森说："我不介意透露搬家的原因，原因就是在内华达州诉讼更为容易。如果是在新泽西或者纽约提起诉讼，需要五到十年时间才能等来庭审，在内华达只需要一年时间。"

### 资料：莱美尔森行权语录

"公司管理者知道能够承担昂贵的专利诉讼的发明人十中无一，即使提起诉讼，五分之四法庭会认定专利无效。当许可费预期超过了诉讼费用时，攻击专利就是好的商业感觉……"

"美国梦就是假如一般美国人发明了一些新奇和有价值的专利，他将找人许可。但是对大部分当代发明家来说，不是这样的结果。独立发明人说服企业自己有一个值得的市场化的产品极端困难。大部分企业极度抵制从外部研发的创意和技术。"

"你不能造成容易妥协的形象，你必须以权利斗士著称。否则你永远不会许可出任何专利……即使是爱迪生，也曾经为保护自己的专利艰难奋斗，他花了大约1 400万美元保护自己的发明，那还是在世纪之交，那时一瓶啤酒只有五美分。"

## 5. 知音难觅

1964年，莱美尔森将自动仓储系统专利许可给了Triax公司。开始，莱美尔森希望Triax公司使用他的自动仓库专利，但莱美尔森发现Triax在这个领域也有一系列专利，双方便达成了联盟，希望强强合作，将所有相关领域的公司都变成专利付费使用者。但双方合作并不愉快。这在莱美尔森给Triax董事长的信中集中反映了出来。

合作后，莱美尔森一直在紧密监视其他人的发明，努力将别人的发明纳入自己申请中的专利中，1967年，他在信中写道："我把复印的《控制工程》杂志上的一篇文章给你寄去，在这篇文章中简要描述了快速停车车库"，他指的是当时福特正在开设的自动停车库，建议专利律师修改他的一件申请中的专利以覆盖这一关键技术。

"这对我们非常有利可图"，在另一份信中，他说有个竞争者更改了设计，回避了自己的专利，他建议通过专利修正程序（reissue）增加一两项权利要求覆盖新的技术更新。

1969年时，他开始指责Triax不积极行动，说应该对于专利有关的灰色领域提起诉讼。1971年，他认为Triax的专利行权行动没有攻击力。1972年3月，Triax对他越来越不满，指出："在道德上，我们不能随便起诉，只有在我们确实有创意的领域，我们才能起诉他人"。

这使莱美尔森很生气，他说："你和你的律师都错了，所有我们产业的伟大领导都认为，法庭相见是唯一的语言"。

## 6. 伯乐宝马

由于理念不同，莱美尔森共换过几十个律师，最后，他找到了与他心心相印的律师，那就是杰拉尔德·霍西尔（Gerald Hosier）。霍西尔给他尊敬，也可以赢得他的信任。他们发起了美国历史上数量和规模都空前的专利行权运动，引领了一代专利行权浪潮。

在与莱美尔森合作以前，霍西尔就是一个运营着一个小型律师事务所的成功律师，他的合伙人就是著名的无产实体之父尼禄律师。这两个律师进入专利行权生意是偶然的。当时有一个发明人乔治·理查兹拥有用于加油站泵的自动止流嘴专利，他没有钱要求加油泵的制造者接受专利许可，于是请求尼禄和霍西尔风险代理，收取许可收益所得的一半作为律师费。最后两个律师只做了诉讼申请和证据开示程序方面的法律服务，被告没有庭审就支付了20万美元，两人狂喜，每个人分了五万美元。该生意改变了这两个本来默默无闻的小律师的命运，他们开始大张旗鼓地做专利诉讼风险代理业务。这两个律师观念有所差异，霍西尔激进，希望只做风险代理业务；尼禄保守，觉得应该保留一定量的传统代理业务。1983年，两人各奔前程，霍西尔成立了独立的律师事务所。1988年，霍西尔遇到了自己的伯乐——莱美尔森。

霍西尔在一定程度上比莱美尔森更现实。例如莱美尔森一直想从一次许可谈判中取得最大量的许可费，霍西尔却希望从大量的被许可人中收取较小的许可费，积少成多，聚沙成塔。霍西尔对纠缠于法庭的争论一个观点对错没有兴趣，他只对获得实实在在的利益有兴趣。当看到莱美尔森的专利时，霍西尔惊叹于巨大数量的未开封的潜力。霍西尔发现了机器眼专利，因为这个专利还覆盖着另一个技术领域——条形码技术，条形码实际也是机器眼。1989年9月，霍西尔为莱美尔森还在审查中的专利补充申请了条形码专利。然后霍西尔展示了法律技巧。通常专利持有人起诉专利相关产品的制造商，但霍西尔意识到机器眼技术和条形码设备的制造商都比较小，最大量的专利许可收入在使用者，也就是说，世界上所有的公司。莱美尔森的专利不但包括产品专利，还包括方法专利，霍西尔建议起诉所有技术使用者，这就是霍西尔作为专利律师的巧妙之处。

霍西尔开始全面代理莱美尔森专利行权，涉及的是机器视觉专利组合，包括12件专利，四个自动识别的专利，两个半导体产业的专利。

霍西尔的专利许可运动在1989年11月开始，他一次向200多家企业发出了许可函件，包括当时顶尖的电子、半导体、自动化公司。

开始这些企业都没有回应。霍西尔将精力集中在日本公司，他们在面对美国法律系统时是紧张的。霍西尔继续发出措辞严厉的律师函，明确指出，莱美尔森有150多件专利，还有50件在申请过程中。他在给三洋公司的信中写道："申请中的专利权请求项设计得非常小心，涵盖了所有商业应用领域"，意思就是说，你无路可逃。

到1992年，霍西尔开始诉讼。在强大的诉讼压力下，所有的日本汽车制造商都被迫就范，同意支付一亿美元。几个月内，30多家欧洲和日本企业，包括大众汽车、宝马、Mercedes、Saab、沃尔沃、NEC、飞利浦、三星都与霍西尔达成了许可协议，他们交给莱美尔森35 000万美元专利许可费。到1992年年底，在两年时间内，霍西尔从40多家企业收到近五亿美元的许可费。

最后，霍西尔转向最难啃的骨头，那就是美国的汽车制造公司。1992年后期到1993年，霍西尔对没有接受专利许可的八家企业提起诉讼。此后又在1999年、2000年、2001年陆续起诉英特尔、朗讯、爱尔康、美国电脑（当时非常大的零售企业）、博通等。在汽车产业，经过多轮接触，霍西尔决定拿福特汽车开刀，通用和卡迪拉克先放到一边。福特是最坚定的专利反对者，有几十年的专利防御战经验，他们的代理律师事务所Fish & Neave就是原来爱迪生的专利代理律所。这是真正的巨人间的争斗，霍西尔希望先啃掉这块硬骨头。

霍西尔采用了各种诉讼策略。开始，形势对莱美尔森不利，1995年1月，美国专利法改变了莱美尔森专利申请策略的基础（所谓的"潜水艇专利"），福特等公司通过游说国会断了申请新的莱美尔森专利的可能性。这对莱美尔森已经申请的专利没有实质影响，但舆论上非常不利。

很快，莱美尔森遭受了直接的打击，一个庭审法官指定的州法官负责审前程序，他给出了有利于福特的即席判决。该法官认为莱美尔森的专利在申请过程中存在不适当的拖延，所以不能强制执行。在美国，这和专利无效意义相同。法官说，莱美尔森申请专利的方法是对法律权利的滥用。虽然州法官的观点在法律上讲只是一个推荐性作用，但负责庭审的联邦法官经常接受他们的建议。到1996年4月，联邦法官接受了这个州法官的报告。然后他用了12个月写出了他的书面判决意见，但是，这个判决发表时，福特惊呆了，因为法官推翻了自己的原来的想法。原因是另一个法庭在其他相似的案件的案件中作出了相反的判决，这影响了法官的观点。那个法庭认为，既然法律容许迟延，那专利申请人就不应该为占规则的便宜而受到处罚。

此时莱美尔森已经到了灯枯油尽之时，他正在治疗癌症，当胜利消息传来，说上诉法院不愿意受理福特的申诉，莱美尔森吃力地对记者的相机摆出了V形手势，几个星期后他就去世了，享年74岁。

从此，霍西尔摆脱了莱美尔森的束缚，自由发挥。福特案非常关键，1998年6月，三大汽车制造商被迫同时和解，霍西尔的专利行权大规划跨过了临界点。在与三大美国汽车制造商达成授权协议后，很多企业开始合作，纷纷接受专利许可。霍西尔向1 200多家公司发出了专利授权的律师函，几百家公司妥协了，当时霍西尔几乎是一天签一个授权合同。据统计，大部分莱美尔森的专利费都是在他死后的3年中收取的。

为什么那些公司不相信莱美尔森的专利却心甘情愿的付款？因为他们发现，他们已经陷入了莱美尔森生前织成的专利大网。莱美尔森的机器眼专利组合为例，这个专利组合中有成百个专利申请项，16个不同的专利，你可以无效一个专利，其他专利会不断涌上来；而且，霍西尔也证明自己会适时地挥动大棒。

另一方面，霍西尔也知道如何让被授权公司感觉舒服一些。对新合作的公司，它提供打包授权，授权包括所有莱美尔森的专利，费用也不高。

接受莱美尔森专利许可的公司达上千个，包括传统经济大公司美国铝业公司、波音公司、道化学公司、通用电气、Eli Lilly等，制造业巨兽三大汽车公司、美国钢铁公司，科技巨人IBM、HP、思科等。

从1998年到2000年，霍西尔对632个公司启动了七个大型诉讼。当时很多企业都已经看得非常清楚，如果不能无效掉莱美尔森"机器视觉"相关专利，大家就不得安身。已经收取的15亿美元也只是付给霍西尔的一笔小小的预付款。

经过联合努力，莱美尔森"机器视觉"专利在2004年被无效。法庭判决莱美尔森机器视觉专利的76项权利要求不可实施。原告公司得到了几十个产业的支持，花了几百万美元打这个里程碑性质的案件。2005年9月9日，美国联邦巡回上诉法院三个法官根据懈怠原则支持该判决，"在审查中不合理的长期拖延"，专利无效。法官认为有关专利缺乏具体描述和可实施性，没有人能够根据该专利想象的框架制造现在使用的视觉技术机器，缺乏可实施性。

霍西尔让莱美尔森变得异常富有，同时自己也获益匪浅。他在20世纪80年代愿意以风险代理的方式与莱美尔森合作，从那时开始，他为莱美尔森获得了大约15亿美元，据说他拿走了其中的三分之一。霍西尔在2000年被财富杂志评为美国收入最高律师，每年收入4 000万美元。美国律师在2003年报道说当年霍西尔收入1.5亿美元。霍西尔是个自夸、奢华和挥金如土的人。报道说，霍西尔住在了一万五千平方英尺的豪华别墅里，别墅里有一个巨大无比的健身房、还有桑拿室、酒窖、豪华的地下放映室，他有五架私人飞机，包括一架冷战时期捷克斯拉法克的战斗机。

## 二、最成功的破产企业

> 以前的中间等级的下层，即小工业家、小商人和小食利者，手工业者和农民——所有这些阶级都降落到无产阶级的队伍里来了，有的是因为他们的小资本不足以经营大工业，经不起较大的资本家的竞争；有的是因为他们的手艺已经被新的生产方法弄得不值钱了。无产阶级就是这样从居民的所有阶级中得到补充的。

——马克思"共产党宣言"

如果说莱美尔森是专利大革命早期的代表，NTP公司就是专利行权高潮的代表。如果说莱美尔森是独立发明人的代表，NTP公司就是破产企业家的榜样。有一种胜利叫撤退，有一种失败叫占领，有一种成功叫破产。NTP公司在2006年起诉黑莓手机专利侵权案时，不论在诉讼策略，还是在最后的损害赔偿数额方面都登峰造极。

2004年，加拿大RIM（Research In Motion）公司生产的"黑莓"手机风靡全美，最受欢迎的功能就是无线电子邮件服务。这种手机一经面世即受到北美高级商务人士的追捧。2004年黑莓手机的销售额达到135 000美元，占到美国高端手机市场75%。但是2003年，在产品走红同时，该公司在美国的业务遇到了前所未有的困境，电信服务提供商开始考虑放弃黑莓邮件服务；分销商、零售商开始减少订货，用户也纷纷提出质疑，公司甚至走到了退出市场的边缘。

危机源于美国的一家位于维吉尼亚州的小公司NTP，这家公司从未生产过无线收发电子邮件的手持设备，却拥有无线电子邮件有关的专利。就是这些专利以及由此产生的专利诉讼，使得两家公司缠讼四年。NTP威胁申请法庭禁令关闭RIM电子邮件服务，黑莓手机服务面临停摆。

### 1. 失败企业的好专利

20世纪80年代，坎帕纳与斯达特成立了Telefind公司。坎帕纳是个技术专家，斯达特是有多年专利诉讼经验的律师。该公司引进了一个原始无线电子邮件技术，可以向传呼机一样的设备传递短信息。

1991年，Telefind开始走下坡路，两人便成立了NTP公司，决定许可相关专利挣钱。公司的办公地点就在斯达特的家中，唯一财产就是另一创办人坎帕纳的一系列无线电子邮件专利组合，包括50件美国专利，覆盖无线电邮和射频天线设计领域。NTP公司吸引了22位投资者，大部分是原Telefind公司的股东，他们刚刚看到自己的投资消失，决定参与到专利赢利的行列中。

1992年开始，NTP开始利用斯达特所在律师事务所来许可这些专利。但是在1992年，没有几个公司在发展无线电子邮件服务，所以刚开始几年，NTP公司一无所获。在20世纪末，情况有所改观，NTP开始积极向无线电子邮件服务公司以及相关软件公司、设备公司发送律师函件，提出相关专利使用问题，要求对方接受专利许可。由于取证缺乏资金，实际上他们也提供不了什么证据，只能打印出有关公司的网页，将网页上的产品介绍作为证据。结果可以预料，专利许可函石沉大海，没有什么回音。

2000年，NTP向很多公司发出了无线电邮专利的许可函，主动要求许可专利，没有公司反应，于是他们决定擒贼先擒王，选择当时风头正劲的黑莓手机下手。

## 2. 起诉黑莓

RIM位于加拿大安大略省，是一个小型的为电信行业和军队提供特殊无线数据卡的制造商，2000年时刚刚开始制造黑莓设备。RIM公司的黑莓设备和信息服务容许无线电邮件传递，接受服务者可以通过随身设备接受电子邮件和公司信息；而NTP的专利正好覆盖这个领域。与其他公司一样，RIM公司选择了挑战NTP专利。

RIM这样做的原因源于管理层，特别是密歇尔·雷热日蒂斯。他是公司董事长兼总经理，在沃特卢大学学习时就创办了RIM公司。他的技术能力广为接受，在无线技术和软件领域拥有30件专利。雷热日蒂斯认为RIM公司的黑莓电子邮件软件比NTP公司专利列出的功能要复杂得多，也没有证据证明RIM公司在开发自己的软件时参考了争议的专利，所以公司没有必要向一个过时的技术付钱。这种以著作权的视角看待专利权的观点害了RIM公司。

为了杀鸡儆猴，2001年，NTP公司向弗吉尼亚东区法院提出专利侵权诉讼，指控黑莓侵犯了自己的16件专利权。RIM公司虽然认为自己没有侵犯NTP公司的专利，还是找律师听取了意见，作了最坏的打算。从立案开始，RIM公司就调低盈利率，每年提取百万美元计的常规性贮备金，以支付任何专利诉讼成本和可能的赔偿金或和解金。

诉讼进入正式程序，RIM公司师出不利。2002年，法庭的陪审团认定RIM公司侵犯了NTP公司16项专利权。2003年，弗吉尼亚联邦法庭作出判决，支持NTP公司专利。陪审团判定有关专利有效和被侵权，且是故意侵权，估计赔偿金是2300万美元。法官将赔偿金提升到5 300万美元，作为故意侵权的惩罚措施。法官还判决RIM公司支付原告450万美元的律师费。因为RIM公司律师在诉讼中的不当行为增加了陪审团确定的损害赔偿额，法官要求RIM公司将公司8.55%的盈利存入信托帐户，等候上诉程序。作为判决的一部分，负责该案的斯宾塞法官发布了禁止RIM公司在美国销售黑莓产品和提供黑莓服务的禁令。

美国是黑莓设备最大的市场，RIM公司不想轻易放弃，选择了向联邦巡回上诉法院上诉，这样禁令也被暂停执行。

## 3. 谈判与反复

在上诉过程中，迫于市场的压力，双方也进行了和解谈判。NTP公司要求RIM公司支付在美销售额的6%，一直到2012年专利到期，数额共达到10亿美元。

2005年3月，双方基本达成了4.5亿美元的和解方案。这个和解协议给了其他无线电子邮件设备企业很大的压力。RIM公司的竞争对手诺基亚紧急行动，与NTP公司签署了授权协议，以免惹火烧身。

这个和解协议并没有执行，原因是RIM公司认为这个协议已经解决了所有的争端，但NTPg公司认为问题还没有最后解决，加上当时美国专利商标局已经接受了RIM公司的申请，开始重审NTP公司的有关专利。RIM公司认为形势对自己有利，于是诉讼继续进行。

诉讼拖下去了，但市场反应激烈，鉴于RIM公司对美国法庭判决的反应，美国证券委员会暂停RIM公司股票交易。

## 4. 禁令压力

2005年10月，美国联邦巡回上诉法院虽然认为NTP公司的五件专利有争议，但拒绝改判，而是发回原法院重审。RIM公司决定将争议提交联邦最高法院，理由是这个久拖不决的案件在全国乃至与全球产生了重大影响，值得重审。

在最高法院决定是否重审之前，该案又回到了弗吉尼亚，由该案的原法官斯宾塞重新审理。RIM公司的律师提出法官应该等待美国专利商标局完成专利复审后再继续审判，因为即使能部分无效一些专利，也可以省下一大笔钱，但斯宾塞法官拒绝了。

2005年10月14日，斯宾塞声称将考虑是否执行禁令，阻止有关产品在美国销售、使用和进口美国，直到NTP公司的有关专利在2012年过期。法庭安排两个公司就是否发禁令和支持庭审期间黑莓在美国的销售进行了辩论。斯宾塞法官对两个公司还没有达成协议表示失望，说他将尽快发出禁令。斯宾塞法官说："虽然我今天不发禁令，但RIM公司不要以为我以前从来没有发过禁令就感到放心。"很明显，通过保留发禁令的选择，法官鼓励双方当事人尽快解决纠纷。

这时RIM公司感受到企业级客户等待和解，希望扩大黑莓使用和升级新的硬件和软件系统。在几个星期内，关闭黑莓的威胁使得它的忠实用户坐卧不安，怕丢掉他们已经习惯的移动电子邮件服务。在黑莓案中，发布禁令关闭RIM公司的服务，将涉及美国300万黑莓用户，这无疑成为NTP公司获得有利和解方案的因素。

RIM公司面临各种合作企业的压力停止了诉讼。诉讼产生的不确定性可能导致一些无线服务提供商离开了RIM公司的电子邮件系统。黑莓数月的不稳定对RIM公司损害很大。2005年第四财季的收入在550万美元，低于该公司预算的620万美元。

RIM公司上诉最高法院失利，案子回到初审法院，如果不达成协议，此前判决的禁令可能生效，影响在美国的所有黑莓产品的销售和使用。

2005年11月，美国司法部发布了一个简短的要求，希望黑莓服务继续，因为黑莓的大量用户在联邦政府部门。2006年2月，美国国防部也发出简令，说黑莓对国家安全很重要，因为政府用户众多。RIM公司同时声称开发出一款不侵权的软件，如果发布禁令就使用绕过专利的新技术。

社会舆论怒不可遏，因为草莓被恶意专利诉讼攻击了，面临在美国停运的风险。草莓服务应用者称为"浆果发烧友"，纷纷表示支持RIM公司。黑莓用户认为世界上使用黑莓的人太多了，关闭不了。RIM公司股票缩水，股东很伤心，技术产业从硅谷到深圳都紧张地关注着这个诉讼，不知道结果对使用专利的制造企业意味着什么。

专利法从来没有这么点燃大众的想象力，百年来第一次就专利系统发生激烈争论。街上的人得知一个侵权诉讼可能夺去他们宝贵的黑莓无线服务时，开始更多关注专利。有的家庭为了支持或者反对草莓而父子、夫妻反目。有人强烈要求变法修改专利侵权救济，有人则为NTP公司的勇气和智慧叫好。媒体总结道：这场争论情绪多于理性。

美国法院发布的禁令可以作为和解的杠杆，促进和解的达成，提高和解金数额。这让很多高科技制造企业触目惊心，也引起了美国最高法院的强烈关注。

## 5. 巨额和解金

2006年3月，RIM公司与NTP公司同意解决有关黑莓的专利纠纷，和解金是6.12亿美元。媒体为这个新闻选的题目是"黑莓得救了"。

这个协议对NTP公司的包括一次性支付，这是全面的、最后的解决方案。即使美国专利商标局最后推翻了NTP公司的专利，NTP公司也不用返还这笔钱。这个消息一经发出，RIM公司的股票一下上升了10.43美元，增加了14.5%，达到82.35美元。

和解不久后，RIM公司向美国专利商标局提出申诉有了结果，专利商标局开始复审NTP公司的八件专利。2006年4月19日，初步裁定争议一个诉讼中的核心专利无效，驳回了该专利的89个专利要求项。后来，专利商标局又对有关的八件专利进行了审查作出了初裁，驳回了四件专利共612个专利要求权项。但这一切都来得太晚了。

## 6. 影响深远

这场诉讼对NTP公司来说意义重大，首先是公司的办公地址搬离了斯达特的家。NTP公司开始集中精力对付其他公司，苹果、AT&T、谷歌、宏达电、LG、微软、摩托罗拉、Palm公司、雅虎等都成了被告。NTP公司一口气起诉了13个被告，说他们侵犯了自己的有线无线通信系统专利。

该案是美国专利侵权和解额最高的专利诉讼之一，刷新了美国人对专利的看法，根本上改变了美国专利行权的版图，对无产实体群体起了鼓舞士气的作用。该案开启了很多创新无产者的期望，原来媒体上讨论的大都是大企业使用自己的专利权攻击小的竞争对手。NTP公司让无产的小发明人看到了希望。每一个独立发明人都开始认定自己的专利遭某巨大企业侵权，他们可以通过诉讼得到几千万甚至上亿美元的专利许可费。

该案对无产实体的负面作用也是很大的，最高法院不久就从无产实体手里收回了禁令权。Ebay案后，就很少有无产实体能够获得法院颁发的禁令了，NTP公司成了美国无产实体专利诉讼高额赔偿的绝唱。

# 第四节　运营专利　巨企提倡

毫无疑问，美国的大企业是这场专利大运营的始作俑者，他们为无产实体的兴起创造了游戏规则，培养了精英人才，提供了专利武器，准备了理论指导。用马克思的话说就是：美国的大企业为自己准备了"掘墓人"。

## 一、创制规则

美国一个咨询公司的高层指出，在最近的十年来，专利许可生意利润呈指数增长，几乎每一个企业都参与进来。

随着经营性企业专利行权和货币化活动的增加，他们越来越不在乎舆论的意见。新世纪以来，很多企业已经习惯了进攻性的专利货币化，品尝到了专利带给他们利润的好处，越来越主动积极，不但开展私掠船活动（就是将专利外包给无产实体，定向攻击竞争对手，本书有专节陈述），还将有过许可承诺的标准必要专利拿出来分散行权。所谓法不责众，专利策略化运用活动相伴的耻辱已经远去。

经营性企业专利行权与无产实体行权危害同样大，如果不是更大的话。越来越多的企业在雇佣无产实体开展专利私掠活动，自己也染上了无产实体的色彩，有了丑怪属性。可见，不是只有无产实体在利用美国专利系统的漏洞，某些大企业也在挖美国专利系统的墙脚。

专家指出，经营企业比无产实体容易获得禁令，获得高额赔偿的可能性更大，因此专利诉讼的动力更足，危害更大。禁令是专利和解谈判的杀手锏，可以帮助原告获得更大的议价权，使得诉讼赢得的赔偿金远远高于在现有产品中被侵权技术替代的成本。禁令能阻断被告的产业链和消费者，被告怕产业投资系统收损，只能妥协退让。

无产实体行权的各种手段都来自大企业间的专利战，包括择地行诉、增加证据开示负担、各种诉讼拖延策略等。

支持无产实体行权的专家认为，相对于大企业此起彼伏的专利战，美国大量的无产实体专利行权活动是"小巫见大巫"，都是"百姓点灯"，是生存的需要。大企业间的专利对抗被称为"国王运动"，是"州官放火"，纯粹是一种有害无益的破坏市场正常竞争秩序的活动。

迄今为止最大的诉讼成本产生在制造服务巨人的针尖对麦芒。三星和苹果世纪大战中，胜负互见，一个用低质量专利开展策略性攻击，一个抄袭别人不付许可费，比专利丑怪好不到哪里去。

---

### 资料: 世纪大战

　　为争夺智能手机和平板电脑市场主导权，2011年开始，美国苹果公司（以下简称"苹果公司"或"苹果"）对韩国三星电子公司（以下简称"三星公司"或"三星"）在全球多地互相发起50多起专利侵权诉讼，蔓延到十多个国家（包括韩国、德国、日本、意大利、荷兰、英国、法国和澳大利亚等），被称为世纪专利大战。几乎所有智能手机企业都被挟裹其间，利益交织，风险重重，各方势力角逐，纵横捭阖，用尽了中国的36计。

　　针对苹果的专利战决策，《乔布斯传》作者艾萨克森写到：乔布斯看着安卓手机，触屏和图标都是拷贝iPhone的，他决定诉讼，他说：我们的诉讼就是说："谷歌，你他妈剽窃了iPhone，大规模剽窃我们。如果需要，我将用尽我的最后一口气死磕，我将花光苹果400亿美元银行存款中的每一分钱来伸张正义。我将摧毁安卓，因为它是偷来的产品。我愿意为此发动热核战争。他们怕死，因为他们知道自己是有罪的。除了搜索外，谷歌的产品——包括安卓和谷歌文件处理软件——都是臭狗屎。"

---

## 二、提供武器

　　2011年时，就有人对反专利行权的"专利自由网站""最好战无产实体前十名"的专利数据进行过调查，意在发现这些美国最大的无产实体的专利来自哪里。专家找到这些无产实体参与的1 001个案件，确定了这些实体用于专利行权的相关专利400个，又通过整理有关专利登记备案的信息，找到与这些专利有关的121家提供行权专利的公司和企业。

　　研究发现，400件专利大部分不是来自无产实体。有286件专利的申请人是生产制造企业，涉及100家企业，占原专利权人总数的83%。包括IBM、施乐、AT&T、摩托罗拉、宝洁、西门子等国际知名企业。

　　这286个专利申请人在专利授权时都在尝试设计产品或者服务，其中的

50%还建立了实质性的运营业务。

　　另外，这些行权专利大部分不是来自破产企业，上述121家企业中只有21家破产。也就是说，生产制造企业只在活不下去的时候才开始专利行权并不准确，很多企业是想捞取外快。

　　很多媒体偏听偏信，认为对大公司好，对整个社会就好。没想到这些生产制造企业才是无产实体的最大支持者。

　　据《华尔街日报》报道，美国大企业，包括惠普、思科、苹果、谷歌等等都运行着自己的无产实体和知识产权持权公司，购买、销售、诉讼自己的产品中从来不用的专利。

　　谷歌的专利负责人曾经对媒体讲，谷歌等大企业的问题是他们被迫向无产实体出售专利。大企业为了保护自己的生产经营自由不得不申请太多的专利，最后又不愿支付几何级数增长的专利维持费，只能被迫将这些专利卖给无产实体，反过来他们又成为无产实体专利侵权诉讼的被告，搬起石头砸自己的脚。

## 三、培养精英

　　没有风险代理律师的参与，就没有无产实体的诞生。在很多媒体报道中，美国无产实体的行权行为就是风险律师或者失业的发明人和破产的小公司起诉制造企业的一场革命。

　　在美国，专利律师一直是创新的主力之一，美国创新史上专利律师申请专利然后进行专利行权的案子一直存在。专利律师熟悉专利申请规则，又有专利诉讼经验，集独立发明人与律师的优点于一身，所以是无产实体公司最好的运作者。由于专利的法律属性，专利行权是律师推动的事业，没有律师参与的专利行权工作注定是艰难和充满风险的。中国有俗语说"不怕秀才造反，就怕秀才从贼"，独立发明人、破产小企业与风险代理律师的结合就是很好的证明。

　　美国著名的专利法官瑞德就明确讲过：无产实体经常雇佣风险律师代理诉讼，这些律师只有在胜诉时才能获得报酬，是典型的"诉讼奖金猎人"，这使得无产实体能够推迟支付诉讼成本，被告的制造企业却必须按小时支付律师费。

　　无可抵赖的是，很多从事专利行权的律师和专利代理人都是从大企业专利行权活动中培养的，还有不少是大企业直接培养的。

约翰·德斯玛瑞斯一直排名美国专利防卫诉讼律师的前五名。但2010年来了一个180度的大转弯，开始为无产实体服务。德斯玛瑞斯离开年收入几百万美元的律所合伙人位置，成立了一个新律所。德斯玛瑞斯的客户半导体企业美光科技建议将自己的4 200件专利卖给他。得到风险投资的支持后，德斯玛瑞斯成立了滚石研究（Round Rock Research）。他自称已经从很多高科技公司如苹果、索尼、诺基亚、三星、IBM等收取了许可费，收入比在律所时高得多。

2011年，另一个排名前五位的著名专利诉讼被告律师马特·鲍尔斯也反水，扔掉了5 00万美元年薪成立无产实体公司。

值得一提的是，很多制造企业内部的专利主管和专利运营专家也成了无产实体的创办人和主力军。这些专利专家和技术专家每天都在接触相关领域的专利，对这些专利的价值和与某些制造企业的关系非常了解。博通公司负责专利管理的高管离开公司成立了专利行权公司，对APP开发者发起诉讼；破产的北电网络公司的专利部负责人也成立了著名的滚星公司，行权被微软和苹果收购的专利。

## 四、准备理论

1999年，美国出版了一本畅销书——《阁楼里的伦勃朗》。该书将企业尘封的专利权比作堆放在阁楼理的伦勃朗油画，鼓励企业挖掘尘封的专利宝藏，启用新的商战武器，加强专利资产的管理和运营。

书的开头就明确指出："是什么造成了这一改变呢？很明显，是我们生活的世界。旧的工业时代已经被以知识为基础的新经济所代替。新经济不再以土地和自然资源，而是以创意和创新作为经济增长和竞争性商业优势的主要源泉。"

书中描述了20世纪90年代中期专利人对专利的热情：专利律师在聚会时已能吸引到一小群人，就像过去的星象学家、生意一直红火的整形美容师一样，这些律师被团团围住，人们急切地期待他们对诸如宠物尿布能不能申请专利等问题作出回答。

当时的大众媒体也对专利权的强势复活赞叹有加。《华尔街日报》就报道了发明家沃克的成就，指出，"伟大的创意使钱线公司的创立者变成亿万富翁"，说沃克是"创意集大成者"（近几年被攻击为专利丑怪）。《纽约时报》也指出，"知识产权已经从一个沉睡的法律和商业领域中苏醒，转化成为一种推动高科技经济发展的巨大动力"。

大企业也欢呼雀跃，施乐公司的首席执行官托曼宣称："我关注的是知识产权，我相信知识产权管理就是怎样增加施乐公司的价值。现在，善于管理知识产权的公司将会成功，而不善经营知识产权的公司将被淘汰。"

20世纪末的学者也极力推崇美国的专利创新机制。加州大学的两位教授对美国19世纪末20世纪初的专利行权高潮进行了研究，并做了一个推理："构想一个没有专利系统保护发明人产权的世界。在这个世界里，发明人不得不时刻警惕他们的科学发明是否被其他竞争对手盗用，因为这些发明很可能被轻松复制而不受惩罚。相反，在一个发明所有权受保护的世界，情况就截然不同。发明人感到轻松自在，他们在从事研究的同时，将这些创意商业化或者转让给别人获得收益。竞争者必须时时密切关注其对手正在干什么，因为他们不能在不知情的情况下，冒险使用已经申请专利的技术。专利保护因而自然地促进了技术信息的交流。得益于创新信息交流，相关的创新成果会越来越多。很有可能，原来申请专利的技术成为推动某个领域技术变革的举足轻重的力量。"

对很多美国企业主来讲，他们热烈期盼的是一场可控的专利行权高潮，也就是企业主的专利行权，特别是对外国竞争企业的专利行权高潮。可是，他们的过度热情却惊醒了"专利丑怪"，唤起了天边的战云，引发了震动世界的专利大革命。

# 第五章

## 亦魔亦道　搅动四方

时势造英雄，美国大革命吸引了大量的无产实体。他们给新崛起的创新无产者群体提供了亟需的"利益之油"，推动了创新闭环的形成，但也改变了大企业 "以物易物"的专利运用潜规则，更重要的是，动了有钱、有势、有权的大银行、大企业、大连锁店的奶酪。各种谩骂、非议和攻击无可回避。

英雄造时势，在浩浩荡荡的革命大势面前，在丰厚收益的诱导下，各种性质的"创新无产者"以及各种来源的资本纷纷投入到无产实体的麾下，听革命的号令，为"创新之火"争取更多的"利益之油"，推动了美国第四产业——创新产业的诞生。

# 第一节　异名杂出　谁定良善

中国老例，凡要排斥异己的时候，常给对手起一个诨名，——或谓之"绰号"。这也是明清以来讼师的老手段；假如要控告张三李四，倘直说姓名，本很平常，现在却道"六臂太岁张三""白额虎李四"，则先不问事迹，县官只见绰号，就觉得他们是恶棍了。

——鲁迅"补白二"

与"六臂太岁张三""白额虎李四"异曲同工，Troll是美国气急败坏的企业主给这次美国专利大革命主角起的诨名。

在北欧神话中，Troll生活在不见天日的山洞中，或躲在古桥下、树林中等隐蔽的地方，是一种孤独的、笨拙的妖怪。他们讨厌噪音，害怕阳光，因为他们暴露在阳光下会立刻变成石头。他们个子很矮，容貌丑陋。皮肤粗糙如老树皮，头发如乱蓬蒿，鼻子又大又软，鼻子下垂直拖到嘴唇上（有点像加里曼丹岛的长鼻猴）。他们特别喜欢金银财宝，夜里不时出来偷窃财产。他们有时也出来掠夺女人和小孩。总之，Troll是可怕的、丑陋的、类似侏儒的生物。

有人还编写了关于Troll的童话，其中最成功的就是《三个小山羊》。在这个童话中，丑怪居住在桥下，听到山羊过桥的声音就会惊醒震怒，要吃山羊肉，最后被强壮的山羊给折腾死了。这个童话故事在美国广为流传，出了很多不同版本的童话书，不少幼儿园还将这个童话改编成了儿童剧。这样，Troll成了绝大部分美国人共同的童年记忆。

北欧人很喜欢Troll这个本土出产的妖怪，制作了著名的丑怪娃娃，受到听着或唱着"三只小山羊"的美国大人、小孩的喜爱。

随着专利丑怪的流行，这些作为玩具的丑怪娃娃的照片就频频出现在美国各大媒体以及铺天盖地的网络报道上，给美国乃至全球的读者以惊悚的视觉冲击，用来印证报道中无产实体的"坏蛋"行为。

**资料：世纪大战**

他们叫我丑怪。
奔跑大地的月亮，
榨取巨人财富的实体，
狂暴太阳的受害者，
女巫的密友，
尸湾的卫士，
天轮的吞噬者。

——北欧神话诗

## 一、流行的绰号

Patent Troll 一词在2001年被英特尔法务副总彼得·德肯（Peter Detkin）第一次使用，当时有一个小公司，花50 000美元收购了一件专利，却想向英特尔收取80亿美元的专利许可费。在接受记者采访时，德肯灵光一闪，给对手起了这样一个外号。

到2005年后，"专利丑怪"使用的频率越来越高。媒体批评和学者研究时，都会先给新出现的名词一个定义。但客观地说，专利丑怪从来没有公认的或者正式的定义。这使得专利丑怪的外延很模糊和主观，有时候它无所不包，有时候又让人觉得只是指一些行为恶劣的无产实体公司。

名词的创造者德肯对"专利丑怪"最初的定义是："专利丑怪就是那些努力从一个他们没有实施、不准备实施、很多情况下永远也不会实施的专利赚出一大笔钱的人。"

2006年，在声援Ebay公司对抗丑怪的发言中，雅虎公司给出了硅谷高科技企业的定义："主要目的是捕食制造对社会有益产品创新者的主体，他们为强迫这些企业和解而获取专利，滥用专利系统。"

联邦贸易委员会2011年报告给出的定义是："聚焦于购买和专利行权盈利模式的公司"。

2013年6月，美国联邦上诉巡回法院的雷德法官和无产实体研究专家钱女士在《纽约时报》上联合给出了法学专家的定义："丑怪用昂贵的诉讼威胁企业，然后使用此棍棒，而不是通过案件的正义性，榨取经济和解，谋取钱财。"

我国台湾地区某网站给出了较长的定义："Patent Troll 是指利用合法的手段，专门向专利权人（大学、个人、或要关门的企业）搜购专利，自己却不从事研发，拥有专利目的不在于制造产品，而是拿来作发动专利诉讼的武器，除了专利外并无实质资产，公司内重要执行人员具律师身份，而其专利诉讼目的并非取得市场之占有，而是藉诉讼取得侵权的损害赔偿。'国人'习以专利蟑螂或专利流氓负面称谓，来形容这些以专利作为发财工具者。"

专利丑怪这个绰号在美国法庭和国会厅里吵来吵去，但大家没有一致认可的内涵和外延。最高法院法官无奈地定义到：目击道存，看到它时就知道它。

---

### 资料: 专利丑怪英特尔造

1994年的美国市场出现过一个"专利视频"的录像带，其中第一次出现了"Patent Troll"这个名词，曾经向大公司和大学中广泛推销。但现在大部分人认为专利丑怪是由德肯创造的。

德肯的专业是法律，同时获得过电子工程学位。1996年，他在一个上诉到最高法院的软件著作权案子中担任第二主办律师，以强硬出名。他被英特尔看中，在那里工作了八年。德肯曾经代表英特尔起诉过Digital、康栢、Intergraph等公司专利侵权。

21世纪初还是个人电脑称王的时代，与今天的智能手机苹果一样，英特尔是创新的核心和现金储备的大佬，各种稀奇古怪的专利诉讼不断找上门来。当时英特尔的首席专利顾问曾经给媒体举了一个例子：一个制作锯条钻孔机的专利权人，认为英特尔侵权，说要制造芯片，总得用这个专利的。英特尔法务只得费劲地解释英特尔的所有产品和程序与用不到锯条和钻孔机，和该专利没有任何关联。

当时的规则还是只要认定有侵权行为法官就发出禁令，专利行权人和律师常常采取禁令威胁迫使企业和解。永久禁令可以终止企业所有专利相关产品生产，形成相当于核冬天的经济压力。德肯说："有时候我真的害怕这种情况发生，好几次我几乎被迫坐到谈判桌前。"

在一次专利侵权诉讼中，英特尔的律师称对方律师尼禄为"专利勒索者"，尼禄起诉英特尔诽谤。英特尔需要一个新的有攻击性但不至于被诉诽谤的定义模糊的新名词。英特尔法律部内部激烈争论，大家提出各种各样的建议，最受认可的是"专利恐怖主义者"，但德肯认为还不够安全。

在一次专访中，德肯面对记者侃侃而谈，突然看到桌子上的丑怪娃娃（那年德肯女儿只有五岁，喜欢玩丑怪娃娃，德肯刚给她买了一个，还没有来得及送出去），突发灵感，想起丑怪和三只小山羊的童话，就觉得"专利丑怪"这个名字很适合。丑怪不就是藏在别人建造的桥下，向每个通过的人要钱但最终被反对者顶下桥去的无赖妖怪吗？与专利勒索者的行为何其相似？"专利丑怪"就此登上了媒体的版面，一炮走红，沿用至今。

2002年德肯加入了高智公司，成了高智囤积专利和专利行权的灵魂人物。立场变了，他对专利丑怪的态度也有了根本改变。德肯认为这个名词现在被反对专利的人劫持了，人们从自己喜欢的角度看这个名词，用到了许多不适当的场合。德肯对人说，第一次听说自己被称为专利丑怪时，他愣住了。他说高智是反丑怪的，高智正在创造新的财富种类，与其害怕和仇视该公司，不如拥抱它。

有人断言，首次叫响专利丑怪的人运营着美国最大的专利丑怪，这是对"丑怪"论者最大的讽刺。

## 资料:"丑怪跟踪者"事件

"专利丑怪"一词的流行与一个博客的崛起有很大关系。这个博客就是"丑怪跟踪者"。

博客的负责人瑞克·弗伦克尔从2006年2月开始在思科工作,是思科知识产权法律部的一名律师。在2007年4月,他成为消费者和新技术部门知识产权总监,责任之一就是监管部分专利诉讼。

2007年5月9日,弗伦克尔匿名创办了"丑怪跟踪者"博客,思科的法律总监知道此事,但不加干预。这个博客在一定程度上代表了思科对专利诉讼和无产实体的态度。

弗伦克尔在第一篇文章中开宗明义,明确了该博客的创立目标:告诉世界有多少案件是由无产实体提起的。网站不断提供关于无产实体提起专利侵权案件的新闻文章,揭秘这些壳公司的真实后台。网站运作一直持续到2008年2月。在9个月中,弗伦克尔共发布了100多篇文章,内容涉及专利诉讼和无产实体的不同侧面。博客得到了高科技企业从业者的热捧,一时议论如潮。

雷蒙德·尼禄律师以自己是美国独立发明人的拯救者自居,对自己的工作非常自豪,经常对媒体讲拯救某个走投无路的独立发明人,救了一家人的命或者一个创新企业的故事。付了钱或者感到威胁的企业主不这样想,他们称尼禄是"专利丑怪"的鼻祖,专利大革命的始作俑者。对这些攻击尼禄满不在乎在撰写的文章和接受的采访中,他将自己描述成无产实体最好的辩护者。

尼禄一直在关注"丑怪跟踪者"博客。他写过好多评论参与博客的讨论,发表自己的意见。这两个立场相反的律师在线互动,激烈辩论。2007年9月,尼禄在网上联系博客主办者,想发现他的真实身份。弗伦克尔在网站上做了答复,但拒绝披露真实身份。这是可以理解的,思科法务主管的身份可以使他的言论失去公正性和可信度。

不久,两个人的争论出了问题。有网友在"丑怪跟踪者"博客上对尼禄进行人身攻击,威胁要取他的命。这在美国也是常事,在美国残酷的专利行权市场也屡见不鲜。这令尼禄大为光火,公开指称该博客支持了对自己及家人的死亡威胁,说这是源自博客创办者的授意。于是,2007年11月,尼禄出价5 000美元悬赏提供"丑怪跟踪者"博客主办者身份的人,赏金后来增加到1万美元,再后来15 000美元。报纸和其他网站和杂志纷纷讨论尼禄的奖金。持续不断的人肉搜索压力下,2008年2月,弗伦克尔在"丑怪跟踪者"博客上主动公开了自己的身份——思科专利诉讼主管。一时间舆论大哗。

弗伦克尔披露身份四天后，就有两个律师分别对他和思科公司提出了诽谤诉讼。诉讼思科是因为弗伦克尔在公开自己的身份的同时，也披露他的直接主管知道"丑怪跟踪者"博客的存在。这就意味着这个博客实际上就是思科攻击专利权人的舆论出口，代表的是思科公司的意志，很多参与博客讨论的人都是思科的员工，或者整个博客就是思科专利主管部门的集体作品。

提起诉讼的两个律师是艾瑞克·奥尔布里顿和约翰·沃德，他们起诉弗伦克尔和思科公司，指称该网站"系统化地攻击法官、律师和诉讼当事人"，严重伤害了自己律所的名誉。两个律师要求羞辱、尴尬、丢脸、精神折磨、苦闷的赔偿金。进一步要求赔偿商誉、名声、社会地位损失以及被公众和生意合作伙伴、客户、朋友和亲戚憎恨、藐视和嘲笑造成的精神损失。基于被告的恶意，两个律师要求法庭判决惩罚性的赔偿。

引起争议的文章是在2007年10月17日发表的，题目为"丑怪跳枪 起诉思科太早"的文章。文章指责奥尔布里顿和沃德为了择地行诉，在涉诉专利授权前一日就提起了专利侵权诉讼，发现错误后又说服一个联邦法庭书记员在立案的次日修改了诉讼事件表上的日期。

严重的是，这件事情子虚乌有。沃德律师表示，他们确实是在12点零1分提起的诉讼，以期争取管辖地。修改诉讼日期涉及刑事责任，他们绝对不敢这么做。沃德律师就是制定得州东区法院诉讼规则的著名法官沃德的儿子。弗伦克尔的指责中也暗指沃德律师利用了父亲的关系。

诉状一来，思科大窘。慌乱应诉的同时，思科弃车保帅，撇清自己："我们要强调雇员个人博客的评论仅代表他自己的观点。他的有些观点与思科的见解是不一致的。我们继续对得州东区法院的裁判高度评价，相信有关法官的诚信。"

此地无银三百两，思科最怕的是这场争议引起得州东区法院的法官对自己的反感，影响以后对思科涉诉专利侵权案件的裁判。

弗伦克尔的恶劣行为无疑引起了无产实体的集体强烈抗议，他们说博客的作者群很虚伪，因为弗伦克尔曾自称"只是一个律师，对专利案件感兴趣，但不是在宣传。"他的现身引起更多有趣的问题。一个最重要的问题是："一个人如何能在全职工作之余写这么多文章？这个丑怪跟踪者博客一定是思科法律部的集体杰作。"

在社会舆论和相关调查的压力下，弗伦克尔成了替死鬼，他不得不从思科辞职，并停办了"丑怪跟踪者"博客。

# 二、正式的学名

事实证明，"专利丑怪"这个名词也绝非安全港。随着这个名词的妖魔化，已经没有公司愿意被称作"专利丑怪"了。发生了多起因为"专利丑怪"相关的诽谤诉讼案件后，在正式场合，专利诉讼被告也不得不作出改变，用NPE、PAE、PME来代替专利丑怪，这就是所谓的"政治正确"。同时，用这些名词相对而言较少情绪化，确定外延内涵也较为容易。

总体来说，专利丑怪的学名由NPE到PAE到PME一路演化，概念一直在限缩中。

## 1. 无产实体

专利丑怪最常用的名称是Non-Practicing Entity（NPE），笔者将其译作"无产实体"。

无产实体是不制造或者销售产品的专利权人。他们除了专利这样的无形资产外一无所有，不从事生产或者服务。很多时候，创新实体和创新无产者很难截然分开，你中有我，我中有你。

普华永道在自己的研究报告中就将无产实体分为三类：研发公司实验室等盈利组织、大学等非盈利组织、独立发明人。这 与媒体描述的恶行恶态的专利丑怪天差地别。

NPE是专利丑怪最早的一个学名，它包括了大学、合法技术研发公司等实体，这些实体有时候寻求事前许可，也就是产品没有出现前的技术推广性许可，这是与无产实体追求企业被技术绑定后的事后许可不同的。事前许可更多使用柔性的许可手段，所以又被称做"萝卜许可"，事后许可则大多使用强硬的诉讼手段，所以被称作"棍棒许可"。

使用Patent Troll这个名词的话，几乎所有不实施自己专利的实体都被贴上专利丑怪的标签。实际上很多无产实体行为方式不是典型的丑怪。大学是典型的无产实体，但他们的专利来自于自己的研究。美国大学有专利许可办公室，积极许可专利，没有从外面购买专利囤集居奇。他们不断孵化新创公司，产生超前的产品。大部分时候，大学也不是积极行权的诉棍。很显然，他们不是人们心目中的丑怪形象，他们更像小精灵：开展有意义的研究活动，通过事前许可活动传播最新技术发明信息，促进新产品的产生和经济发展。

专业研发企业也不适合丑怪绰号。这些企业集中精力开展上游研发，在研发和创新上花了很多钱，但不制造产品。在经济学上，这些主体只是在利用他们的相对优势，聚焦于他们能做的最好的研发工作，忽视做不好或者没有能力做的工作，如商品化生产和市场销售。例如ARM这样的半导体设计公司研究设计集成电路架构，然后由独立的加工企业制造芯片；又如1973年DNA重组技术后出现很多生物技术公司，他们主要做早期研究和中间化学输入，将花费时间和昂贵的药物开发和商品化工作交给大型的制药公司。这些专业研发公司通过专利许可盈利，都大范围许可，传播技术，引导下游的企业入门。他们有可能参与专利诉讼，但收回的许可费一般会投入到下一轮的研发中。他们不同于某些专利丑怪一次性的专利收费行为，他们不会对不属于自己创造的专利收费。如果他们杀鸡取卵就会在下一轮技术更新时被竞争对手超过，被有关生产企业绕过和抛弃。

很多胡作非为的专利丑怪喜欢被称作无产实体，因为这样就可以比附发明人，以创新为挡箭牌回避攻击。他们会说：大学、联邦实验室、研发公司和独立发明人都是无产实体，爱迪生也是无产实体。

在某些媒体关于专利丑怪恶行的报道中，无产实体的范围大大缩小，将大学、研发实体和独立发明人都排除在外。故事专捡极端的讲，以最大限度地突出专利丑怪破坏美国创新的形象。可是，在某些攻击无产实体的研究中，无产实体的概念又无限扩张，这样统计数据就可以成倍增加，以突出专利丑怪对美国经济的冲击。这是反专利行权大企业自私的阴谋活动之一，目的是推动新的专利立法。这样的活动在很大程度上造成了概念的混淆。

在缺乏创新常识的美国大众认知的专利系统中，专利诉讼都由制造产品的企业向模仿复制他们产品的企业提起。原告自己研发产品，申请专利，在市场上销售专利产品，然后被其他竞争企业复制，为了保护法律赋予的垄断权，通过诉讼来保护市场。实际上，美国的专利创新系统从创立起鼓励的就是"创新无产者"，是世界上最早鼓励专利许可和专利交易的国家。创新无产者普遍存在，在美国创新史上更是占有主导地位。在现代社会，不但美国，世界各国的专利法都没有要求原告提出证据证明被告产品是复制和模仿自己的产品（这与著作权法有根本的不同），甚至也没有要求原告要制造专利模型和样品。这就让"无产实体"这个名词失去了法律上的合理性。

20世纪初，工业革命和垄断大企业的出现，使得独立发明人越来越少，但信息经济带来了新的机遇，开放式创新、分散创新、极客创新成了时代的新潮流。在这样的潮流中，创新无产者的崛起不是偶然现象，"大众创新"的新形势下，无产实体的专利行权大量出现也是必然的。

## 资料：八大无产实体

很多高科技公司生活在无产实体制造的恐怖中，但很难衡量哪些无产实体最恐怖。最恐怖的无产实体应该是拥有最大武器库的，因为他们有各种诉讼资源，往往会来真的。根据专利和专利申请量排列，专利自由网在2012年时列出了美国的八大无产实体。

1.高智

高智有很多附属公司，很难确定准确的美国专利数，估计是1万~1.5万件。也有人估计有3万~6万件。

2.圆石研究（Round Rock）

圆石研究拥有美国专利和专利申请2 652件。该公司的网页很简单，却是知识产权世界的狠角色。其创始人是Kirkland & Ellis律师事务所原专利合伙人约翰·拉斯，他是美国顶尖的专利律师，专利行权手法娴熟。

3.摇星财团

美国专利和专利申请量3 428件。与其他无产实体不同。该实体从北电网络公司延伸，目的是审查市场各种通信技术产品，看看是否侵犯了他们的几千件专利。

4.Interdigital

拥有2 955件专利。发展无线技术，有复杂的知识产权保护规划。《华尔街日报》评价道"该公司对全球高科技巨人来说默默无闻，但它能够把恐惧植入他们心中"。该公司以自己对华为、中兴的337调查和专利诉讼享誉中国。

5.威斯康星校友研究基金会（WARF）

拥有2 556件专利，专利技术来自麦迪逊大学的研究者，在全世界许可，每年提供4 500万美元资金支持研究。在从巨大的专利赚钱方面，该组织是佼佼者。2011年该公司收到了5 770万美元专利许可费。

6.Rambus

拥有1 696件专利。在十多年一直将专利诉讼作为主要的赚钱手段。专利方面自给自足。

7.特斯拉科技公司

拥有1 375件专利，是集成电路企业，认识到自己的核心价值在于许可其技术，行权越来越积极。是恐吓和诉讼的专家。

8.Acacia

拥有1 316件专利，该公司被发明人和专利主雇来诉讼行权，分享许可收入。东家包括索尼、埃尔森石油、微软等。

Acacia是纳斯达克的上市企业，四年间，专利市值翻了十翻，从2003年3 500万美元的小公司成长为2007年的3.5亿美元。该公司的主要理念就是提起专利诉讼，同时最大限度地避免恶名，慢慢将自己描绘成专利世界的名媛交际花。该公司不停地控制更多的专利组合，由各种壳公司控制和行权。

## 2. 专利行权实体（PAE）

鉴于无产实体引起的分歧，2011年联邦贸易委员会采用了Patent Assertion Entity（PAE）这一术语，笔者将其翻译为"专利行权实体"。

PAE是相对较窄的一个描述专利丑怪的名词，专利行权实体聚焦在专利丑怪的核心业务模式，强调"行权"（或者说专业行权，主张权利），而不是该实体是否制造专利技术产品或提供专利技术服务。简而言之，专利行权实体就是积极行权的创新无产者。

这些专利行权实体从其他主体，包括独立发明人、大学、破产企业、制造企业手里购买专利，向制造或者服务企业行权，通过专利许可活动或者诉讼行权来获得投资回报。可见，这个名词更切合文学作品中的丑怪特征。

根据某些专家的解释，专利行权实体的主要精力集中在许可和诉讼。这就排除了大学和新创公司，因为这两类主体的目标是商业化和技术转移，即使有专利诉讼，也不是刻意为之。相反，专利行权实体的关注点不是技术发展和制造产品，专利行权就是他们的产品。

在各种反对专利行权的报道和研究中，专利行权实体实际上和无产实体经常混用，没有明确界线，一切以攻击专利丑怪的目的出发来安排这两个名词。

## 资料：交叉许可

信息产品的最大特点是互操作性。信息技术产品需要连接在一起才能发挥效能，互联网出现后这种状况更进一步。为了产品设计与竞争对手无缝对接且实现互换，信息高科技企业间相互专利侵权普遍存在。

由于专利数量太多，专利价值难以评估，所以交叉许可的双方一般采取理性忽视的态度，不会对交叉许可的专利组合斤斤计较。不过如果数量和质量差别太大的话，专利量少质劣的一方也会有所补偿。

交叉许可的程序一般是这样的：一家公司，例如IBM，找到了另一家公司，例如德尔，寻求交叉许可，目的是获得尽量多的补偿和未来设计自由。IBM从自己庞大的专利库中找了几个代表性专利来证明德尔的产品侵权；德尔回应，对这些专利侵权抗辩，然后也从自己的庞大专利库中挑了几件专利给IBM看：你的产品也侵权不是？IBM继续反驳，提出更多被侵权的专利。如此几个回合下来，大家对各自的实力都心中有数，包括专利储备规模和增长速度以及产品收入趋势。最后大量的专利价值就是通过少数几个专利的价值较量来衡量的。这种活动就像狗熊摔跤。最后双方签订交叉许可协议，认怂的一方给对方提供一定的补偿款，因为自己从交叉许可中获益更多。没有补偿款的情况较少。

交叉许可的存在使得很多参与其中的专利价值大跌，特别是在想购买这些专利来攻击另一方企业的买家眼里。比如在交叉许可时，IBM的专利库中的某些专利对德尔价值不大，但此后德尔进入了相关的技术领域，这些专利对德尔价值增加了。如果德尔的竞争对手如联想购买了IBM的专利，这些专利对联想的价值就不会很大，因为德尔已经获得了相关专利的许可，联想获得的是附带条件的专利资产。

隐形交叉许可更是普遍存在，那就是所谓的确保相互摧毁的专利库的存在，使得各方都互相克制，就像核武器的竞争一样。大企业之间虽然没有书面的交叉许可协议，双方甚至各方都互相容忍大量专利侵权的存在，确保产业一团和气、和平发展。

### 3. 专利铸币实体（PME）

在2013年美国审计委员会的报告中，正式使用了Patent Monetization Entity（PME）一词。笔者将其译为专利铸币实体，也可以翻译为专利货币化主体。该词由《美国发明法案500：专利铸币主体对美国诉讼的影响》一文的作者菲尔德曼首先使用。菲尔德曼认为该词能准确抓住围绕现在流行的专利铸币现象的特征。实际上也等同于"专利行权主体"。

PME创造目的和PAE一样，就是要将研发企业和独立发明人切割出来，不包括大学、非实施防御性囤积者、创业公司等NPE。强调铸币，也就是不通过商品化直接货币化。

一般来说，美国的媒体要描述专利丑怪的恶劣行为时，他们的Patent Troll指的"专利行权主体""专利铸币实体"，特别是其中的流氓无产者；当他们谈到美国专利法改革时，Patent Troll就扩张到了"无产实体"，也就包含了所有的创新无产者。项王舞剑，展示的是专利流氓无产者的恶行；意在沛公，攻击的对象是所有创新无产者。

### 观点：无产实体的罪过

无产实体被攻击的主要原因之一是破坏了大企业免费的午餐。他们唤醒很多专利死火山。无产实体活跃前，美国大部分专利从来没有经过发明人主张和对外许可，默默无闻地存在，也会默默无闻地死去。无产实体出现了，他们到处扒拉，寻找尘封的专利，联系已经忘记了自己发明的专利权人，告诉他们自己的专利有很高的价值。无产实体从不愿或者不能行权的专利权人手里购买了专利或者达成各种利益分成规划，然后四处活动，积极行权。这些活动大大增加了行权专利的总量，给生产经营企业带来应答专利许可函、分析专利风险、雇佣律师、诉讼赔偿等一系列的成本和烦恼。

## 三、媒体的别名

除了学名外，世界各地的媒体和评论家还给无产实体起了各种各样的别名。通过这些别名绰号，可以从某个角度了解媒体给无产实体塑造的舆论形象。

## 1. 专利流氓

流氓一般是指不务正业、经常寻衅闹事的人，也指那些对异性不尊重、对女性有下流语言或动作的人。

"专利流氓"强调的是不务正业和寻衅滋事。不务正业就是企业主眼中的"无产实体"不像一般的生产制造企业生产产品，也不为客户提供服务。在企业主的眼中，创新无产者不断主张自己的专利权是寻衅滋事；带头挑事的无产实体就是流氓无赖。

## 2. 专利地痞

地痞指地方上的流氓、无赖、某一地方的恶霸，在一定区域内行为霸道、蛮不讲理、欺压弱势群体的人。

专利流氓这种称呼来自我国台湾地区的媒体。这个中国名词除了流氓的含义外，还加了地头蛇的意味，强调了专利行权的地域性。

言论:

做生意不是建立在对或错的基础上，而是建立在恐惧的基础上，没有人会因为专利付你一分钱，除非他们意识到不付许可费的后果远远超过付许可费的后果，产生恐惧。

——著名专利律师 霍西尔

### 资料: 丑怪之歌

专利仙境神话很多，
近期爸爸讲恐怖的丑怪，
他们威胁贵族老爷。
创新的大道上，
坐着一个丑恶妖怪。
目标是大个贵族企业，
他勒索毫不留情。
用强大的专利武装自己，

声称被人故意侵权。
三倍赔偿多么疼痛，
丑怪拖别人进了法庭。
所有的抵抗都是徒劳，
无产实体流氓会武术。
使用权利刀劈斧削，
他们使劲勒索专利税款。

——美国某企业家

由于专利是有地域性的，各国专利审查尺度和行权保护力度不同，无产实体活跃程度也不同。现在无产实体活跃的地区主要是美国，无产实体也主要是美国公司。由于外国企业对美国的专利游戏规则不甚了解，就易于妥协和解，成了易受勒索欺负的受害者。从我国台湾地区的宏基、宏达电等公司的角度看，美国的这些丑怪无异于欺负外乡人的流氓地痞。

## 3. 专利幽灵

这是无产实体在中国大陆常见的名称，意思好像是制造已死，幽灵不散。很多破产企业将专利转让给无产实体，这些专利就成了"祸害"制造的幽灵。

无产实体经常通过壳公司活动，有无影无踪的特性，很像唐朝小说中的红线女、聂隐娘、空空儿、精精儿。与他们的争斗就如系风捕影，非常适合神鬼小说中幽灵的特性。

在担惊受怕的中国制造企业眼中，美国的这些壳公司是幽灵无疑。

### 观点：专利

专利是公众的一项投资，用短期的垄断权换取发明人长期的技术公开。

## 4. 专利蟑螂

这也是传自我国台湾地区企业的叫法，有寄生、讨厌的情绪在里面。

专利蟑螂强调的首先是无产实体的寄生性。制造企业认定专利权人必须从事生产制造，不制造产品还妨碍别人生产制造销售，收取专利许可费就是寄生行为。

蟑螂生命力强，很难消灭干净。在反抗无产实体的斗争中，我国台湾地区很多高科技企业屡受挫折，觉得专利诉讼一波又一波，处理不完，所以这样讲也情有可原。

蟑螂惹人讨厌，让人恶心。某些极端的无产实体经常手持不稳定的专利发送骚扰律师函，威胁诉讼，或者用烦扰诉讼撬取高额的专利许可费，花费了外国企业有限的资金储备，也让不少制造企业感到讨厌和无奈。

## 5. 专利抢劫

holdup，汉语意思是持械抢劫，拦路抢劫。patent holdup就是专利抢劫，可以翻译为专利勒索，不过抢劫或者勒索的工具不是刀枪，是专利。

拦路抢劫的第一义是"在路上"，也就是处于进退不自主的关头。在无产实体的诉讼行动中，被攻击的企业很多也是产品或者服务被特定专利技术绑定，无法自拔，只能听任摆布。不少经济专家指出，无产实体寻求的许可费很少反映行权专利的真实技术价值。被诉侵权人已经形成了包含专利技术的制造流程和适销产品，无产实体威胁要关闭整个流程，要重新设计绕过专利的流程和产品，远远高于在构造制造流程前接受许可产生的成本。

美国的案例研究显示，很多被告企业在产品设计之初就接触过有关的专利，有的还进行了深入的许可谈判，但最后都没有缴纳许可费。很多企业被专利绑定是无可奈何、绕不过去、自投罗网，不是误入歧途。

抢劫的第二义就是暴力取得。无产实体一般都通过各种法律手段威慑专利技术实施企业，在诉讼前以不成比例的侵权赔偿金或者对某个产品的禁令相威胁，以求得比专利技术价值更大的支付。

很多证据都证明，独立发明人要想收到许可费，暴力是必须的。多年来很多人都想构建专利交易市场，但由于没有暴力机制也就是所谓"可信的诉讼威胁"，都失败了。资本家的钱袋子总是系得紧紧的，不用暴力，创新无产者一个子儿也拿不到。

抢劫的第三义就是成本很低，用美国的俗话说就是"只有一支抢的价值"。最被诟病的某些无产实体就是从破产拍卖活动中购买专利，不想制造产品，也不想进一步发明，找看起来侵犯了这些专利的企业，发出授权函，威胁禁令，以勒索许可费。

无产实体的专利许可方式又叫大棒许可或者事后许可，与事前许可和萝卜许可相对应。事实上，萝卜许可成本太高，需要大量的金钱将有关技术商品化到一定程度，大部分专利权人特别是独立发明人根本没有能力商品化自己的技术创新。

## 观点: 专利权

专利权是什么权？法学家说是排他权；他有专家说是消极权，也就是说不是积极实施权。这一点上看，专利权可以通俗地说成是抢劫权、劫道权。"此路是我开，此树是我栽，要想此路过，留下买路财"。唯一不同的是，这条道在很大程度上还真是专利权人开的，有国家专利局审查颁发的文件作证。

专利许可协议许可的是什么？不是实施许可，是专利权人承诺不起诉的赦免：大王我不砍你了，别人砍不砍你不保证。

国家收了许可费，给发明人发了"抢劫证"，却不许抢劫，说你要抢劫就得先去经商种地。这是不是有点说不过去？

## 6. 专利套利

专利套利也就是专利投机。专利套利出现的条件是：（1）被诉方不能轻易回避争议的专利技术；（2）产业技术进步平均范围递增，导致侵权诉讼结果很难预测衡量；（3）购买和维持专利的成本较低。

机会主义行为只有在获得专利和侵权专利诉讼价值之间有很大差距才有可能发生。美国有这样的土壤，很多无产实体已经在中国布局，因为他们觉得中国是下一场专利革命的爆发地，他们的未来在中国。

### 资料: 专利投机

2006年，Douglas Fuey原来从事被盗窃车辆改造假新车的生意，他的合作伙伴Larry Day是一个曾经的拉斯维加斯赌场的发牌手。他们发现了一个更加有利可图的商业机会，他们共同投资成立了一个自由无线（Freedom Wireless）公司，招募了四件员工，购买了六件专利，起诉手机企业侵权。当年就使用了1998年的一件专利从波斯顿电信和其他四家企业赚了1.28亿美元赔偿金。

## 7. 专利鲨鱼

鲨鱼是海中的肉食者，很少天敌，攻击性强，为了食物不择手段，位于海洋生物链的顶端。用这个名词可以形容无产实体的强大，有强大的专利组合，就像鲨鱼的牙齿。无产实体行权手段变化多端，也类似于鲨鱼。

另外，在英语中，shark还有骗子、敲诈、诈骗的意思，也与无产实体的某些行为特征吻合。

专利鲨鱼一词出现甚早，在19世纪中后期，美国农业专利革新时，出现过类似无产实体的主体，当时丑怪童话和丑怪娃娃还没有流行，媒体就叫这些主体专利鲨鱼。

1898年爱迪生曾经给专利鲨鱼下过定义：专利鲨鱼的运营有时候迫使一个发明人为产品上市无关紧要的发明申请专利。当时，一个发明人发明了一个机器，经常发生的情况是其他人就蜂拥而上，在相关技术的每个角落申请很多边缘和外围专利。这给发明人很多困扰，让他们支付了不少钱，即使发明人实际掌握着该技术。爱迪生就生活在这样的环境中，但他没有灰心，而是积极参与到游戏中。他知道，没有这些鲨鱼，创新产业会一滩死水。

## 8. 专利钓鱼

Troll一词在英语中还有轮钓、拖饵钓鱼的意思，就是《老人与海》中老人钓金枪鱼的方法，在移动的船后拖一条粗钓线，钓钩上挂着鱼喜欢吃的大块钓饵或诱饵。在船只移动时或者转动线轮时，钓饵或诱饵就像游动的鱼，这样就可以吸引以鱼为食物的大型肉食性鱼类。于是有的国人就将patent Troll翻译成专利钓鱼或者专利轮钓、专利钓饵、专利渔夫等。

这种翻译也与国内媒体一直对DVD专利争端中的"放水养鱼"策略的回忆有关系。放水养鱼就是在一段时间内不进行专利行权，等生产制造专利产品的企业成长壮大，延后专利行权，在市场绑定后征收高额的专利许可费，也就是猪养肥了再宰。这是一种中国式的专利阴谋论或者标准阴谋论。

从另一个角度看，某些无产实体的行权行为有时候确实与钓鱼相仿，躲在一个隐蔽的、不受人注意的地方，布下鱼饵（潜水艇专利），等别人吞下鱼饵时，也就是实施了有关专利技术后将其钓起来。在外行看来，无产实体收益巨大，利润往往到百分之几百，有似于在海里拖钓大鱼，所以中国企业界也在一定程度上接受了这个浑名。其实，美国的任何专利行权都是九九八十一难，不把创新无者折腾疯狂收不到一个子儿。

专利行权也不是空手套白狼的活动，例如，行权实施的第一步是尽职调查，调查内容包括权属分析、维持记录分析、完整性分析、产权负担分析、雇员和顾问分析、在先技术检索、侵权和诉讼分析、自由使用权分析，等等。这些工作需要不菲的投资。

## 9. 专利海盗

这个名词来自著作权领域。从制造企业的眼光来看，自己的制造行为就像航行在一片公海之上，不需要缴纳税费。无产实体出现了，制造企业一番挣扎打斗之后损失惨重，所以无产实体的行为是海盗行为，无产实体就是海盗。

企业主们认为，无产实体不事生产，"劫夺为业"，与海盗有相同之处。为什么苹果、微软等企业的专利行权不是专利海盗行为呢？企业主说，因为这些企业同时还在做生意，也就是提供实实在在的产品和服务。这中逻辑存在很多问题。如果海盗同时从事经营，就不是海盗吗？任何人有海盗行为就是海盗，不因为是英国人还是肯尼亚人就有不同名称。

资料: **逼上梁山**

20世纪80年代，微软发布了Windows系统，乔布斯很恼怒，因为Windows用了同样的图形界面，其图标鼠标和苹果的麦金塔系统一样。他气愤地将盖茨从西雅图传唤到苹果硅谷总部。他们俩在乔布斯的会议室碰了头，盖茨发现自己被苹果的十几个雇员包围。乔布斯对盖茨吼道："你在偷窃我们！我信任你，现在你却在从我们这里偷东西！"盖茨静静地看着乔布斯，慢悠悠地说："好的，斯蒂文，我想这个问题可以换个角度看，我想这更像我们都有一个富有的邻居叫施乐，我闯进了他的屋子偷电视机，发现你已经先下手为强。"

美国电影《硅谷海盗》生动地重现了这一幕。

## 10. 专利巨魔

这也是中国大陆的一种译法。这里的巨魔就是Troll，是最近的电影《指环王》《魔兽世界》中的妖怪。在北欧的创说中，Troll是侏儒，又矮又丑的怪物，但随着英美魔兽小说和影视、网络游戏的不断创新，Troll成了食人的巨魔。

用这个名词演绎无产实体高踞产业创新链条的顶端非常合适，用来描绘中国企业遇到无产实体的惊慌也很恰当。

其实，在很多美国大企业眼中，提出烦扰诉讼，给他们美好生活倒沙子扔石头的这些小公司只是讨厌的专利小丑怪。只有专利储备不足、没有诉讼经验的中国企业才把无产实体认定为资金充足能吃人的专利巨魔。毕竟，像高智一样拥有几十亿资金的无产实体还是很少的。

**名人言论:**

美国最大的神话也许是专利丑怪的危险，说明大企业试图采取阴暗手法操纵专利系统。

——高智董事长 梅尔沃德

# 第二节　同气相求　同志同往

他们是无产实体的盟友，是独立发明人，是专业的研发公司，也是无产实体的股东；他们是专利行权活动的赞助者，是专利行权活动的利益分享者，也是专利行权活动幕后的掌舵人。很多时候，他们也被称作无产实体或者专利丑怪。

## 一、独立发明人

独立发明人是创新无产者的主体。他们除了专利资产外一无所有，是最纯粹的"创新无产者"。

两百年前，当托马斯·杰斐逊设计美国的专利系统时，所有的发明人都是独行侠。美国第一批创新公司基本上源于大量的独立发明人的专利。西联联盟公司源于塞缪尔·摩尔斯的电报专利，国际收割机公司源于塞勒斯·麦考密克的收割机专利，通用电气公司源于爱迪生的电灯泡专利，AT&T公司源于贝尔的电话专利。

在大公司的压迫剥削下，专利行权越来越难；巨大的创新支出也使得大部分独立发明人开始感觉到难以与大企业展开创新竞争。很多发明人才投入了大公司的麾下，成了大公司研发部门的雇员，利用大公司的资金、根据大公司的生产规划开展研发，将自己的发明成果和此后取得的专利权转让给大公司，成了领取月薪或者年薪的智力劳动者。他们乐意于用发大财的偶然机会来交换领取固定工资的稳定生活。

这一现象是好是坏一直是美国技术史上不变的争论话题。一些人认为被雇佣发明人的增加是技术进化的自然产物；另一些人则认为这是一个错误的歧路，发明人失去了野性，很大程度上也失去了创新、特别是颠覆性创新的动力。不管怎么说，集中创新是大工业时代主流的创新模式。

美国独立发明人没有消失，就像孤独的狼仍然在活动一样。他们自己投资研发活动，自己规划工作，自己申请专利，自己开展专利许可活动，艰难维持生计。在一些研发成本不太高的特定领域，独立发明人的研发活动还很活跃。

信息时代来临了，大量的大企业雇员被新的创新模式吸引，放弃了丰厚的薪金，投入到"万众创新"的新机遇，希望创新创业，实现自己的致富梦。20世纪末开始，独立发明人成功创业的故事不断，独立发明人队伍空前壮大。

相对于企业工程师研发跟着生产规划走的局限，独立发明人的研发活动更加自由，也可以说他们的研发和专利申请活动更加超前。

独立发明人与无产实体关系最为密切。独立发明人的专利许可之路艰难曲折，与大企业进行专利许可谈判很多时候是与虎谋皮或者虎口拔牙。很少有大企业主动接受专利许可的，费钱费力的专利诉讼活动很多时候几乎必不可少。侵权产品研究比对、侵权调查、发律师函、诉讼等都需要大量资金，更需要专业的法律知识。在这种背景下，很多独立发明人投靠了无产实体，就像林冲一样上了梁山。当然也有独立发明人自己成立无产实体，自己谈判、自己参与诉讼，不过很少有独立发明人有这样的财力、精力和毅力。

相对于企业雇用的工程师，独立发明人是独行侠，他们的生活缺少稳定的经济保障，专利行权收入是他们的主要生活来源。由于缺乏沟通或者立场问题，很多媒体和企业工程师对独立发明人的行为感到不解。为什么不自己制造产品或者努力劝说别的企业制造产品？为什么要利用一两件专利追求一夜暴富？为什么要设立无产实体公司？为什么要和风险代理律师合作注册一个个壳公司，从制造社群榨取数以百万美元计的财富？

**言论：**

我们不应该忽视这样一个事实，重要的发明都是由个人创造的，且是独立创造的，并且几乎总是采用非常有限的手段。

—— 电视发明人　斐洛·法恩斯沃斯

发明主要是个人主义的产物。任何事物的最妙的创新时刻都源于一些与商业组织零接触的个人。

—— 交流电发明人　尼古拉·特斯拉

独立发明人是追踪瞬间闪现灵感，最终开创前无古人事业的独行者。

—— 交流电发明人　尼古拉·特斯拉

简单的答案是：制造产品需要的资源很多，大多数独立发明家很难具备。有不少独立发明人尝试过"大众创业"，但失败了。他们发现，自己能做的就是利用手中专利的阻碍价值，行使专利的排他权，与风险代理律师合作开展事后行权，也就是棍棒行权，通过诉讼威胁或者诉讼来获得尽量多的回报，这使得他们在企业主、众多企业工程师和这些工程师家属的眼中更像机会主义者。这就是美国流行的反专利实体舆论的深厚的群众基础。

## 资料：沃克的选择

2011年4月，沃克数码公司在特拉华州开展专利诉讼，被告包括微软、Ebay亚马逊、脸书、沃尔玛、高朋团购、苹果、索尼、谷歌等公司。短期内，该公司提起了15起诉讼，涉及100多家被告公司，在美国引起了很大反响。

该公司董事长杰伊·沃克是美国著名的旅游服务网站priceline以及其他很多互联网公司的创造者，也是著名的发明家，申请了很多专利。作为世界领导企业家和发明人之一，他曾被《财富》杂志用一个封面故事介绍为"新时代的爱迪生"，沃克数码公司的研发实验室也被比作爱迪生的创新研究实验室。《商业周刊》则将沃克选为全球25个互联网先驱之一，说他对改变几乎全球每一个产业的竞争版图作出突出贡献。

20世纪90年代中后期，很多伟大互联网公司的成立都与沃克数码公司研发的技术有关。这些创新改变了人们生活、工作、旅游、社交和商务的方式。沃克数码成立于1994年，投入几亿美元创立了很多运营企业，同时了累积了巨大的专利资产。沃克数码申请了400多件美国和其他国家的专利，所有专利的焦点都是为商业问题提供新方法，也就是商业方法专利。沃克数码没有买过任何外部专利，但该公司专利许可活动很多，到2011年已经收取了超过两亿美元的专利许可费。

沃克数码创立了好几家互联网运营公司，同时也通过专利许可支持好多家互联网公司，在电子商务、游戏、出版、零售、教育和其他领域商业化都布局了自己的专利，开展了成功的专利许可活动。这些公司企业已经为超过1亿的客户服务，产生了数以十亿计的利润，创造了数以万计的工作岗位。priceline是沃克数码1998年创立的一家基于C2B商业模式的旅游服务网站，是目前美国最大的在线旅游公司，2011年市值已经超过220亿美元，是第一代电子商务企业中最大的成功故事之一。

专利许可是沃克数码公司的主要业务模式，这些专利是100多个研发人员努力工作和大量投资的结果，创新投入时间接近20年。沃克表示，诉讼不是沃克数码公司的本意，他们曾经主动与很多使用沃克专利技术的企业联系，不幸的是，很多企业拒绝开展实质的谈判，沃克不断被告知没有诉讼就不会认真对待。

很少发明人能承担专利诉讼的成本几百万美元，因此很多大公司知道可以占小发明人的便宜。沃克认为大公司一直在逼良为娼，逼着自己诉讼。让沃克生气的是，自己避免诉讼的努力被某些大企业不断利用。因为自己向大企业发出了要求接受专利许可的征询函，提供了具体的专利信息，但带来的不是专利许可谈判，却是从敌视专利的地方法院发来的专利无效和专利不侵权确认之诉。

为了加强专利行权力度，沃克数码聘请了素有大企业杀手之名的IP Navigation公司做知识产权顾问。沃克说："我们激动，有IPNav加入我们的团队，他们带来其他顾问没有的深度的经验、决心、理解和方法。IP Navigation公司联系这些专利侵权公司，鼓励他们走向谈判桌，有的坐下了了，有的还负隅顽抗，默不出声，漠不关心、拖延，甚至更坏，提起确认诉讼。"

## 二、研发公司

专业研发公司是巨型的创新无产者，是制造和研发分工的结果，在生物制药和芯片设计领域大量存在。这些公司在特定的技术领域有绝对的创新领先优势，申请布局了很多专利。这些公司从来不生产产品，而是通过通过技术转让盈利。他们与生产制造企业关系相对友好，对专利诉讼决策非常慎重。

随着专利大革命的升温，大势所趋，很多专业研发公司的股东开始动心，希望与无产实体合作，或者干脆自己演变成积极行权的无产实体，增加棍棒专利许可，以最大化公司的无形资产。被各种投资基金控制的上市公司尤其如此，专注芯片封装和数字镜头的著名研究企业特斯拉科技公司（Tessera Technologies）就是样本。

## 资料: 研发公司转轨忙

特斯拉科技公司于1990年成立，总部设在美国加州的圣荷西，其核心业务是芯片和内存的封装技术。在发展封装技术后，该公司又进军消费性光学组件领域，先后购并了微光学技术、自动对焦和光学放大技术、影像及连接技术的四个企业。

特斯拉科技公司将光学镜头融入在芯片设计组件中，使得智能手机中相机模块尺寸减少50%，并节省传统光学厂人力成本，将1个芯片级相机模块成本降至1美元的水平。特斯拉设计的产品可以应用于手机、笔记本电脑、安全监控、娱乐或汽车等领域。

虽然大量开展专利许可，但特斯拉科技公司专利许可的方法是保守的胡萝卜许可，也就是附加有大量专有技术转移的许可，只有在被逼无奈的情况下才偶然提起专利侵权诉讼。

这种许可方法在某些大股东眼里显得成本太高，周期太长，没有发挥专利资产的价值。

随着对冲基金投资者斯达伯德价值投资公司（Starboard Value，下称"斯达伯德公司"）的介入，特斯拉公司管理层与大股东的代理权之争愈演愈烈。

斯达伯德公司近些年对低估专利资产价格的公司发动了一系列代理战争，也就是更换管理层的战争。几十年来，美国不断有投资人购买低估资产价值的公司，掌握控股权后变更管理层、剥离出售资产以实现短期利益。现在专利组合成了他们眼中被低估的资产。

2010年，斯达伯德公司的知识产权资产投资活动变得非常活跃，发起了一系列代理战争。2012年2月，作为股东的斯达伯德公司致函AOL董事会，批评该公司的知识产权策略无法实现其专利资产的潜在价值，并威胁将自行派人参选董事。巨大压力下，AOL在两个月内就向微软出售了大笔专利。斯达伯德公司投资获得丰厚回报。2012年，还是在斯达伯德公司主导下，一直麻烦不断的移动通信软件企业奥维系统公司卖掉自己的信息部门，改名为无线星球（Unwired Planet），总部退出硅谷，迁到内华达的里诺市。换了董事长，将业务集中精力于专利许可，只要有需要就诉讼解决纠纷，成了令很多企业胆寒的著名无产实体。

2012年，在购买了相当数量的特斯拉公司股票后，斯达伯德公司也想对特斯拉科技公司动手术。它与特斯拉科技公司管理层冲突的直接目的是争取七个董事席位，最终目的是改变该公司对专利行权保守消极的状态，实现特斯拉科技公司专利资产的价值最大化。

　　为了赢得斗争，特斯拉公司管理层于2013年5月6日致书股东，说明其"知识产权商业模式的优越之处，以及斯达伯德公司如何决心让律师在公司的地位超越工程师。"

　　特斯拉公司管理层在信中提出的重点是，斯达伯德公司要放弃公司3 300万美元的研发投资，转而进行更加频繁和昂贵的诉讼，可谓杀鸡取卵，所寻找的是被告，而非客户。

　　特斯拉公司管理层在信中列出重要的专利授权公司及其五年营益率，排名第一的就是他们自己，其次则是Dolby、InterDigital、ARM Holdings 和 MIPS Technologies。与此相对的是RPX Corporation、Acacia Technologies和WiLAN，他们称之为"专利丑怪"。这些无产实体不仅营益率逊于前述专利授权公司，而且没有研发可言。

　　特斯拉公司管理层指出，特斯拉的商业模式倚重研发和营运，意在寻求可以产生长期报酬的技术转移和专利许可。他们试图证明，这才是可以长期创造价值的做法。斯达伯德公司的建议是："舍却自家无尽藏，沿街托钵效贫儿。"

　　拥有特斯拉公司 7.7%股权的斯达伯德公司也不甘示弱，隔天也发函股东，指控特斯拉公司管理层近日的误导言论、虚假指控及不实陈述，并痛陈特斯拉公司管理层近期在公司治理方面所进行的操纵。

　　斯达伯德公司认为，特斯拉公司已有的投资报酬率是不够的，特斯拉公司可以采取先提告后谈判的正面冲突方法，创造更好的业绩。斯达伯德公司指出，特斯拉公司股价约20.64美元，目前市值不超过1.1亿美元，无法反映公司的真实价值，而重研发不重专利行权的商业模式就是最大的阻碍。

　　特斯拉公司的其他大股东也表态，说他们计划支持斯达伯德公司的新计划。在巨大压力下，特斯拉科技公司管理层与斯达伯德公司妥协，在投票前夕同意接受斯达伯德公司公司提供的七个董事中的六个，同时解除两个终身董事席位，另外两个董事同意不再参加改选，保守的希尔被迫交权。他无奈地表示：与斯达伯德公司和解是为了公司和股东最大的利益。

　　2013年5月24日，特斯拉管理层代理权争夺战失败，大股东放逐了公司董事，特斯拉公司加快了无产实体化进程。

　　专家说，随着大革命的深化，类似这样的股东行动在硅谷公司越来越多。

## 三、教研机构

这里的教研机构包括美国的大学和美国政府以合同形式委托给大学、非营利结构和小型企业经营的联邦实验室（GOCO）。他们是强大的创新无产者，掌握着很多关键基础专利。据统计，美国大学创造了12%的纳米专利、18%的生物技术专利。

很多教研机构在许可专利的同时还提供专有技术支持，所以与独立发明人这样的创新无产者有一定的区别。另外，教研机构手中的专利都是国家投资的结果，不是教研机构从外部买来的，这使得他们与购买别人专利行权的无产实体也有了距离。

美国政府1980年通过的拜杜法案规定：由联邦政府出资获得的发明专利，其专利权归属于发明人所在的科研机构所有。从此教研机构成为美国最重要的专利权人，专利行权活动越来越活跃，极大推动了美国创新活动。

教研机构专利行权的特点是将专利交给参与该研究项目的发明人个人开展专利许可活动，或者由教研机构直接与无产实体开展合作推进专利许可。由于教研机构的专利技术前卫和基础，所以他们的专利行权对美国制造企业的影响很大。为了缩小打击范围，很多时候反无产实体专利诉讼的研究者不敢明白指责某大学是无产实体，但在进行数据统计时，他们就是"无产实体"。

由于经济不景气，美国联邦和各州政府近些年都在削减研发经费。为了筹集研究经费，美国大学开始积极参与专利许可。新世纪以来，美国大学的专利诉讼活动非常频繁，据统计，仅2008年1月至2008年9月的几个月中，大学诉讼企业的专利案件就有18件。

### 资料: 大学创新收益

成千的大学和其他无产实体的专利每年都大量许可，平衡美国的贸易逆差，据2006年数据测算每年的贸易顺差约1 500亿美元。在过去30年中，5 000件新产品和7 000家新公司源自大学的专利。

# 四、金融投资

专利在传统上属于头发混乱、爆炸的发明人和计算机浪人的领地，现在很多衣冠楚楚的金融投资者开始涉足其中。一度被视为硬邦邦法律资产的专利权开始变成了被追逐的流动的投资目标。原因是专利市场虽然不大，但成长非常快，据说达到每年20%~30%的发展速度。

客观地说，美国专利革命的两大源头第一是大量软件专利控制在创新无产者手里，第二是金融机构的深度参与。这两者的各种形式的结合产生了所谓的"无产实体"。

除了控股专业研发公司将其"丑怪化"外，专利金融投资者还以各种形式直接参与到专利行权的大潮流中。

在2007年，对冲基金和机构投资者就掀起了资助知识产权诉讼的浪潮。高地资本公司（Altitude Capital Partners）从对冲基金和其他渠道获得2.5亿美元，投资于知识产权；科勒资本是伦敦的一家私人股本公司，有26亿美元资本，秘密成立了科勒知识产权资本，每年准备投资2亿美元，快速收购了IBM的医疗器械和保健专利资产；北水资本，管理着90亿美元对冲基金，2006年组成了NW专利基金，目的是开发美国的专利诉讼市场……

媒体说，无产实体公司不断接到对冲基金求购移动通信、医疗器械、生物制药、互联网领域专利的电话。据估计，对冲基金和机构投资者2008年投资于知识产权的资金就已经达到了40亿美元的规模。出售专利的有缺乏起诉侵权者资源的大学，希望卖掉专利解决生存问题度过危机的技术小公司，破产公司的清算组等。还有公司的部分专利与主营业务没有什么关系，这些公司会卖掉这些专利来实现季节性盈利目标。

对冲基金和其他金融巨头开始自己囤积专利，或者资助无产实体，目的就是从专利中套利。天下熙熙皆为利来，他们离开自己熟悉的金融服务和结构性投资产品，直扑知识产权这样的神秘资产，寻找更高额的回报。

反对无产实体的专利自由网曾揭露无产实体的资金来源，这些资金源包括投资银行、对冲基金、私募资本、养老基金甚至生产、制造、服务企业。如果一个企业知道自己的养老基金用来资助进攻自己的无产实体，它肯定高兴不起来。

无产实体产业源于创新无产者与风险代理律师合作，此后各种资金不断加入，最后进化到对冲基金和机构投资者支持下的更加复杂的公司形态。可以说，不断的资本注入对专利大革命起到了推波助澜的作用。

资料: 高地资本的诉讼借贷

　　2005年，投资管理专家罗伯特·克莱默（Robert Kramer）成立了高地公司，从对冲基金和其他渠道募得2.5亿美元，投资知识产权。在著名的Ebay案中，高地资本因为给原告MercExchange公司注资，被弗吉尼亚法院传唤，当场说明与MercExchange的关系。到2007年，该公司已经向9家公司投资了一亿美元。

　　2007年1月，高地向Visto公司投资了3 500万美元起诉微软、RIM和摩托罗拉无线电子邮件侵权。

　　2007年5月，高地资本投资安全软件公司DeepNines起诉McAfee案。DeepNines是达拉斯一家小型软件公司，开发让公司免受网络黑客入侵及其他威胁的软件。2006年，他们指控McAfee侵犯了他们的专利。为了筹集资金与McAfee长期对抗，DeepNines在2007年1月，向高地投资卖出800万美元的零息债券，承诺在赢得官司后给予高地投资部分回报。回报将依据诉讼所获赔偿金，依高地设计的公式支付，这个比例随着整体收益数量的增加而减少。

## 五、制造企业

　　企业间的竞争是综合实力的竞争，技术优势只是核心竞争力之一。在某些技术或者商品领域落败的企业就成了实际上的"创新无产者"，或者说是"准创新无产者"。

　　多年来，专利是制造企业间竞争的"策略工具"，技术公司像"冷战"时期囤积核武器一样囤积专利，用于重要市场被威胁时防御之用。当竞争失利时，企业在这个领域就成了创新无产者，或者实际上的创新无产者。也就是说，它不再制造自己的专利产品，或者很少有专利产品的收益。防御之外，这些企业开始积极货币化运营这些专利资产。有的企业自己组织专利运营团队，有的企业则通过外包实现自己的目的。

　　德州仪器在20世纪90年代从一个非常成功的硬件公司，在日本企业的打击下，退化成一个小型的制造企业，成为"准创新无产者"，开始积极运营有利可图的专利资产，每年收入达到几亿美元。这是美国专利运营成功最早的例子。

　　在美国，相似的故事不断重复出现。阿尔卡特，Mosaid、特斯拉、爱立信、诺基亚、摩托罗拉都在走同样的路。制造一旦老去，就会打累积的专利资产的主意，专利的幽灵就开始活跃。

为了最大化企业的专利资产价值，减少专利维持成本，这些"准创新无产者"一直在向无产实体转让专利资产。当然，很多时候这种转让都不是现金交易，而是各种利益分享安排，制造企业保持相当的控制权。除了外包专利许可实现专利价值最大化，制造企业还通过对无产实体的控制实现定向专利攻击，通过诉讼来骚扰自己的竞争对手，这就是所谓的"专利私掠"活动。

### 资料: 破产小企业

Bust.com公司的创立者是著名的计算机网络技术的先驱，著名发明家。他改进了在计算机网络中传输音视频数据的技术。该公司销售Burstware软件，一度被视作技术创新公司的成功代表。在20世纪90年代后期员工最多时达到119人。但是微软升级自己的媒体播放器并绑定到系统后，Bust.com公司的独立产品就失去了市场，员工一下滑到了四人。最后公司只保留了两个员工，日常工作就是许可专利。公司资产只有十个美国专利。

该公司先后起诉了微软和苹果公司，2005年3月通过和解从微软获得了6 000万美元。2007年又迫使微软支付了1 000万美元和解金。

真是: 你砸了我的饭碗，我就到你家吃饭。

## 六、交易中介

无产实体的一个特点就是从专利权人处购买专利。从一定意义上说，没有大量流离的专利，没有专利市场，没有活跃的专利交易中介，就没有无产实体。

专利交易中介有很多类型，以下是主要分类。

### 1. 专利交易经纪人

他们为专利权人寻找买主，而不是被许可人。有时候服务买卖双方。为买方服务时，主要是为企业寻找相对于竞争对手的战略价值专利。服务期限较短，一旦买卖达成，收取成交费合作即告结束。他们自称知识产权顾问、知识产权管理、知识产权商业银行、技术转移公司等。经纪人与卖方的关系比较密切，与买方一次性买卖较多。

## 2. 专利并购顾问公司

以传统投资银行模式运作的实体，在企业并购活动中提供建议，根据整个交易或者知识产权的价值按比例收取服务费。这些并购关注知识产权资产，有的是知识产权资产驱动的收购，有的是知识产权你资产是并购的主要部分。服务包括知识产权尽职调查以及为并购形式、内容、方法提供整体服务。

## 3. 在线交易中介

在线交易中介包括知识产权技术交易所、交易中心、公告板、创新门户。

在20世纪90年代兴起B·TO·B交易网站为专利等知识产权提供平台和界面。包括提供在线许可代理或者买卖中介服务。有的实行会员制，有的免费，收费方式也各不相同。在线交易中介也为新技术创新提供论坛或者奖金，促进新专利的产生。

## 4. 专利分析软件和服务公司

提供高端专利搜索和分析软件，包括质量与稳定性分析、维持费相关的期待、侵权相关指标、在先技术分析、相关专利分析、引证相关指标。收取软件销售获取可费或者咨询费。

## 5. 大学技术转移中介

大学技术转移中介包括：知识产权开发公司、知识产权收购基金、许可代理、专利经纪人，他们聚焦在大学技术交易市场。在2011年，美国大学和研究机构花费了610亿美元的研发经费，申请了13 000件美国专利，获得了25亿美元许可费。

## 6. 知识产权拍卖实体

将专利向古董和艺术品一样拍卖，方便历史上流动很差的资产的交易，收取上牌费、参加拍卖费、卖方或者买方的佣金。

理论上讲，专利拍卖可以为买卖双方提供交易方便。从卖方角度，拍卖是知识产权交易的第一平台，购买负担实际上转移给了买方。拍卖结构和形式使得卖方能够提供预设条款和条件包括最低价格。很多拍卖参与者认识到了这种交易模式的价值。

Ocean Tomo公司是美国著名的专利拍卖公司，商业模式是知识产权多标的、实时拍卖，将专利交易引入公开知识产权交易市场。Ocean Tomo的商业模式是设计一种紧迫感和闭合期，创造知识产权流动性，为一个历史上不透明的市场提供透明性。由于新颖的商业模式，该公司总裁被某知识产权媒体连续两次评为影响世界知识产权的50人之一。

然而，事实证明这种商业模式是不成功的，该公司2009年春季拍卖开始就出现问题。Ocean Tomo 2009年3月的春季拍卖会是美国经济危机以来第一场拍卖会。拍卖前就有人预测拍卖额会比去年下跌50%，结果证明情况更糟。第一天拍卖只拍出290万美元（前一年旧金山拍卖会拍出了1 700万美元），而且只拍出了80件专利中的六件（包括专利组合）。

有媒体指出，通过 Ocean Tomo买了专利的人很快发现知识产权许可是一个艰难的工作。在专利许可谈判中，专利质量不是优先考虑的问题，生产运营企业首先考虑的是专利权人的律师是否能对抗自己的律师。在野蛮的知识产权许可世界建立斗士的声望需要时间，但时间就是金钱。怀抱希望投资专利许可的人被专利质量风险和极大的许可成本弄得疲惫不堪。

# 七、防卫囤积公司

防卫囤积公司就是以防卫无产实体的名义成立的公司。他们的主要工作就是从市场上大量购买各种"风险专利"，掏干池塘，破坏无产实体的生存环境。

美国第一个防卫性专利囤积公司就是2000年成立的高智，但严格讲，高智不是纯粹的专利防卫囤积公司，因为在为微软等大企业股东提供专利保护伞的同时，它从来没有承诺不行权自己的专利资产。此后由风险投资成立的RPX和AST则是自我宣传的纯粹的防卫性专利囤积公司。

## 1. RPX

2008年时，高智公司的专利组合不断增长，高智专利运作加速，态度转硬，思科、威瑞森等公司被迫缴纳了4亿美元的专利费，这引起了信息产业界的恐慌。高智基金的某些投资者觉得自己在养虎为患，相信这个公司很快就会挥动大棒，受害者就是他们这样的冤大头，于是积极寻求别的专利防卫途径。他们希望成立一个纯粹的防御基金，将专利购买范围限制在与自己企业直接有关的技术领域。他们带头资助成立了一个"防卫性专利组合"公司RPX，目的就是为自己提供避风港。

RPX由两家投资公司出钱投资，创办人是前高智战略收购总管以及许可副总约翰·阿玛斯特与负责许可的副总裁杰弗里·巴克。巴克说，高智公司当然会将手头积累的专利当资产进行运作，这个观点他不赞成。新公司与高智一样从个人发明者与破产公司收购风险专利，但有根本不同，RPX收购的专利用于防卫，决不向其会员或其他企业诉讼求得专利费。RPX不打算寻找其他高科技公司入股（高智模式）成立一个个基金，公司发展的总目标是发展成千的会员。RPX通过收取35 000美元到4 900万美元的会员费（根据公司的利润多少确定），公司与无产实体公司争夺危险专利。

高智之外，RPX公司的竞争对手还有联合风险信托（AST），两者商业模式也相近。相比而言，AST经营者的模式更像孤儿院。AST收取会员费，向会员提供风险专利信息，在若干会员决定购买一个专利组合时接受信托收购风险专利。专利组合到手，AST就将风险专利许可给自己的相关会员，在解除会员的专利诉讼风险后，就将这些专利转让给谷歌、惠普和思科这些大公司，由他们来领养这些专利孤儿。RPX独自作出专利购买决策，不像AST那样需要会员决策，所以能对于某些"市场上较热"的专利快速采取行动。

RPX公司称自己的生意为"防御性专利聚集"。RPX公司的创办人说，RPX至少需要20名成员来维持实际所需的资金。RPX公司第一批注册会员包括IBM与Cisco，这大幅提升了RPX公司的可信度。RPX公司成长快速，2011年已经有65个高科技公司加入成为会员，这些会员中，一半以上曾经向高智买过专利，或者在高智有投资。2011年RPX公司上市，筹集一亿美元。通过RPX，高科技公司虽然不能根除专利风险，但可以用一种节约成本的方法减少专利风险。

RPX公司成立时并未仔细阐明它的具体商业模式，媒体也没有搞清楚。《华尔街日报》曾报道说RPX公司将攻击无产实体，直到2014年还有媒体这样说。

其实无产实体都不提供产品和服务，任何人都不能诉讼无产实体专利侵权，所以防卫性专利组合对防御无产实体不能直接起作用。如果说RPX防御无产实体的作用是减少市场上游离的风险专利，减少无产实体的弹药供应，还有一定道理。购买专利不能根本解决丑怪问题，除非有钱把所有侵权专利和潜在风险专利购买回家，那需要几百亿美元，RPX公司没有那么多钱。关键是如果有多个防卫性专利组合出现，就有很多人竞拍收购不断出现的风险专利，结果就是风险专利的价格飙升，那就意味着需要越来越多的钱投入这个无底洞。

据报道，到2008年年底，RPX公司共花费了4 000万美元收购了150多个美国专利以及60多件在申请中的专利，这些专利分布主要分布在网络搜索和RFID领域，据说收购成本很高，每个超过19万美元。舆论担心一直这样做的话，RPX公司有限的资金很快就会精光，也不会解决专利丑怪问题。

RPX公司的会员制模式还会引发很多问题，主要是搭便车问题。搭便车问题指的是没有成本付出，最后却分享到利益的状况。RPX公司运用从会员那里收取的会费来购买"危险"专利，同时，RPX公司承诺不会利用此专利来控告会员以为的公司侵权，那么没有缴会费的公司，同样不会受到风险专利的威胁。这些没缴费的公司同享RPX公司会员相同的利益。这就是RPX公司声称的"防御性专利聚集"商业模式的死穴和风险。

如果没有强硬措施，搭便车的企业会越来越多，RPX公司的会员也会逐步消失。RPX公司必须找到相应的解决办法。RPX公司采取的方法一是通过恐怖营销劝诱，二是联合无产实体"为渊驱鱼"。

作为专利诉讼乱世中专利风险保险性质的公司，与其他保险公司一样，RPX公司需要不断宣传美国专利社会已经礼崩乐坏，无产实体横行，企业民不聊生。

RPX公司在网站上和媒体报道中，不断攻击美国专利诉讼系统的混乱、高费用和迟延。针对美国专利质量下降，专利诉讼防不胜防的乱象，很多企业不愿意与专利权人合作。RPX公司说自己就是他们的盟友。RPX公司已经利用自己的有效的公关战，说服很多企业自己与他们的利益是一体的。

RPX公司需要丑怪的不朽来保证自己的长存。作为恐惧营销者，RPX公司需要不断收购新的风险专利，使用它收购的专利制造恐惧以扩大会员。

　　有了从无产实体收购风险专利之名，就会有企业不断投靠RPX公司加入会员。会员将受到加入前RPX公司已经拥有的风险专利以及企业在会员期间收购的所有风险专利的保护。RPX公司承诺即使风险专利之后被转让给其他主体，会员也将继续获得不被诉讼的保护。RPX公司暗示企业可以退出会员身份，停止缴纳年费，仍然保留会员时的专利许可。这就使得老会员失去了继续缴纳会员费的激励。为了解决这个问题，RPX公司不得不通过不断走上专利市场购买新的专利，给有意退出会员的企业制造新的、现实的威胁，迫使他们继续留在RPX公司。RPX公司曾经警告说：后来的客户可能从RPX公司的专利组合中得不到比现在客户更多的保护，鼓励潜在会员尽快加入。同时，RPX公司宣布，如果会员身份低于3年，企业将得不到RPX公司永远的专利许可保护，以防止会员外流。会员如果不到3年就离开，RPX这3年间收购的专利就不会许可给这些企业。也就是说，会员一离开就可能成为攻击对象。

　　这看起来像是聪明的事，所以RPX公司的专利库一直在扩大中。RPX公司商业模式有赖于持续不断的专利收购。RPX公司管理者曾表示，他们每个月审查70件专利组合，花费两亿美元购买专利。每次交易，RPX公司都会说自己识别的专利风险是真实的和急迫的，危险的无产实体是有关专利的潜在购买者。专利一旦落入他们手里，大伙就没有好日子过了。

　　很多企业留在RPX公司会员俱乐部的动机，就是持续受到了RPX公司新收购专利的威胁，因为这些专利可能会对这些企业行权。最后的结果是，每个会员的持续的赞助是RPX公司持续的专利威胁导致的，他们被RPX公司制造的恐怖和认为制造的专利风险锁定了。有意思的是，购买这些风险专利和制造新专利风险的钱还是这些会员企业自己缴纳的会员费！

　　RPX公司明确承诺永不诉讼，但为了减少搭便车现象，RPX公司必须与无产实体合作。合作的第一个方法是将自己的专利卖给行权实体追杀自己的潜在客户；第二个方法是从活跃的无产实体购买专利分许可权，而不是全部专利，将分许可权许可自己的会员，同时保留再支付费用取得更多分许可的"选择权"。

　　无产实体在某个技术领域肆无忌惮地追杀制造企业时，RPX公司就为自己的会员购买专利分许可权，除了满足会员的需要，还会多收买一些"选择权"，可以随时分许可给新加入的会员。由于是"团购"，RPX公司跟无产实体可以讨价还价。加上专业的专家团队支持，所以RPX公司获得这些专利分许可的价格较低，这是控制收购成本同时招募会员的好方法。很多被专利追得无处可去、痛苦不堪的企业就会找到RPX公司，纳贡成为会员。据分析，RPX公司有一半的购买形式是分许可权或者"选择权"。

鉴于这样的行为，RPX公司与无产实体的关系受到媒体的紧密关注。这相当于给自己的会员团购黑社会的保护，同时给黑社会提供资金攻击没有成为自己会员的企业。

媒体认为，RPX公司最后从专利防卫公司退化成了专利团购者，无产实体的盟友。说RPX公司是无产实体的盟友，还有很多理由，其中一个就是喂养专利丑怪。

2011年，RPX公司花费了三亿美元购买专利，通过几个基金控制这些风险专利，但是在将这些问题专利许可给自己的客户后，RPX公司会把这些专利卖掉，这些风险专利很多落入了好诉的无产实体之手。无产实体可以自由起诉没有获得授权的企业，主要是RPX公司客户的竞争对手。RPX公司成了在马路上撒钉子的修车人。

有专业的专利博客披露说，RPX公司还和很多无产实体长期私通款曲，勾勾搭搭。例如，Acacia公司是美国最著名的无产实体之一。RPX公司每个月都同该公司通一个电话，Acacia公司通告自己瞄准的企业和使用的专利，然后给这些风险专利报价，RPX公司如果有兴趣会买下一些专利许可。Acacia公司的负责人曾经说Acacia公司和RPX公司都是动机良好的专利市场中间商，矛盾冲突的调解者，能够促进专利许可，减少法院系统诉讼负担。

不过对媒体来讲，RPX公司和无产实体之间的这种交流机制不是简单的周期交易沟通，更像是一种共谋。这种市场环境让人想到狂野的西部，最早的殖民者创造和行使自己的规则，没有政府机构的审查和国家的法律秩序。

2014年4月，RPX公司宣布提供新的反专利行权保险业务，强调这可能是其商业模式的根本改变。伦敦劳埃德保险公司承保代理人，提供市场推广、签约和索赔管理服务。到2013年年底，已经签了25份保单。RPX公司负责人表示该公司每年为1 000万美元以上的常实体诉讼成本提供保险，但与伦敦劳埃德的合作是公司转变防卫性整合商业模式的转变。

RPX公司的高层曾表示公司间聚焦保险作为提供专利风险管理的方

法。公司将在不久的未来结束风险专利收购活动，在未来5年内不再是专利购买实体，而是一个保险公司。一直有一个保险部门，为需要诉讼保险的会员提供服务，但只给信誉好的会员提供。

该公司到2013年12月有160多位付费会员，表示已经花了7.5亿美元收购了4 200多件美国和国际专利资产，这些收购使得公司会员从60个专利诉讼中解除了430次风险，这过程中收集的数据使得RPX公司可以保险精算和保险方案设计，使得它能为投保人模拟专利风险，提供有效风险转移。

## 2. AST

联合安全信托AST（Allied Security Trust）在2007年3月成立，7月对外公开。该组织在公开市场购买专利，将这些专利许可给成员，然后将这些专利卖回到市场。创立时的成员包括威瑞森无线通信、谷歌、思科、爱立信和惠普等。加入费为25万美元，每位缴纳500万美元托管作为专利收购费用。

AST的主要服务是买入可能使会员陷入侵权诉讼的专利权。专利来源可能为学校、研究机构、独立发明人与破产公司等。收购后，将专利非专属授权给部分AST会员，然后将这些专利再出售给另一公司，自己本身不拥有该专利。这就是所谓的"抓住放开原则"（Catch & Release）。

AST成员还可以接触到世界上整体销售的专利资产数据库，称为"快IP"，该数据库包含12.5万件专利资产，每项资产都归类到不同的技术和产品分类中，并归入25 000个专利包中，该工具可以方便经营企业快速高效地发现自己感兴趣的专利。成员企业可以自己购买这些专利，也可以通过AST组性竞标。

当AST在2008年公开出现时，竞争目标就是高智。它宣称自己是"抓住与放开"的商业模式，以和高智区别。然而在竞技场中，AST很难直接与高智竞争。高智在购买专利时，动作迅速、独立运作，而且通常非常低调。AST在购买专利前，需要会员同意，但这也潜在意味着长时间的拖延并失去机会。

针对廉价的防卫性专利许可，AST会组织采购团，成员自己决定是否加入以及每个防卫性专利许可的价格。一旦获得这些防卫性专利许可，这些参与采购的成员将保有终身，不管事后是否离开AST。

到2015年6月底，AST共购买过62个专利组合，其中47个已经出售，还有14个在出售中，一个还没有对外出售。

AST收购专利的流程包括收集和传播风险专利信息、内部征询标价、与卖方洽商、收购专利、完成许可。

AST收购流程开始于由3 000个全球性的代理、经营企业、律所、学术机构、风投和其他专利持有者组成的专利出售者网络。这个网络既有专利出售的信息，也有几千件专利构成的专利包的信息。AST初步分析这些专利组合，了解出售者及其代理人，搜索家族专利，确保这些专利在AST成员感兴趣的技术领域。初步分析后根据专利持有者可能行权的产品类型、专利技术内容等进行分类，通过进一步的分类过程，成员可以将注意力集中在自己感兴趣的5%的专利组合上，这就是会员费服务的主要内容。是否通过AST购买专利由成员自己决定。成员可以每两星期就自己感兴趣的专利组合对AST进行电话咨询，AST帮助自身分析资源有限的公司提供进一步意见。

AST帮助促进成员间的合作，在不泄露成员身份的基础上，通过识别成员共同利益，私下沟通潜在利益。帮助处在相同境地的成员企业合作购买降低各自的购买成本，仍然完全保证匿名。每个成员都能独立决定是否报价以及报价多少。专利持有人在这个竞争透明的市场了解他们专利的市场价值。完全透明的销售流程，所有利益相关方都有充足的信息和购买机会，有利于专利卖方和所有潜在买方。因为是出于防御性目的也就是行动自由购买专利，不同于为行权购买专利，AST的尽职调查首要聚焦在专利权属链条上，确保卖者有权出售专利，关注专利许可的完整性，确保所有专利家族的专利都包含在内。要求权属明晰的资产，了解此前的许可和其他权利负担，除此之外不要求进攻性购买者寻求的"声明与保证"，不要求接触发明人。因为此原因，一旦成交，AST交割过程很快，一般只有几个星期。

AST收购专利组合后，就会将专利许可给出资收购的成员企业。由于不是许可给所有成员企业，所以再出手时，专利价值不至于损害太大。平均来说，AST每个收购的成员数量只有3~4家，这证明别的公司那种一体通用的聚合式购买方式又贵又没效率。成员单位获得的专利许可是永久的、不可逆的、全球的、非排他性的一般许可。AST不会披露哪个成员接受了哪个专利许可，对其他参与购买同一专利组合的成员也不。只有一个例外，就是在对外出售专利的过程中。只有在获得持有许可的大多数成员的允许的情况下，只对签了严格的保密协议的严肃的购买者披露。

　　如果没有参与特定专利组合的成员希望获得AST已经购买的专利组合许可，他们可以选择"随后许可选择权"，他们的许可费在成员中最高，收益归其他购买专利组合的成员。新成员可以接受AST尚未出售的专利组合。

　　AST剥离程序是指：为了履行永不起诉成员承诺，AST会将许可后的专利卖掉，这可以回馈参与购买该专利组合的成员。没有外部的投资人参与，所有出售和许可所得都回馈成员，因为知道最后还要卖掉专利，这使得成员愿意在购买时报出高价，利于收买的大成和原专利权人利益的实现。

　　剥离这些专利资产的第一步是将专利提供给原参与购买的成员报价，由他们报价从购买专利时的最高报价者开始，AST成员企业可以买断一个专利组合，补偿其他原购买成员企业已经支付的款项，同时补偿AST收购、管理保有维持、剥离该专利组合的费用。假如原参与购买的成员不买，就将专利交给外部的经纪人。AST对外部潜在的购买者非常透明，可以向购买者披露已经接受了专利许可的企业，不过事先要签订保密协议。

# 第六章

## 鱼龙混杂　乱象丛生

2006年以后，美国的专利革命出现了流氓化的倾向。越来越多的投机者加入到无产实体的队伍中，这些新加入者只有一个目的，就是尽快获得收益。为此他们可以采用一切可以找到的不正当手段。他们不负责任的专利诉讼行动给了大企业可趁之机，坐实了"专利丑怪""专利地痞""专利流氓"的别名；也给大企业处心积虑的专利立法运动提供了最佳的吉祥物。

# 第一节　禁令限制 阵营分化

根据美国专利法，专利权人有权排除他人非经许可的实施行为，这就给了美国法庭授权禁令的依据。很多年来，美国法院给所有胜诉的专利权人授予禁令。但是2006年开始，美国司法界达成了共识：禁令不应该授予无产实体。

禁令的变革使得认真维权的无产实体遭受了致命打击，将中小规模的无产实体逼上了流氓道路，大规模的无产实体则纷纷与大企业合作开展专利私掠活动。美国专利革命迎来最大的转机。

## 一、黑莓发酵 无产遭殃

黑莓案中，禁令就像达摩克利斯之剑，在和解谈判的过程中时时悬挂在RIM（生产黑莓手机的公司，后直接将公司改成了黑莓）头上。禁令可能关闭黑莓的300万用户，RIM的竞争对手随时会一拥而上，瓜分这些用户，RIM将成为历史。黑莓案后，舆论对无产实体的讨论越来越多。不少评论家写了无数的论文讨论专利丑怪，将他们比作美国高科技的黑死病、鼠疫。美国专利执法环境发生了根本变化，很少有无产实体能拿到禁令了。此案结束几个月后，最高法院发布了对Ebay案的决定，无产实体获得禁令的希望成为泡影。

得不到永久禁令救济，专利诉讼原告就在专利和解谈判中失去了杠杆。即使胜诉，专利诉讼原告能得到的也就有限的赔偿金。如果不考虑故意侵权的三倍赔偿，胜诉所得也就与专利许可谈判所得没有什么区别，还增加了各种程序性的麻烦和诉讼成本。

在无产实体失去禁令庇佑后，作为专利诉讼被告的巨大企业开始想各种办法拖延诉讼，反正他们不差钱。只要耗光对方资金，就可以在和解谈判中获得优势。作为应对，很多无产实体慢慢开始转轨，传统博彩性质的丑怪越来越少，食底泥性质的丑怪反而越来越多。

## 二、 始吉终凶 规则改变

案件的缘起发展是这样的:

MercExchange公司由汤姆斯·沃尔斯顿成立。沃尔斯顿是一个电子工程师，同时也是一名训练有素的专利律师。1995年4月，他发明了"一种产生电脑化旧货和可回收商品的市场的方法和设备"，并申请了专利。在专利审查期间，他试图筹集资金建设一个网站，但没有引起风投的兴趣。

1998年12月，沃尔斯顿三个专利申请中的第一个专利获得美国专利商标局授权，很快就有公司要求接受该专利的许可，同时MercExchange公司也拿到1 000美元万的风险投资。当时在线拍卖网站的竞争已经加剧，在两年内，MercExchange公司商业化该专利的努力失败了，只好解雇全部40个雇员。公司开始专心开展专利行权业务，成了一个无产实体。

Ebay是1995年成立的专业拍卖网站，运转非常成功。1998年9月， Ebay成功上市，前景一片光明。这个时候MercExchange找上门来。2000年，MercExchange和 Ebay的代表在午餐会上开始讨论专利许可话题，Ebay表示有兴趣购买专利组合。根据沃尔斯顿提供的信息，Ebay还派了专利诉讼律师审查了有关专利，并认真查看了MercExchange公司尚未公开的专利申请。也许是觉得有关专利不够稳固，或者是因为MercExchange要价太高，Ebay拒绝了谈下去的要求。Ebay对MercExchange的专利不屑一顾，大张旗鼓地在网站上增加了涉嫌侵犯MercExchange专利的即刻购买功能。

2001年，MercExchange获得其他网站400万美元专利侵权和解金。资金到位后，MercExchange提起了针对Ebay的专利侵权诉讼。

在一审过程中，联邦地方法院发布了马克曼命令，认定MercExchange的两个专利有效。经过5个星期的陪审团裁判，主审法官最后判决专利有效和被侵权，判Ebay赔MercExchange 3 500万美元。

为了博取更大的和解金数额，MercExchange根据常规，在2003年6月申请了永久禁令。

在审查永久禁令申请时，美国联邦地方法院使用的是不可修复损害推定原则。法院认为原告愿意许可自己的专利，且自己缺少实施专利的商业活动，在媒体发言时也表示自己愿意将专利许可Ebay。最后法院认定在此非典型性案件中，不授予禁令不会给原告带来不可修复的损害，货币补偿对原告已经足够。再者，原告也没有申请临时禁令，由此法官推测，这显示原告不认为自己将遭受不可修复的损失。

另外，针对日益增加的商业方法专利影响企业运营状况，法官认为此案中公共利益与侵权者Ebay一致，指出公众没有从获得专利但不实施的专利权人MercExchange获得利益。法官预测，基于该案的争议性，一旦颁发禁令，MercExchange就会提起一个接着一个的听证，要求法庭开庭，讨论Ebay对系统的修改是否继续侵权，是否应该被禁。基于以上种种考虑，法官否定了MercExchange的永久禁令申请，同时表示如果Ebay继续侵权的话，法官将不断增加损害赔偿金来救济原告。

原被告双方都上诉到联邦巡回上诉法院。审查了联邦地方法院拒绝永久禁令裁决后，联邦巡回上诉法院重申了美国当时颁发禁令的通用原则：一旦判定专利有效，侵权被认定，就应该颁发永久禁令。

联邦巡回上诉法院的三人审判庭坚持认为Ebay必须停止使用该技术，如果MercExchange希望这样的话。"我们没有发现法庭偏离通用原则的理由，法庭如果没有特别的因素，应该对专利侵权发布永久性禁令。"

Ebay申请美国最高法院再审，要求审查两个问题：第一是联邦巡回上诉法院将发现侵权立即授予禁令视为通则是否有误；第二是巡回上诉法院是否应该重新考虑自己的判例，这些判例包含支持专利权人权利的强硬措辞，甚至被认为要求近乎自动禁令的原则。

最高法院提审了Ebay侵权案，并撤销了巡回上诉法院的判决。2006年5月，最高法院的托马斯法官写了合议庭观点。法庭认为，根据美国法典，法庭根据衡平法原则授予禁令，也就是传统的四要素测试原则。

最高法院将衡平法原则用在专利案件中，增加了对传统的专利是一种所有权的观点的质疑。最高法院的意见是：授予禁令没有绝对的原则。虽然没有明确指示，但该案改变了永久禁令颁发的规则，特别是对无产实体来说。

美国最高法院对Ebay，Inc.v.MercExchange的判决阐明了禁令四原则：（1）原告已经遭受了不可挽回的损害；（2）原告通过法律途径获得的补救不足以补偿其已经遭受的损失；（3）出于对原告和被告双方造成的困难的考量，依衡平法原告应该获得补偿；（4）永久禁令不会损害公共利益。这就为法院是否颁发永久禁令作为被告侵犯原告专利权的一种补救措施树立了一个判断标准。

Ebay案后，所有专利诉讼案件的禁令颁发不再是胜诉就颁发，都要经过四要素严格审查。所以说，Ebay案从根本上改变了美国法院专利案件永久禁令颁发的规则。

### 资料：马克曼听证

马克曼听证是美国专利诉讼的重要程序，是在诉讼的早期由法官主持的听证。主要任务是专利要求项解构，也就是决定专利要求项中词语的含义，这对决定专利的保护范围非常关键，进而可以决定专利的有效性和是否侵权等问题。但是美国联邦地方法院的专利要求解构非常不确定，因为在上诉中被修改的比例高达30%~40%。

## 三、大势已去　影响深远

Ebay案完全改变了美国无产实体的专利行权格局，改变了美国专利大革命的走向。总起来说，主要影响如下：

### 1. 无产实体：禁令可望不可即

Ebay案最大的影响是无产实体再也拿不到永久禁令了。

2009年，有人研究了Ebay案后三年间结案的专利永久禁令救济申请，发现67个申请中，联邦地方法院授予48个永久禁令。能获得禁令的案件中，41个案件原被告关系是直接竞争。

在非直接竞争关系但授予永久禁令的案件中，双方是间接竞争关系。这三年中没有一个中介性质的无产实体获得过永久禁令。

在新规则下，无产实体被迫证明具备了衡平法授予禁令的四原则，这是不可能完成的工作。

> **资料: 制造转进**
>
> 　　为了获得制造企业才能享有的禁令特权, 一些历来专注研发的企业被迫开始尝试自己一贯不熟悉的生产制造。
>
> 　　特斯拉科技公司在2012年6月宣称自己的全资子公司数字光学公司支付2 300万美元现金从伟创力国际有限公司收购了伟思特电子科技公司的部分资产, 涉及供货商认证的相机模块制造业务。
>
> 　　据说被收购的企业每年可以制造5 000万相机模块。收购可以将数字光学公司从光学和图像增强软件公司带到一个经过认证的下一代相机模块企业, 进军90亿美元的移动相机市场。其实, 该公司本次收购的主要原因是在此后的专利诉讼中戴一个"制造"的帽子, 在以后的专利诉讼中获得越来越稀缺的禁令救济。

## 2. 大企业: 拖延诉讼 积极侵权

　　新的禁令规则打破了创新无产者对制造有产者的优势, 对作为无产实体专利诉讼被告的高科技大企业有利。他们可以发挥自己的经济优势, 恢复拖延诉讼的策略。

　　大企业一般将专利诉讼看做经营成本, 高额的专利侵权诉讼费用实际上对他们没有什么负担, 时不时发生的专利赔偿金对很多大企业无关痛痒。以Ebay为例, 在2006年6月之前的三个月内, 该网站盈利2.5亿美元, 相对而言, 支付给MercExchange的3 500万美元赔偿金显得微不足道。

　　Ebay案彻底解除了高科技大企业核心产品或服务的禁令威胁。大企业本来就缺乏从无产实体接受专利许可经济刺激, 新的禁令规则更强化了他们无视他人专利权的既有立场。

　　Ebay案后, 即使某些专利侵权诉讼不利于侵权的大企业, 有明显的侵权证据, 甚至作出了侵权判定, 大企业也会毫不在意。他们会选择继续侵权, 原因是即使被判侵权也没什么了不起, 只要支付有限的赔偿金就可以继续生产经营, 仍然可以获得丰厚利润。

美国专利侵权赔偿金计算有三种原则: 合理许可费、利润损失、价格侵蚀。联邦法典规定合理许可费是对专利权人损失的最低补偿水准, 但在诉讼现实中该原则运用最广。

理论上讲, 利润损失原则非常合理, 该原则不普及的原因是分析利润损失太过复杂, 损失证明困难。另外, 利润损失的计算会涉及企业商业秘密, 专利权人一般不愿意披露成本和利润信息。

"价格侵蚀"在美国专利诉讼中使用最少。全球化的竞争, 错综复杂的经济环境和成本环境, 复杂的价格侵蚀分析程序都减少了它应用的可能性。

"合理许可费"原则使用普遍是因为计算方便。创新无产者和无产实体没有利润损失可以计算, 只能采用合理许可费原则。大量企业怕泄露商业秘密, 也喜欢只收取"合理许可费"。

美国法官在计算"合理许可费"时系统或者不系统地使用"乔治亚太平洋因素分析方法"。该方法为专利许可的确定提供了详细的参考指标, 这些指标包括: 原告许可涉诉专利获取的许可费, 也就是在诉讼前曾经发生的专利许可收费; 被告为其他可比专利支付的许可费; 专利许可的性质和范围(独占与否、地域、客户限制); 许可方保证专利排他权的策略和市场宣传支出; 许可方与被许可方的商务关系, 如是否竞争对手, 是不是发明任何资助者; 被许可方销售专利产品对其他非专利商品的影响(专利存在对许可人商品销售量的影响, 这种影响力的程度); 专利存续时间和许可时间长短; 包含专利的产品的盈利能力, 商业成功、现在的名声; 专利产品相对于原有程序或设备的实用性和优势; 含有专利的发明的本质, 许可人自己应用时的商业使用模式特征, 使用该发明的人得到的利益; 侵权人使用该发明的程度以及获得的利润; 使用该发明通常可获得的利润在总体销售受益中的比例; 如其他非专利因素、侵权者提供的重要的功能、改进相比, 专利发明在盈利方面的贡献比例(制造流程、商业风险计算在内); 适格专家提供的专家证言; 假定侵权时双方面对面谈判可能达成的数额或比例等。

## 3. 美国特色专利强制许可

Ebay案创造了一种美国特色的强制许可制度, 从根本上改变了美国的专利行权机制。

在美国，很多专利诉讼都是在禁令的威胁下和解的。面临停止营业时的预期是灾难性的，在这样的压力下被告只能接受高额赔偿费和解条件，黑莓手机就是例子。

Ebay案后，要被告接受和解越来越难了。早在2006年，就有专家指出，没有禁令的基于合理许可费的货币赔偿，很难抑制专利侵权行为。

Ebay案后，如果不良企业一直侵权，无产实体能做的也只是不断提起诉讼寻求救济。一个资金充足的被告可以让无产实体花几百万美元走完诉讼程序。这会大量消耗无产实体及其背后的金融投资的利润，使他们无利可图。

## 4. 无产实体退化

2006年时，专利行权活动还比较传统，都是博彩性专利行权，也就是针对大企业的专利行权。当时几个大案件都是针对大企业的，原被告在法庭上见高低。

Ebay案是重要的分水岭，禁令杠杆的失去对无产实体社区影响巨大。无产实体从更多的侠客性向更多的流氓性堕落。

Ebay案后单个诉讼大额的无产实体胜诉的案子越来越少，无产实体只剩下骚扰和私掠船两条路可走了：退化成专利流氓欺凌弱小，或者变成有钱人的看家护院的保镖，也就是帮助大企业从事私掠业务。

### 观点：创新引擎

限制专利持有人强制行权能力将严重减损美国专利的价值，因为专利内在的唯一权利就是排除他人使用的权利。将此权利拿走将弱化专利，而专利是美国创新经济的引擎。

# 第二节  流氓蜂起 攻击中小

专利大革命吸引了各种各样的资本，也吸引了各种投机分子。在禁令改革后，严肃认真的无产实体受到打击，流氓无产实体却越来越活跃。他们低价购买不稳定的专利，到处寄发律师函，攻击中小企业和终端技术使用者，通过威胁讹诈积累一小笔一小笔的保护费。

## 一、食底泥模式

禁令变革后，无产实体的行权环境开始恶化，无产实体行权的新模式出现了，这就是所谓的"食底泥"无产实体。

越来越多的投机者认识到，高额的侵权赔偿已经不太可能，太多的资源和金钱投入寻找哪些高价值专利没有必要，低端专利反而有利可图。

这些低质量专利技术覆盖低价产品的微小增量，权利不稳，因此被严肃的无产实体忽视。现在，一种专门针对低价专利的丑怪商业模式应运而生。他们的理念是，某些专利覆盖几百上千个小饼的小块，持有者可以广种薄收，集腋成裘。这些无产实体不断地向大量中小企业发放缺乏尽职调查的专利缴费函，有时候甚至骚扰一个产业。从很多角度看，这些无产实体都更像勒索者。

这是一个大变化，但不是进化，是退化。这种无产实体败坏了专利创新机制的名声，也丢了创新无产者的脸，打击了专利革命天然的同盟军和同情者，使得无产实体几乎成了美国企业界的公敌。

## 二、大量受害者

"食底泥"无产实体将许可对象转变为新创公司或者中小服务企业或者是产品的终端使用者，因为这些企业缺少专利诉讼能力。

RPX公司数据显示，2012年，至少55%的无产实体侵权诉讼被告的年收入低于1 000万美元，66%低于一亿美元。

这是无产实体攻击中小企业趋势的一部分，就像恐怖分子发动对平民的袭击一般。这些无产实体发送太多威胁性的函件，被众议院和参议院专利立法听证会频频点名。

## 三、捅了马蜂窝

美国的服务业也就是第三产业，对美国经济贡献巨大。2004年时，美国已有小企业2 700万个，占美国企业总数的99%。美国1950年第三产业就达到54%，成为第一个"服务经济"国家，即一半人口不从事实物生产。2000年，这个比例达到75%，2004年服务业就业比率已经达到83%。第三产业对美国GDP贡献也很大，1997年，美国服务业增加值占GDP的72%，2000年为73%，2010年在80%以上。

每十个美国人中就有一人是服务业老板。这就是美国的底泥。他们在城镇的主街，有时候是唯一的街道，开设了很多爸爸妈妈店，各种连锁服务企业遍布全美。他们是脆弱的，因为不懂专利法，看不懂技术发明专利；同时他们也是强大的，因为他们握有选票，能影响立法。

"食底泥"无产实体攻击这些企业，就是看中了巨大的数量和较弱的专利诉讼抗辩能力，却忘却了或者为一己私利忽视了这些"底泥"企业的社会影响力。

这些食底泥者的活动激起了民愤，很多行业组织都在大企业的支持下组织起来，不断给国会议员写信，到处呼应说无产实体已经成了美国经济增长的排水管。

**资料: 丑怪之歌**

今年还没有看到丑怪？
麻子脸、矮墩墩、让人害怕？
有人描述他们为无产实体，
但我们知道专利丑怪才是其真实身份。

技术看起来是他们最喜欢的行业，
像食人魔汉尼拔他们挑三拣四。
巨大技术公司必须牺牲，

法律和解带来过度收入。
收过桥费的丑怪变肥，
声明: 创新必须得到保护！
但制造和创造，他们一样也没兴趣。
只想从别人的创意获得收益，
现在他们寻找新的桥梁去拦截，
探索更多能轻易摧残的群众。

——美国某网媒

## 四、案例: 头疼的六字真言

在无产实体的编年史上，2012年是攻击终端用户元年。从2012年开始，美国很多公司从无产实体收到了来路不明的专利许可函。专利许可信函出现在调查公司、非营利机构和房地产中介公司的信箱里，这激起了公愤。发函丑怪中最具代表性的就是"项目无纸化公司"以及接手其专利许可项目的MPHJ公司。虽然成立不久，但该公司已经成了专利滥用的反面典型，在美国国会的立法听证会上被不断点名。它的投信运动成了很多专家和媒体探讨问题的焦点，大家意见一致: 不要向它学习。

### 1. 从以色列来

引起争议的专利资产是包括五件专利的专利组合，发明的核心是将扫描文件电邮给对方的方法。专利组合中最早的专利是1997年申请的，其他专利都是该专利的延续案。具名的发明人是劳伦斯·克莱因，据说他曾经有一个信息技术公司，推广与专利发明相关的技术产品和服务。美国专利商标局的记录显示此人生活在以色列约旦河西岸的定居点。专利组合中最晚的一件专利2011年才申请，2013年授权。

这个扫描电邮专利组合是美国历史上最不受欢迎的专利组合之一。专利组合中的专利在技术上看来平淡无奇，现代扫描在20世纪80年代就存在，电子邮件也在20世纪90年代中期就广泛传播。理光1996年就有一个将两个技术融合的专利，但真的要无效掉这五件专利却旷日持久。该专利组合在美国市场价值巨大，因为在美国的很多单位，传真机已经被扫描仪或者具有扫描功能的计算机设备代替，传送各种商务文件。

### 2. 出师不利

2012年年初，项目无纸化公司就给很多企业发出了专利许可函。威胁弗吉尼亚州和佐治亚州的几十家商户，最后提起了两个诉讼，其中包括蓝波计算机公司。2012年3月，项目无纸化公司起诉蓝波公司。蓝波花5000美元检索了在先技术，并将结果送给项目无纸化公司的律师。蓝波公司还同时请了新律师，提出了增加四家扫描仪企业——施乐、佳能、惠普和兄弟公司——为第三人的申请，意在迫使制造商介入争端。蓝波提出增加第三人申请两周后，项目无纸化公司就撤回了诉状，此时惠普等扫描仪制造商还没有实际露面。正如蓝波公司的负责人说: 没有和解，没有交易，只是消失得无影无踪。蓝波的胜利没有无效掉项目无纸化的专利，专利被转给了一个更加专业的公司，由一个更加专业的律师来接手行权。

## 3. 六字壳公司

2012年9月，项目无纸化公司将专利转移给MPHJ技术公司，价格1美元，新的团队对专利许可活动做了策略调整，从此脱胎换骨，战斗力大增。

2013年，这些专利卷土重来，开展了更广泛的寄信函运动，更多的美国小企业因为使用日常办公设备被牵扯进诉讼。几十家不同的专利许可公司（此后的政府调查显示，MPHJ公司有101个下属公司）发出了内容几乎一样的许可函。这些公司都是MPHJ的壳公司，每家公司都是六个字母，例如：AccNum，AllLed，AdzPro，CalNeb，ChaPac，FanPar，FasLan，FulNer，GosNel 和 HunLos等。他们组成了一个全国性的专利许可授权网络，向遍布美国全境的中小企业发出数以万计的信函。

使用六字壳公司的部分原因是保持新项目主人匿名状态。MPHJ被登记在特拉华州，那里的公司不必公开任何管理层和股东信息。因为不清楚谁是MPHJ的持股人，律师相关的跟踪调查也更加困难。新六字壳公司组成了迷宫，使得针对该专利组合的专利防卫社区共享信息很困难。除了胡编乱造的公司名字，MPHJ所有专利行权行为都与项目无纸化公司相似，都是追逐没有能力自卫的小商家寻求专利许可。这些六字壳公司基本上是地方性质，目的是为了防止被骚扰的公司团结应对。

所有六字公司发出大同小异的信函，价格稍有差别，有的要求公司每个员工缴纳900美元专利许可费，有的要求1 200美元。六字公司的信函就像从另一个空间来的奇异公文，它描述了一个商家为了接受专利技术的利益高高兴兴缴纳许可费的新世界。在这个美好的新世界，拥有联网扫描仪的商家都付钱给他们："你还应该知道我们的许可项目从商业社会接收到正面的回应，你能想象，大部分商家，一接到他们侵犯了别人专利权的信息就希望合法运营立即接受我们公司的专利许可。很多公司已经以这种态度做了正面回应。他们这样做使得我们认为每个员工900美元的许可定价是诚信许可的谈判基础和避免法律行动的公平价格。我们相信，您的机构会严格自律，尊重我们的专利权，通过谈判接受许可，而不是不付许可费继续接受我们专利技术的利益。假如这是事实，我们已经准备好把这个价格提供给你。"

在不同的六字公司信中提供的地址和联系电话都是一样的。电话连接到一个接听电话的服务中心，接听电话的人只是重复简单信息，他们说不知道发送信件的实体，没有这些实体的联系方法。有时候接听电话的人会说自己是法务中心，但如果问是哪家公司的法务中心，他们又不说。特殊情况下，电话会接到律师，律师不透露为谁服务，提到时只是说"客户"。已知的该专利许可项目主要运作人之一是拉斯特，主抓MPHJ的内部工作，职责是让收到信函气急败坏的人变得冷静下来，最后让他们乖乖支付许可费。在电话中，接电话的律师都是讲礼貌的好人。有的商户太激动生气，电话就接到拉斯特位置上，由他用随和悠长的得州腔安慰："这就是我鼓励人们找律师的原因，你看，我也是一个合格的律师，我开始做诉讼。假如我看到许可信，我也会爆粗口，狗屎！就像其他人一样。但是不幸的是，一旦你踏入专利世界，你就会改变看法，你会发现有的人在1999年就作出了发明，当时这种想法很新奇，确实有权利。这种权利还会延续很多年，现在扫描电邮代替了传真机，突然间他的发明变得非常有价值。"

拉斯特曾经被某媒体评为2006年得州超级律师新星。但检索美国法院相关诉讼数据库，记者发现拉斯特曾经深度卷入某个"庞氏骗局"，难脱诈骗嫌疑。

实际上，MPHJ通常会送出三种不同的信，语气越来越迫切。通常第一封信简单列举自己的专利，声称接受信函的目标公司可能侵权，MPHJ后来承认说这些信一般从来没有得到企业回应。第二封信由律所的律师签字，但奇怪的是没有律所的电邮和电话，只有客户服务中心的电话。很多情况下，电话由拉斯特个人或者其他为MPHJ服务的人接听，而不是律师。第三封信是最具有威胁性的，内附一张诉状，律师说如果没有答复将去法院诉讼。

据统计，2012年12月到2013年5月，MPHJ公司第一种信寄出了16 000多份，都是给小企业；第三种信送给50个州及华盛顿特区的4 870个企业。MPHJ只瞄准20~100名员工的企业，MPHJ认为从小到大主张权利是合理的，先是20~49名员工的公司，后是50~99名员工的公司，此后是越来越大的企业。它使用通过常见的商业数据决定企业属于哪个类别，然后选择特定的目标。例如，MPHJ选择保险公司，不选择宾馆和饭店，因为不能确定这些商家使用网络化的办公环境。即使这样，也有一些重要和广为人知的误伤，在佛蒙特州，他们就给一个非营利的发育性残疾人服务机构发了一封信；在内布拉斯加州，也给一个私人疗养院的老年痴呆症病人发了信。总体来说，许可活动并不成功，到2013年被联邦贸易委员会调查时只实现了17个许可。该公司许可函发布规模巨大，涉及中小企业太多，所以激起了民愤，也深深影响了媒体关于专利大革命的态度。

## 4. 检查总长的愤怒

美国佛蒙特州、内布拉斯加州、明尼苏达州的检察官先后提起针对MPHJ公司的消费者保护法诉讼。2013年5月，在佛蒙特州高等法院，州政府指责MPHJ公司违反了消费者保护法禁止欺诈通信的规定。佛蒙特州政府要求该公司为几百封威胁信负责，并向接受信函的企业支付每封1万美元的罚金。在内布拉斯加州，该公司也被检察长以发放空洞的专利催款函违反了州消费者保护法诉讼到法院。佛蒙特州诉讼后，其他州的检查长有样学样，迫于舆论压力和政治利益，在2013年6月和7月不断对MPHJ提出民事调查要求，据MPHJ公司的律师讲，公司的顾问被不断要求花费相当的时间和精力答复这些不同的调查要求，一直持续到当年秋天。

纽约的检察长也采取了法律行动。2014年1月，MPHJ被迫与纽约检察长达成了协议，限制MPHJ信函中的语言。检察长指责MPHJ的策略是法律滥用，利用专利法律的漏洞。他说，MPHJ成了美国商业社会的鞭子，消耗了本来可以用来再投资或者创造就业的资源。纽约的检察长在和解后对媒体说，本次和解的指导方针将终结一些最下流的策略，告诫其他无产实体，纽约不接受这些欺诈活动。此和解协议要求MPHJ返回所有纽约商家支付的许可费，但仍然容许给纽约商家寄发许可信函。

纽约的和解协议列举了MPHJ公司可发的新信函的格式，信函要以MPHJ和拉斯特的名义签发，而不是胡编的六个字母的缩写词；信函中不能包括任何现金要求或者诉状草案；不能胡吹从其他商家获得了正面回应。协议具体还规定了信函的内容。新的轻度接触第一封信的内容是："假如您确定你使用侵权的系统，我们愿意提供一个许可。在这种情况下，您可以联系我们讨论许可可能性。"跟进的第二封信内容是："我们感谢您对第一封信反馈的好意，假如我们在此函发出的合理时间内没有得到您的答复，我们将假定您不愿意回应。请注意，在此情形下，公司保留美国专利法律赋予的权利。"

基于其行为的代表性，MPHJ还是第一个被联邦贸易委员会盯上的无产实体。联邦贸易委员会在2013年7月传唤了MPHJ，要求MPHJ提供专利相关通信和行权活动信息。帮助该公司行权的Farney Daniels律所也被传唤。2013年12月，联邦贸易委员会说要起诉MPHJ、拉斯特和律所，指责MPHJ在信中暗示自己已经成功许可了专利组合，许可函的反馈很正面，但实际并非如此；MPHJ总是在威胁诉讼，却不采取诉讼行动，有欺诈嫌疑，假造诉讼要付法律责任的。MPHJ说它拖延诉讼是因为受很多因素影响，包括应对各州检察长的法律行动。联邦贸易委员会不听辩解，说，除非MPHJ同意改变行权方式，先在地方法院诉讼获得一个判决，否则联邦贸易委员会将根据联邦贸易委员会法禁止欺诈交易行为的规定，采取行动。

让大家惊奇的是MPHJ胆大包天，先发制人，起诉联邦贸易委员会越过了自己的权限，点名委员会在职的四位委员个人，说他们干涉MPHJ公司宪法赋予的权利。

MPHJ说联邦贸易委员会越权，根据联邦贸易委员会法的标准，专利许可行为甚至不能算作贸易，因为信函不是销售商品或者服务的要约。MPHJ认为宪法第一修正案赋予其在确信被侵权时通告有关公司的权利。在诉状中，MPHJ断言发明人劳伦斯·克莱因是第一个发明无缝文件转电邮系统的发明人。他们还列举了2013年7月最新授权的第五件专利，说这个新专利是在美国专利商标局在审查了不少扫描仪企业提供的所有在先技术的情况下审查后授权的。该专利与其他专利一样最早的优先权在1997年。MPHJ说自己的主张是受到宪法保护的，委员会的某些人自己不喜欢MPHJ的自由言论，寻求非法干涉和阻止这些言论。

## 5. 唯以诉讼证清白

在威胁了一年后，MPHJ在2003年11月提起第一个诉讼。被告是Research Now，MPHJ说该公司侵犯了MPHJ的两件专利，原告是MPHJ及其持股10%的网络扫描方案公司。诉讼要求是每个员工缴纳1 000美元许可费。

2014年1月，该公司又提起四个诉讼，被告是三个大公司和一个中等公司。可口可乐，迪拉德百货（38 000名雇员，29个州有业务），一万员工的保险公司尤那姆集团，400名员工的消费品和包装公司普乐集团，诉讼地点是特拉华州。四张诉状都很长，告尤那姆集团的长达47页，告普乐集团的更是长达66页。MPHJ公司这样详细描述侵权细节就是为了回应各界对自己专利许可函空洞的指责。

# 第三节　私掠猖獗　外包行权

在镇压无产实体革命的同时，美国的制造企业并没有放松相互之间的专利战。不过他们现在发现了新的专利战策略，就是专利诉讼外包，或者如有的媒体描述的，专利私掠。

"私掠"在欧洲16世纪指的是一个政府雇佣民间船只攻击另一个政府。今天的专利战士做同样的事，目的是将竞争对手置于战略上的不利地位。妙的是，这样做自己的手上不沾血污。

2013年年初，专利私掠一词才出现，但到了年底，每个人都在讨论这个词。大企业从事专利私掠的本质就是微软等公司利用专利大革命的形势浑水摸鱼，谋取私利，以专利维权之名，行打击竞争对手、阻碍创新之实。

禁令救济的丧失使得大部分无产实体度日如年。大企业选择最专业、最有攻击性的无产实体，抛出要约。美国最有代表性的、最正规的无产实体纷纷转轨，投入到专利私掠服务中。

如果说"食底泥"的无产实体是从侠客变成了流氓，那从事专利私掠业务的无产实体就是从独行侠演变成了为大企业保镖护院的走狗。

## 一、历史上的私掠船

私掠船又叫武装民船，是欧洲在大航海时代的特殊现象。武装民船是一种没有任何国籍标记的快速帆船。如此一来，就可以攻击另一个国家的舰船，而不用担心会引发国家间的直接战争。

不光英国，其他国家也都如此。各国虽然在表面上都义正严辞地宣布与海盗势不两立，背地里却大肆收罗海盗，为己所用。法国从16世纪50年代开始，也组织了大批武装民船从欧洲出发至加勒比海地区洗劫西班牙船舶。这就是"加勒比海盗"出现的历史背景。

私掠许可证就像一个契约，上面写明了谁是敌人、谁是盟友，对掠夺回来的财物如何分配等内容。私掠船攻击敌船所获得的货物通常会在指定地点拍卖。其收入按照一定比例归船长、船员和授权国（王室）所有。

国家控制着私掠行动，比如只能针对某个国家，只能在某个海域攻击，等等。这和一般的海盗行为有本质的区别。如果私掠船长破坏了该契约，就很可能被要求赔偿对方的损失甚至被取消许可证。历史上，一些私掠船长和船员因为攻击了己国或友好国的船只而最终成为了真正的海盗，比如威廉·基德（William Kidd），他最后被英国通缉、逮捕并判处死刑。

私掠船的船员通常鱼龙混杂，有原商船船员、海盗、罪犯、赌徒等。只要他们的行为不违背本国的利益，本国政府不仅不会追究他们的责任，反而会给予大大的奖励。在相当长时间里，海盗是西方国家海军力量的一种补充。因此，一个在英国被奉为英雄的武装民船船长，往往是被西班牙通缉的头号海盗。必要的时候，私掠船还会被征调为军舰参加战斗。例如1588年，英国著名的私掠船长弗朗西斯·德雷克（Francis Drake）就作为副指挥参加了击败西班牙无敌舰队的英西大海战。

在1689年英国和西班牙媾和后，国家支持海盗的情况逐步消失了。1856年，许多国家在巴黎签订声明，终止了私掠许可证的使用。美国和其他几个国家后来才签署该条约。因为他们缺少强大的海军，那段时间还需要依靠海盗船来壮大海上力量。

## 资料: 朗姆酒歌

十五人躺棺材。
哟吼吼，来一瓶朗姆酒吧！
喝喝喝，别的事让魔鬼管。
哟吼吼，来一瓶朗姆酒吧！
大副被水手长刺穿，
水手长使的是绳针。
厨师喉咙也中招，
被人十指掐死了。
他们躺那儿，
都是好死人啊。
大家休一天，
就像进酒馆。
哟吼吼，来一瓶朗姆酒吧！

## 二、专利私掠优势

专利私掠活动与上述海盗性质的活动有很多相似的地方。具体列举如下。

### 1. "曲线救国"

历史上的私掠船目的是打击竞争敌对国家的商船，削弱有关国家的实力；专利私掠的目的也是打击竞争对手的特定产品和服务，削弱竞争对手的生产制造销售能力。

用私掠船外包专利诉讼能同时达到货币化知识产权和重创竞争对手的双重目的。无产实体可能被胜诉的巨大利益吸引和激励，但控制私掠船的大企业的目标是让竞争对手变成"残废"。

从事私掠活动的生产经营企业往往将竞争对手运营中涉嫌使用的专利转给无产实体。假如无产实体通过诉讼骚扰了对方的正常运营，或通过诉讼、谈判和解获得赔偿，提高了竞争对手产品或服务成本。通过转移给无产实体行权，生产经营企业可以提高竞争对手整体的成本，在下游市场获得优势。

### 2. 获得海盗收益

传统私掠船的目的就是攻击珠宝香料商船，通过一次冒险活动获得一生受用不尽的财富，手段粗暴残酷；专利私掠组织也是如此，梦想一夜致富，专利行权无所不用其极。

对出身无产实体的私掠船主来说，可以从生产制造企业获得对外专利许可行权的授权，就像历史上的获得有关国家的私掠许可证一样。他们接过生产经营企业手中的核心、基础专利甚至标准基础专利外出劫掠，收取高额的专利行权收入。

### 3. 令名可保

在世俗观念中，贵族是贵族，海盗是海盗，官是官，贼是贼。贵族羡慕海盗劫掠一夜致富，但又放不下面子做杀人越货的勾当，因为他们在乎名声。名声是贵族安生立命之本，有长期利益在。

生产经营企业也是如此。专利行权会被媒体攻击，会损坏企业的"令名"，进而引起同行侧目，上下游合作伙伴警惕，影响企业的长期发展战略。但专利资产堆积，看到无产实体拿着质量不高的专利到处发财，临渊羡鱼是免不了的。于是专利私掠出现了，解决了"既想……又想……"的悖论。

利用私掠船业务，生产经营企业可以摆脱声誉约束，体现自己专利的战斗力，通过专利战获得收益的同时，提高竞争对手的整体运营成本。

## 4. 回避直接冲突

传统私掠船成功的奥妙在不宣布战争的情况下打击竞争国家，避免引发与竞争国家间的战争。这与核时代的代理战争有异曲同工之妙。

专利私掠策略也可以实现同样的目的。生产经营企业将自己的某些专利出售，由无产实体找竞争对手收取专利许可费。一旦有矛盾，生产经营企业可以说专利已经给了别人，专利诉讼与我无关，这样就不至于激化矛盾。

同时，专利私掠也可以摆脱和屏蔽显性和隐形的专利交叉许可关系，打破相互毁灭的恐怖平衡。

不过也存在这样的可能，被竞争对手的无产实体发动代理战争后，受攻击的企业也雇佣自己的无产实体反击。这就使得专利行动越来越隐秘，专利对抗却越来越激烈。

## 5. 逃避承诺

历史上私掠船活动可以不破坏既有国际交往规则，回避国际舆论和制裁。专利私掠也一样，既可以逃避企业间交叉许可承诺，又可以逃避公平、合理、不歧视等许可承诺。

一般而言，每个标准制定组织都有自己的知识产权规则。在参与标准制定活动时，企业都得承诺如果自己的专利一旦入选成为标准基础专利，自己将以公平、合理、不歧视原则许可专利。专利转移到了第三方的无产实体手里，就可以不再接受标准组织的约束，根据自己的规则许可专利。

此外，也有公司在向社会推广自己的企业标准时作出了相同承诺，例如微软公司在其《运营手册 互操作原则》中就承诺对与其软件互操作的基础专利在公平合理的原则下许可，收取低许可费。

有的企业会将手中的部分标准基础专利转移给无产实体，即使无产实体根据标准组织的原则许可，但分别许可也会使得原企业承诺的专利许可费大增。如果无良公司将手中的专利分散给很多无产实体，每个实体都要求被许可企业支付向标准组织承诺的许可费，实际上也是突破了标准组织的许可原则。遗憾的是，现在很多标准组织的知识产权使用规则非常原则和模糊，很难约束标准基础专利的行权活动，最后只能由法院系统和反垄断系统酌情约束有关的行权活动。

海盗船可以避免生产运营公司打破自己的知识产权许可承诺，通过增加竞争对手成本来阻碍正当竞争。2011年，诺基亚和微软向MOSAID转移了2 000件专利，2013年1月爱立信向Unwired Planet卖出了2 000件专利。这些专利不少是标准基础专利，被用来定向骚扰苹果和安卓智能手机市场。

## 6. 激活战争潜力

历史上使用私掠船的国家几乎都是海军力量有限，只能启动民间的海盗船攻击对手。专利私掠也有同样的原因。

表面上看，大型制造服务企业有成千上万的专利，但这些专利都动弹不得，不能自由行权。

很多企业与同行企业签订有交叉许可协议，这些列入协议的专利不能行权，专利对外转移后，接受专利转移的无产实体不承担相关合同义务，可以放开手攻击专利原持有企业的竞争对手及其上下游合作伙伴。

生产经营企业经常防御性布局专利，防止其他人申请该发明或者吓阻竞争对手提起专利诉讼，以此来保障公司运营自由。有时候这种防卫性布局可以实现专利和平，通过交叉许可或者互相毁灭来实现动态专利平衡。向无产实体转移专利恶意打破了这种风险动态平衡。无产实体一无所有，不怕反诉，没有营业收入，没有上下游和客户，不怕声誉损失。没有客户和股东施加压力和解和质疑专利实施。他们也不是标准制定组织的常客，不怕因为积极行权被标准组织拒之门外，所以可以无所欲为，将企业束之高阁的防御性专利转化为进攻专利。

另外，企业可能退出某个产品线或者生意领域，不再需要特定的专利，转移这些专利给无产实体能够回收投资，为未来创新加油。

可见，专利私掠在很大程度上可以解绑交叉许可的专利资源，增加企业专利战的资本。

## 7. 节约行权成本

海盗专职打家劫舍，杀人放火，抢东西是他们的本职工作，组织他们抢劫商船比正规海军经济有效得多。

同样，无产实体对专利诉讼驾轻就熟，就像海盗长于劫掠一样，可以用较低的成本将生产经营企业的专利价值实现最大化。生产经营企业雇佣他们做海盗船节约了成本，提高了效率。

私掠船策略有利于生产运营公司专利资产管理。生产运营公司可以通过建立海盗船队获得无产实体同等的优势，例如，别人无法反诉，具有证据开示优势、减少确权判决和复审等。

## 8. 控制专利行权风险

抢劫就有风险，包括成本、效率、反诉，等等，使用私掠船可以避免各种风险。专利私掠也是一样，允许生产制造企业获得丑怪行为的方便与利益，同时不引起任何风险。

专利私掠改变了专利诉讼的维度和威胁。专利生态系统中，制造企业不愿意诉讼，更乐意达成交叉许可协议或者相互侵权默许，因为各自手中的专利储备可以确保毁灭对方，就像美国和俄罗斯的核武库。私掠出现后，使得运营公司利用专利权属的不透明性获得策略性优势，实现了直接攻击达不到的效果。

一个重要的透明问题隐藏在很多无产实体的专利聚合活动中。壳公司具有迷惑性，大大增加了探测无产实体发展趋势和预测其未来要求和行动的成本。

生产制造企业采用这种方法诉讼竞争对手不但获得合理否认抵赖的手段，且可以将自己与反击以及名誉损害隔离开来。反正无产实体已经名誉扫地。

## 9. 定向攻击

历史上的专利私掠都要国王或贵族发放私掠许可证，上面标明可以在哪个区域抢劫哪个国家的商船。专利私掠也可以定向攻击。

企业可以将专利转让给无产实体，同时对其私掠行为保持一定的影响力。例如，为自己和客户保留专利许可，为无产实体提供没有接受许可企业的名单，帮助无产实体选择进攻对象。例如，微软将已经授权苹果、草莓系统的专利转给无产实体，就是引导攻击安卓。这种策略经常作为竞争工具使用，目的是争取增加竞争企业成本，抑制其竞争。

通过协议交易架构也可以鼓励无产实体攻击原专利权人的下游竞争对手。

企业支持私掠的方法主要有两种：第一是企业和盟友保持转让专利的许可，对海盗行为专利诉讼免疫；第二是强企业与私掠船分享许可收益，就像旧时代的国王与海盗分享掠夺的商船货物。

## 10. 增加许可收益

在很多大公司的专利组合中有海量的没有实现价值的专利。因为各种原因，这些公司选择多年来不在法庭或者许可活动中主张自己的专利。近年来不少高科技企业一个接一个地开始将自己的专利权转移给无产实体，开展所谓的专利运营业务。

进一步讲，专利持有人能够将自己的专利组合条分缕析，分别转给几个丑怪，增加许可费，同时进一步增加竞争对手的负担。

## 三、微软诏安Mosaid

随着商业模式的没落，微软开始使用软实力，巧实力，对竞争对手开展专利代理战争。从支持世界最大的无产实体高智开始，微软知识产权战略工具得运用越来越熟练。

21世纪初，微软破釜沉舟[①]后，专利收入发展飞快，在原IBM知识产权总管菲尔普斯的帮助下，微软建立了美国最强大的软件专利组合。

在行权自有专利的同时，微软还积极收购专利开展专利私掠活动。其中最经典的就是收购诺基亚的手机专利打压谷歌等竞争对手。

智能手机市场上没有比微软和诺基亚联盟更危险的组合了，微软有世界上排名靠前的现金储备，有沿袭自IBM的强大的专利行权规划能力；诺基亚有智能手机领域最强大的专利组合。

2011年3月，双方达成了战略合作伙伴协议，微软向诺基亚支付了10亿

---

① 有一本讲微软专利变革的畅销书：*Burning The Ships*，国内有译本《烧掉舰船》。

美元。双方的部分交易很快公开，开源软件提倡者诺基亚背叛了自己的朋友，向微软转移了与开源技术的相关专利。两个公司联合起来准备用专利重创竞争对手，方法就是让无产实体干这种脏活。

## 1. 私掠协议

微软诺基亚联盟成立六个月后，微软和诺基亚联合用2 000件诺基亚专利武装了一个著名无产实体Mosaid。

此次交易比较复杂，交易的专利标的掌握在核心无线专利公司（Core Wireless，注册地在卢森堡）手里，该公司持有诺基亚的400项专利组合，包括2 000多件专利。诺基亚以19 975美元的虚价将核心无线专利公司转给Mosaid控制。核心无线专利公司成为Mosaid的全资子公司，但不向Mosaid转移专利所有权。Mosaid承诺采取各种方法最大化这些专利的许可费收益，将2/3的收益上缴诺基亚和微软，自己保留1/3。协议还附加了详细的保密许可条款和里程碑条款，如果Mosaid达不到里程碑约定的业绩，不能在一定时间实现约定的许可收益，微软和诺基亚将迫使Mosaid以一万美元的价格将核心无线公司转让给其他公司。

许可之前，微软已经保留了相关专利的许可，保证Mosaid不会起诉使用微软软件的移动设备企业。微软鼓励Mosaid按照自己的战略意图行动，从中获益。

## 2. 诺基亚和微软联盟

在这场著名的专利私掠船交易中，交易三方各得所需。通过此次合作，诺基亚和微软可以打击竞争对手，特别是开源软件平台安卓。

开源软件是智能手机爆炸性增长的基石。开源软件就像没有收费亭的高速公路，例如，安卓就开放源代码，这意味着这些代码任何人可以自由使用和改进。谷歌提供免费安卓系统减少了很多企业的智能手机开发成本，越来越多的企业开始参与智能手机设计生产，市场上有550多种安卓智能设备。

诺基亚一度是世界上最大的移动手机提供商。20世纪90年代，诺基亚开发开源的塞班手机平台，与微软的移动平台抗衡，支持开源软件。塞班失败后，诺基亚加入了微软阵营，2011年与微软达成协议共同开发Windows Phone 7，将此作为自己的首选系统，将自己绑定在微软的战车上。

立场一变脸就变，诺基亚开始接受微软的指示，攻击谷歌的安卓系统。这两个公司都认识到自己已经失去了智能手机市场的竞争优势，苹果iPhone系统和开源平台安卓已经控制了市场，占了绝对优势。

在市场萎缩后，专利成为诺基亚唯一的优质稳定的资产。已经起诉过宏达电和优派公司侵权，一年可以收到五亿欧元的许可费，此时决定更大规模地运用其专利资产，年收入估计能再增加几亿欧元。可是专家指出，这次合作的根本目的不是收取许可费，是通过私掠活动打击竞争对手。

对微软来说，谷歌的安卓系统是微软的心腹大患，苹果只是一把火，是纤芥之疾；苹果秉承独立封闭式系统，在个人电脑时代也曾经风光一时，但不能适应开放式平台大势，很难持久。谷歌的安卓系统则不然，谷歌对平台系统有持续的控制力，有取微软而代之的野心。更为危险的是，网络化的开放平台适应时代潮流，对微软构成了根本的威胁。

对诺基亚来讲，战略价值之外，利用私掠船还可以增加专利许可力度。如果自己动手，诺基亚会面临反诉；而转包给专业的无产实体许可，自己不但可以隔岸观火，还可以获得更多收入。

诺基亚的很多标准基础专利受制于标准组织的专利许可原则，曾经承诺不收取高于2%的专利许可费，不管自己的标准基础专利增加多少，使用标准的终端设备企业只支付这么多。这诱使很多企业采用了诺基亚的专利无线技术，而不是其他企业的。诺基亚将专利转移给Mosaid逃避了这个封顶许可承诺，导致许可费累加。在诺基亚手里，诺基亚专利是一个完整的无线专利组合，受其承诺约束，不能多收费用。诺基亚将部分转到了Mosaid手里，就可以分割专利组合，即使两个公司都收取不超过2%的许可费，许可费也会加倍。

2012年1月，诺基亚又向Sisvel转移了450件专利，包括350件无线基础专利；2012年8月，诺基亚向Vringo出售了124件专利族，其中31件无线标准基础专利；2013年7月，诺基亚向上市无产实体Pendrell公司出售了包括电子设备基本存储技术的专利组合。

诺基亚转让了标准基础专利，自己保留少许专利按兵不动，制造企业的许可费却在不断翻倍。如果被诱捕的企业事前知道诺基亚会打破承诺，就不会选用诺基亚的技术，但这一切都太晚了。

### 3. 凶横Mosaid

加拿大的Mosaid公司是半导体和通信领域的著名的无产实体，该公司历史悠久，对标准基础专利的许可更是得心应手，曾经因为许可半导体的标准基础专利开创了很多先例。Mosaid一般会选择通过强有力的诉讼活动许可专利，被该公司起诉过的企业包括华硕、佳能、德尔、华为、宏达电、英特尔、利盟、爱立信、纬创资通等。

这次诺基亚、微软的行动首先是帮上市的Mosaid抵制另一个无产实体——渥太华的WiLan公司的恶意收购。WiLan此前以每股38加元的报价，恶意收购Mosaid，试图建立一家全球级别的无产实体。与诺基亚、微软的合作使得Mosaid的股票增加了3.6%，达到了41.91加元，WiLan计划落空了。

Mosaid原来的领域在半导体，通过这次专利输血进军无线通信，价值大涨。在恶意收购前，Mosaid股价在25~35加元中间徘徊，这证明了市场看好这场收购。

Mosaid的这次收购涉及2 000件无线通信专利，其中1 200件属于标准基础专利。Mosaid的负责人认为他们获得的专利组合比此前北电网络公司45亿美元拍卖的更有价值。北电网络公司只有498件涉及各种标准的基础专利，现在Mosaid手里掌握1 215。在最热门的无线宽带技术LTE领域，Mosaid有169件基础专利，而北电网络公司也只有277件；在3G领域，Mosaid有900件，北电网络公司只有11件。专家说，这些专利控制一万亿美元的市场，Mosaid会在之后十年内货币化他们。Mosaid希望从安卓系统收取几

**言论：**

也许很久以前专利表现不错，但在今天，他们却往往被用来扼杀进步，巩固巨型公司的地位，使法律从业者更加有钱，而不是服务于真正的发明人。

——特斯拉公司首席执行官伊隆·马斯克

十亿美元的许可费，预计在之后的五年内，尚没有接受Mosaid许可的企业将产出5 000亿美元的价值。

在许可和诉讼之间，Mosaid最大的兴趣是扮演斗牛犬，积极追求许可机会，获得大额的诉讼和解金。微软和诺基亚可以坐中指挥。三方的合作协议约定，专利产权的变化必须得到诺基亚和微软双方的同意。也就是说，诉讼哪一家企业都是微软和诺基亚指定的。

事实证明，微软和诺基亚对Mosaid有关专利的行权行为有很大的影响力。Mosaid不能向使用微软操作系统的企业行权，而且，如果Mosaid达不到盈利预期，微软和诺基亚将委托他人做这个工作；如果听话，微软和诺基亚会放弃这些权利。

## 4. 攻击苹果

2014年9月，Mosaid以核心无线许可公司的名义，向美国得州东部联邦地院提起两起专利侵权诉讼，控告苹果公司制造销售的iPhone与iPad系列产品侵犯了该公司拥有的六件与移动通信装置特定功能或用户接口相关的非标准必要专利，以及五件通信标准必要专利（包括但不限于GSM/GPRS、UMTS与LTE标准）。

核心无线许可公司表示，诺基亚早在2009年曾就包括该案五件系争专利的专利组合向苹果提出授权要约，而苹果虽然取得其中部分专利授权，但并未取得诺基亚专利组合中后来让与给核心无线公司部分的授权，其中包括该案系争专利。

核心无线公司主张，苹果有将近五年之时间无视核心无线公司专利授权要约，拒绝与核心无线公司就系争专利在"公平合理无歧视"原则基础上就专利许可费进行善意协商，违反了其身为欧洲电信标准协会（ETSI）会员、向ETSI所承诺的合同义务——即使用受专利保护之标准技术应支付适当回馈给专利权人。核心无线公司请求法院作出判决苹果为"无获专利授权意思者"。

早在2012年2月29日，核心无线公司便曾向得州东区联邦地院起诉，控告苹果侵害其所拥有之八件3GPP通讯标准必要专利。

**资料: 封闭与开放之争**

　　在智能手机领域，大公司分了阵营。微软和谷歌这两个不同时代的公司站在软件和互联网领地上，看到了不一样的专利景观，谈着同样的创新话题，却有截然不同的观点。

　　微软生活在专利被高估的世界，在过去15年该公司的软件销售了几百亿美元。这与谷歌、推特看到的世界相去甚远。这些公司阅历尚浅，没有时间聚集大量的专利组合，没有将专利货币化的经验，关键是他们不销售软件。这些新公司的运作方式使他们不太看好专利的价值。新公司的主要盈利点是卖广告位而不是软件。软件是这些新公司运行的主要组成部分，但他们的软件隐藏在数据中心。微软将专利行销到全世界，公司的技术秘密很容易被竞争对手通过反向工程获得。谷歌的安卓也在大量使用，但这是免费的，谷歌的目的是希望扩大它的广告平台，所以专利保护对它意义不大。一句话，新型的互联网企业认为专利是他们快速发展的绊脚石。

## 四、苹果的海盗船

　　在智能手机领域，苹果公司也没有闲着。为了打击谷歌的安卓系统，苹果也采用了与微软同样的战略，成了立了专利私掠公司。

### 1. 北电网络公司

　　北电网络公司1882年成立，源于加拿大贝尔电讯公司的电话制造和修理部门，曾经有九万名员工，是享誉国际的著名通信设备供应商。2005年后渐露老态，人浮于事，管理不善，产品在市场上连连失利。最后数据中心输给了思科，传统电信业务被中国的华为出奇制胜。2009年，北电网络公司宣布破产，导致三万人失业，一些员工丢了医疗保险，所有员工养老金减半，公司高层管理者被控欺诈。这些新闻轰动了全世界。

　　与北电网络公司的产品服务不同，该公司的专利质量很高，可与贝尔实验室或者IBM的专利相媲美，经得起法庭考验。北电网络公司破产时共有9 000件专利。专利覆盖范围包括无线网络、电信交换、互联网路由、个人电脑、调制解调、搜索和社交网络等信息产业的各个领域。

　　北电网络公司非常善于申请专利，公司技术部门对专利非常看重，每年都申请很多。作出专利发明的员工可以获得奖金，有时候还可以与公司高层参加在最高档宾馆举办的华美的专利颁奖仪式。

遗憾的是，直到2008年，北电网络公司的专利没有做任何对外许可，是专利行权者眼中肥沃的处女地。加拿大企业一向友好，不愿诉讼得罪合作伙伴和客户。北电网络公司申请专利时的目的是纯粹防御，鼓励工程师申请用于反击针对北电网络公司的专利进攻。防御专利的申请特点是敌进我进，主要是通过各种专利数据分析和市场产品研究努力想象竞争对手未来的技术发展方向，自己提前布局相关专利，卡住竞争企业的咽喉要道。这样做的结果是北电网络公司申请了大量直指竞争对手正在经营的产品和服务的专利。这些专利北电网络公司自己不一定应用实施，但竞争对手却很难绕过。北电网络公司只要经营正常，这个危险的专利武库就不会用来主动进攻竞争对手，但北电网络公司一旦破产，这些专利就是最危险的攻击武器。

北电网络公司申请了很多LTE（长期演进技术）也就是第四代无线通信技术专利，包括路由和交换机的核心技术。欧洲电信标准机构的数据显示，北电网络公司的这些专利可以用在新出现的电信标准中，分布在43个标准领域，很多与第四代无线通信技术有关。

2008年，在公司宣告破产前六个月，曾经任职朗讯、负责专利许可的约翰·维奇接手了北电网络公司的专利许可业务。他惊奇地发现，他得到了一个难得的机会：一个巨大的世界一流质量的专利储备库，从来没有人努力使用过。

所有专利律师喜欢大型专利组合，因为这有助于和解谈判。专利诉讼中的对抗需要数量来支持，只要达到一定数量，专利诉讼原告就占有绝对优势，因为谁都没有能力把几十件专利的几百个专利要求权项完全无效掉。在美国，研究分析每件专利都需要一万美元到1.5万美元，更别提高额的专利无效律师费和漫长的专利无效程序了。专利数量使得强制许可专利的成本大大下降了。美国有专家指出，超过了200件专利的组合就基本天下无敌了。北电网络公司的专利组合远远超过了这个数量，质量也非常卓越。维奇觉得这就像自己在股市谷底时购买了绩优股票，前途非常光明。他认为当时正是开拓北电网络公司专利许可业务的好机会，运作得当的话可以赶上朗讯或者IBM的许可规模。遗憾的是，他还没有放手大干，北电网络公司就宣告破产了。

## 2. 标卖专利

北电网络公司破产对专利买方是空前的机会，从来没有企业的专利达到这样的高度关注。几千个高质量的专利流入市场，给大企业间国王的战争提供新式的武器。智能手机企业间的专利战正难解难分，这个新武库成了各方争夺的中心。

北电网络公司的专利质量吸引了很多投资者。作为专家和北电网络公司专利的管理运作者，维奇和他的小团队一直在拍卖战斗的第一线，对价格谈判做了很大贡献。

他的第一个工作就是说服管理层和债权人将专利独立出来单独售卖。开始有的债权人不理解，管理层也认为没有专利其他资产卖不上好价格，一些管理层认为不值十亿美元。各方有很大争议。幸好代理债权人的专家有在Ocean Tomo工作的经验，看到了北电网络公司专利的价值。在该专家的支持下，股东和债权人看到了北电网络公司专利的价值，接受了维奇的建议。他们开始构建金融模型，在朗讯工作室规划如何展示北电网络公司专利组合。

他们做的主要工作就是分析北电网络公司近万的专利，计算出哪些能与企业的生意模块单位事业部组合销售，哪些能独立拍卖。这就是所谓的专利分离工作。这个工作做完后，维奇的团队筛选出6 000专利，决定对外单独拍卖。维奇的团队构建了专利数据库，绘制了图表，展示现在和未来的网络标准，以及北电网络公司专利实现价值的空间，然后为潜在的买家证明专利的价值工作。

这些准备工作被证明是非常杰出的，谷歌第一次就报了起拍价9亿美元，其他的公司积极跟进。最初，苹果、英特尔、黑莓这些企业都感兴趣，后来防卫性基金RPX也加入了拍卖。各方势力合纵连横，最后形成了两个集团，一个是由苹果、微软、黑莓、索尼、爱立信等成立的"滚星公司"（Rockstar Bidco），一个是英特尔和谷歌组成的"游骑兵"。

专利圈内人知道北电网络公司专利组合就是一个核反应堆，在错误的人手中非常危险，即使是在理性的竞争对手手中也有点吓人。

谷歌早期就透露出希望收购该公司的组合以平衡竞争的意愿，结果游骑兵不敌滚星公司，这些专利到了滚星公司手里，也就是微软手里，中标价格达到空前的45亿美元，远远高于专利组合的估价。比北电网络公司所有公司业务模块的出售价值还高出13亿美元！

舆论一直怀疑这些会用来攻击谷歌。知识产权专家当时就认为滚星公司会服务于股东微软、爱立信等的战略利益，追击谷歌和安卓的合作伙伴，如宏达电等。

后来不断披露的信息显示，此购买主角是苹果，支付了26亿美元，爱立信3.4亿美元，RIM 7.7亿美元，微软、EMC和Sony三家共九亿美元。

鉴于该交易的目的是压制安卓系统，美国司法部开展了反垄断调查。最后，微软和苹果被迫承诺将其中的核心专利以合理价格许可给竞争对手，包括谷歌。不久后谷歌收购了摩托罗拉移动的专利组合，这使得司法部认为谷歌的行为平衡了双方的专利实力，所以通过了北电网络公司专利交易的反垄断审查。

司法部对北电网络公司收购的批准行为无意间为这些专利的运营行权做了背书。微软和苹果不再需要偷偷摸摸地成立壳公司来行权了，这两个公司可以光明正大地公开使用这些攻击性强的专利，向竞争对手挥舞大棒。滚星公司的首席执行官直截了当，认为微软和苹果使用专利的承诺不应用于滚星公司，滚星公司是独立的，微软和苹果承诺的那些原则不适用。这等于微软耍了司法部一道。由于滚星公司是独立的公司，就可以对微软和苹果的合作伙伴和客户动手。

苹果和微软将2 000件专利转移给原来收购联盟的成员。将剩下的4 000件弹头专利转移到滚星公司，由这个新成立的私掠船公司通过琐碎的专利侵权诉讼打击他们的竞争对手，希望竞争对手在专利轰炸中流血而亡。由于滚星公司原来的成员都是安卓的死对头，所以该组织战略明确，就是诉讼安卓平台产业链相关的公司，同时获得投资回报。滚星公司会将从安卓系列公司获得的专利许可费收入反馈给苹果、微软等成员公司。

谷歌早知道这一天要来，在竞标失败后其首席律师就讲，微软和苹果的专利联盟是一个针对安卓的不怀好意的、有组织的行动。为了应对风险，谷歌不得已花了125亿美元购买了摩托罗拉移动。

## 3. 幕后工作

滚星公司首席执行官就是维奇，滚星公司的使命是通过许可和售卖获得回报。2012年时滚星公司有32名员工，其中25名来自北电网络公司，帮助理解和销售这些专利组合。他们工作的目标只有一个：检测市场上的各种成功产品，路由器、智能手机，发现这些产品侵权的证据。滚星公司在渥太华有个反向工程实验室，有不少反向工程工程师，说的简单点就是拆解机器找到侵权点的工程师。这些反向工程工程师的工作就是整天阅读专利说明书及计算机参考书，拆解各种消费性电子产品。媒体形象地将其描述为"一手拿着逻辑探头，一手拿着电烙铁"。

滚星公司的员工中有8名是律师。一旦发现侵权证据，滚星公司就记录制档，由律师联系相关制造企业，以潜在的诉讼威胁对方，要求支付专利许可费。2012年3~5月，滚星公司已经与100多家企业谈判许可。因为控制着第三、第四代无线通信的核心技术，几乎无线通信产业的所有企业都涉嫌侵权，无法想象有高科技公司没有侵犯他们的专利权。这些律师的工作看来很忙，会一直忙到这些专利失效或者第四代无线通信技术过时。

大部分无产实体都没有从巨大科技公司获得几千件专利。所以滚星公司是奉旨行盗的私掠船的终极版本，大企业转手自己的专利给小的壳公司，由壳公司做肮脏的工作，诉讼自己的竞争对手。本质上讲，是美国制造企业走上了无产实体之途。真是："走丑怪的路，让丑怪无路可走"。

## 4. 积极行权

私掠船现象让谷歌头疼不已。2013年2月，谷歌诉讼英国电信，原因就是该公司不但直接诉讼谷歌，还武装无产实体绕道攻击。为的就是做了坏事，还可以一推三不知，他们会满脸无辜地说：无产实体是一个独立的公司，我们没有控制它。

智能手机市场越来越有价值，iPhone系统和安卓系统竞争激烈，赌注越来越大。谷歌的竞争对手为了浇灭安卓系统不惜血本，同时也想干坏事的时候抢点钱。海量的信息通信专利储备就成了武器库，大家都可以进去选择自己心仪的武器。智能手机专利战已经进行了好几年，胜负未分，为了占据上风，苹果和微软的联盟启动了海盗船计划。

2013年11月，专利战上升到"核大战"。滚星公司起诉了谷歌，而且是一次提起8个诉讼。此次诉讼的被告是谷歌和制造安卓手机的公司，包括华硕、宏达电、华为、LG、韩国泛泰公司、三星和中兴。诉讼地得州东区法院——专利丑怪故事的理想背景地。涉诉的是六件专利，属于一个专利组合，名字都叫"关联搜素引擎"，内容是关于"为在数据网络搜索所需信息的使用者提供广告的广告工具"。专利主题包括：图形界面导航工具、互联网协议过滤、整合信息中心。

专利组合涉及的专利中，最早的一个是在1997年申请的，比谷歌成立还早1年，最新的专利在2007年申请、2011年授权。滚星公司的律师拿谷歌竞标来说事：谷歌不停地大幅度提高竞标价格，最后达到44亿美元，虽然没有得到这些专利，但这可以证明他们一直在侵权，而且还继续侵权。

双方的律师团队都很强，滚星公司雇用了两个不同的律所，都在当地有专利诉讼经验；谷歌的律师曾经应对不少起诉全世界的案子，例如，保罗艾伦诉脸书、谷歌的案子等。安卓手机制造商的案子由著名的当地律所McKool Smith代理。该律师代理了最多大的案子，代表是VirnetX诉苹果（赔偿3.68亿美元），i4i诉微软（赔偿2.9亿美元），某公司诉高通（赔偿1.73亿美元）。

## 5. 弃若敝屣

随着智能手机市场专利诉讼降温，苹果与谷歌、三星达成战略和解协议，滚星公司的其他股东也纷纷表达退意。滚星公司的专利大棒不再有用，成为秋天的团扇和穿旧的敝屣。微软和爱立信都不看好通过诉讼来许可专利，苹果、黑莓也希望尽快摆脱靠专利丑怪挣钱的恶名。对生产企业来说，毕竟这是不误正业，在越来越恶化的专利行权环境中，靠专利行权挣钱还不如生产制造。

2015年2月，滚星公司被RPX公司收购，4 000多件专利落入这个所谓的无产实体防卫者手中，收购价九亿美元。

# 第七章

## 黑云压城　水来土掩

美国的禁令变革从根本上改变了美国专利行权生态。随着食底泥无产实体以及专利私掠的横行，无产实体的名声每况愈下。以谷歌、思科为首的硅谷高科技大企业乘胜追击，积极制造专利新立法的舆论氛围，一轮矫枉过正的专利制度变革似乎不可逆转。

紧随着禁令变革的是软件专利变革。一系列最高法院的判决书和美国发明法确立的授权后复审制度将以商业方法专利为主的软件专利推向了整体无效的边缘。

围绕削弱专利行权机制这个中心，各种行政和司法改革措施不断推出。这些变化让为亲专利而设的联邦巡回上诉法院无所适从，美国最高法院乘机收回了专利制度变革的决策权。里根总统的专利创新机制变革成果消失殆尽，美国创新无产者的命运面临反转。

# 第一节　阴谋丑化　创新受谤

为了镇压专利大革命，复辟交叉许可的游戏规则，美国的企业主、政客、学者和媒体联合起来，为弱化美国专利保护环境，推动新的专利立法活动积极制造舆论氛围。无产实体成了众矢之的，项庄舞剑意在沛公，创新无产者成了最大输家，他们诉求和利益被完全忽视。

## 一、欲擒故纵阴谋

有专家指出，很多制造服务企业一方面抱怨被诉，另一方面却拒绝专利许可谈判，很多企业都是在成为被告后才愿意开始专利许可谈判的。看起来好像他们实际上在抬高美国的专利诉讼量以便宣布专利创新系统崩溃。

苹果的负责人曾经直接告诉媒体记者，除非有专利侵权诉讼，否则苹果不会接受任何专利许可建议。这不是个案。在2013年2月旧金山的第七次专利法年会上，某著名信息大企业的管理者承认：接到专利许可信就简单地扔进废纸篓，要想坐在专利许可的谈判桌前，专利权人就必须提起专利侵权诉讼。可见很多专利侵权诉讼是被这些大企业逼出来的。很难不怀疑这些巨大信息科技企业在遵养时晦，济成其恶，等待时机成熟再将无产实体一举拔除。可以推断，美国的很多信息高科技大企业在攻击"专利丑怪"时夹带私货。

这些大企业的策划已经得逞，美国的专利诉讼越来越多，专利投机分子也趁机流窜作案，2012年前后，美国无产实体专利诉讼量达到高峰，美国专利系统似乎到了不可收拾的时候，信息高科技大企业站出来"主持公道"，力主继续新的专利立法，进一步削弱美国的专利创新系统。

有人说，那些每天抱怨无产实体的大企业实际上不是真正希望专利丑怪离开。专利丑怪对大型高科技企业有很大的价值，因为他们是明确的，引不起同情的恶棍。他们可以拿来游街，作为邪恶的化身，帮着这些企业追求专利法改革，重残自己的竞争对手。

项庄舞剑，意在沛公，硅谷的阴谋在推进，信息高科技企业的战略目标是弱化美国专利系统，减少美国在信息技术领域专利授权量，使得独立发明人、小企业和新创企业获得专利变得困难甚至不可能，以保证巨大高科技企业的市场控制，保证大企业在创新西部——也就是信息技术领域——的大片公地。

## 资料: 硅谷态度

在媒体的误导下，很多人倾向于认为硅谷是反专利的，实际上这是媒体宣传造成的假象。不是硅谷的每个人都想削弱专利，很多独立发明人、研发公司、大学和独立发明人都了解到美国专利制度的重要性。现在很多自称对专利反感的硅谷精英也了解到专利的重要性，但他们更希望通过快速反应，免费搜集重要技术领域的专利发明用于自己的生产经营活动。

硅谷精英在自己创业的时候都鼓吹专利保护创新，到他们自己运营的企业越来越大，就越来越难以作出真正的创新。不断增加的官僚层过滤了基层工程师的好创意，好发明被新的创新者"抢"去了。这时候这些硅谷精英就开始转变立场了，他们更在意自己企业对市场的控制权，新成长的科技精英的专利发明就成了他们的眼中钉、肉中刺。

眼明人都知道，硅谷精英大企业的根本立场是维持自己的控制，而不是什么改善美国专利诉讼滥用问题。他们之所以不计成本地雇佣专家和媒体不断毁谤无产实体，很明显醉翁之意不在酒，目的是解体美国的专利创新系统，谋求自己和企业的短期的私利。

### 资料: 规制俘虏

规制俘虏（regulatory capture）是指被政府规制的企业投入资源来影响规制者的决策，使规制者的决策更多地反映企业利润最大化的目标，而非社会福利最大化的目标。现在美国很多信息高科技大公司在专利法领域正在这么做。

根据很多专利法专家的意见，限制专利诉讼坏分子的活动已经被一小撮非常强大的全球性高科技公司绑架，意在强推更为广泛的专利创新系统变革，更好地服务于他们的商业利益。

信息高科技大企业的这些欺诈性言论的目的是推进新一轮专利改革，减轻这些科技巨人的专利侵权成本，他们特别希望限制无产实体的诉讼。这些无产实体破坏了信息产业大企业专利只用于相互保证毁灭的共识和规则，所以需要修改游戏规则。这些大企业利用不对称的媒体、资产、游说资源，意在限制甚至剥夺这些无产实体的诉讼权利，方便自己从创新的鱼池中予取予求。

令人悲伤的事实是，美国新一轮专利改革的目的不是创造一个更好的专利创新系统，服务于美国的创新驱动发展大局，而是创造一个不一样的专利系统。实际上，不少专家认为美国新一轮专利改革创造的是一个差等专利系统，唯一的受益者是专利侵权者，特别是那些美国以外制造强大的国家（如中国）来的专利侵权者。

## 二、离谱的报道

2012年4月，著名的《华尔街日报》发表了题为"专利丑怪对抗发展"的文章，作者是前对冲基金管理人安迪·凯斯勒。他将微软购买美国在线专利和谷歌购买摩托罗拉专利看作是防卫无产实体的行为。这显示了很多媒体对无产实体问题的无知和偏见。

仔细分析：首先，第一个购买实际上是微软专利资产的整合运营，留下自己需要的专利后，微软转手就将剩下的专利卖给了其他公司。现阶段，微软手里的专利很多情况下不是用于防卫，是为了进攻竞争对手，转让给无产实体发动代理战争是微软近两年活动的主线。第二个购买实际上是一种战略性购买，目的是防御微软、苹果、爱立信、诺基亚、黑莓等竞争对手对安卓系统的专利围攻。如果将这些企业都说成是无产实体的话，那这个词也就没有任何定义价值了。

其次，没有专利组合可以防止无产实体，因为如前所述，他们不生产任何产品，无法成为专利侵权诉讼的被告。

更可笑的是凯斯勒建议，要求专利权人制造或者销售产品。这种要求从根本上违背了美国的专利法传统。美国专利法从1790年立法伊始就鼓励个人积极参与发明，保护独立发明人许可和买卖专利。生产制造专利产品从来不是美国发明人的义务。更为关键的是，不少发明人都尝试成立企业自主经营，结果被强大的竞争对手生吞活剥，颗粒无收，只能"反求诸己"，发现只有专利行权才是讨回投资、求生糊口的活路。

在专利还有一定知识和专业门槛的前提下，像上述相似的各种离谱报道很常见。美国如此，中国很多媒体对专利的了解更是有限，对专利丑怪和无产实体问题大都是雾里看花，他们的评论和攻击都是对着空气放炮，没有多少价值。

还有一个基本的反对无产实体的观点是关于禁令的，不少媒体认为只要有一件专利，就可以起诉大公司并获得禁令，然后绑定大公司经营活动进行勒索。不少媒体都对专利诉讼中的禁令描写得神乎其神，连奥巴马最后都信以为真，使用"劫持"来描述无产实体的行权特点。事实是禁令只有在原告法庭证明可能胜诉的情况下，且符合一系列条件才能颁发。2006年Ebay案之后，很少有无产实体能获得禁令了。

独立发明人艾伦·贝尔雷斯在给《华尔街日报》编辑的信中说："我是一个独立发明人，读了你的社论怒火冲天。根据你的意思，像卡尔森这样的发明人就不应该享有静电复印专利，因为他自己没有制造复印机，而是许可出去。真正的问题是大企业想尽各种办法逃避支付独立发明人的创新费，如果你真正关心促进创新、提升专利系统，你应该建议将专利盗贼（侵权的大企业）关进监狱。"

## 观点: 公报私仇

不少媒体是在公报私仇。近5年来，随着专利大革命的深入，美国很多大媒体的网站成了专利行权的对象，一个一个媒体集团成了专利侵权案件的被告。不懂专利技术、出乎意料成为被告的媒体老板们恼羞成怒是必然的。

广告费也是主要因素。大企业是美国媒体的衣食父母，大企业的意见就是媒体的意见。无产实体规模有限，很少有能力打广告，更不用说对媒体持续的现金投入。支持无产实体的独立发明人、中小企业很多穷困潦倒、自顾不暇，更没有打广告的能力。这些专利革命者只能任凭各大媒体捏造诬陷，忍无可忍时才不得已在自己的网站上辩护几句，但他们的声音很快被更多的大媒体的报道淹没。他们的意见很少得到关注，他们的三言两语无关舆论大局。

# 三、偏袒的研究

2005年以来，有关无产实体的研究越来越多，但研究报告之间的矛盾和冲突也越来越多。有不少统计数据都存在问题。例如，"专利自由"网站的报告影响很大，但它的数据库保密，从网页上看，他们对"专利丑怪"采取非常宽的定义。

反专利的大企业也喜欢"专利丑怪"这个似是而非的名字，因为如果定义明确了，专利丑怪就只包括给夫妻店、五金店发要求函追讨1 000美元的实体，不包括不制造产品的美国的大学，大部分没有获得投资的独立发明人，大部分没有上市的新创公司和努力给自己的股东争取权利的破产企业；甚至还包括创造了大量发明，但无力与巨型侵权竞争对手争夺沃尔玛和塔吉特百货货架空间的公司，而后者也是寻求弱化专利系统的大企业伺机攻击的目标。在专利行权诉讼费的各项调查研究中，根据喜好调整"专利丑怪"的范围往往是各种反对专利诉讼的学者和政客采用的误导方法。

有的专家在研究报告中说发现无产实体诉讼在1990年到2010年导致5 000亿美元的被告损失。但仔细研究发现，该专家定义的被告损失很宽泛：赔偿金、律师和专家费、资本市场损失等都算在内了。还有专家用被诉方股票市值损失来计算无产实体的危害，这样的话无产实体诉讼的成本确实很高，可以以十亿美元来计算，但这只是片面的表述，不是事实的全部。这是因为一则股价升降起伏不定，二则股价升降也不一定是专利诉讼独立造成的。竞争对手的专利诉讼也会使专利诉讼被告的股票价格下跌。很多时候，上市的无产实体股票价格跌幅比被告更大。专利诉讼对原被告都是昂贵的，无产实体更希望和解解决纠纷。

在2013年10月创新法听证会上，美国前商务部副部长兼美国专利商标局局长戴维·卡波斯发表了演讲，表示"房子（美国专利系统）没有起火，没有火情，没有紧急情况，不需要立即行动（新的专利立法）"。他引用了政府审计办公室的报告，说无产实体没有推升专利诉讼，短期内专利诉讼案件的增加完全归因于新法（美国发明法）的共同诉讼限制，不考虑该因素的话，美国近年的专利诉讼率没有重大变化。他严肃地指出，有些学者提出的无产实体给美国经济带来几百亿美元的悲观的报告，这受到同样可信的学者的深度质疑，质疑其使用的方法以及经济学的适用性。

卡波斯不同意用"专利丑怪"以及好听点的"无产实体"来定义制造问题的人，说试图通过贴上标签然后根据身份歧视是很坏的策略，必须用行动和行为特点来讨论问题，发现出格的行为然后加以规范。

卡波斯的证言是有相当说服力的，在2009年加入美国专利商标局之前，他曾在世界知识产权数量最多的IBM公司的法律部门担任过多个高管职务。他于1983年加入IBM，在那里工作超过了25年，起初是开发部工程师，随后担任律师。2003年至2009年，他在IBM所担任的最后的职务是副总裁兼知识产权副法律总顾问。

历史的研究也证明了卡波斯的观点。这一轮的专利行权强度比历史记录低很多。没有证据证明今天的专利诉讼失控，对有250万件有效专利和几千家相互竞争的企业的美国，现在的专利诉讼相对而言还是温和适度的。2009年到2012年智能手机专利诉讼量大约是124件，不到贝尔时代第一次电话战时专利诉讼量的1/4，当时贝尔电话公司和其继任者AT&T应对的专利诉讼量多达587件。在美国19世纪中期的工业革命时期，专利诉讼率，专利案件和授权专利的比率，达到了3.6%。2001到2011年的专利诉讼率只有1.52%，2002年至2012年，专利诉讼增加，诉讼率也只有1.57%。

智能手机专利战在革命性新产业出现时是老生常谈。历史学家发现150年来的所有重大工业突破都伴随着同样的专利数量飙升和专利诉讼增加。例如，缝纫机、电话、汽车、收音机、飞机、医学支架、纸尿裤，直到半导体和互联网电子商务产业。最具竞争的技术领域是诉讼最多的领域。在爱迪生时代，从事电力行业是其他行业卷入专利诉讼的可能性的5倍，电力行业的诉讼占当时所有专利诉讼量的41%。智能手机专利诉讼，只占了2009年到2012年所有专利诉讼的1%。

不少中立的调查报告都显示，无产实体活动其实没有那么凶。滥用专利诉讼有问题，但这问题不像硅谷精英描述的那样广泛分布，也没有独立于专利权人寻求专利行权的范畴，只是硅谷认为不论何时他们被诉都是不正当的。实际上很多诉讼滥用是由科技巨人发动的，用来反对别的科技巨人，与无产实体无关。

根据美国法院官方网站的数据，2001年到2011年，美国专利诉讼增加了59%，从2001年的2 520件增加到4015件，同时专利授权量只增加了35%，这说明在知识经济时代，知识产权的角色和价值得到了肯定。

2012年美国专利诉讼量激增至5 189件，但分析家说这在很大程度上归因于2011年新法的反共同被告规定。新法对一次起诉多家被告的案子提出了更高要求。普华永道2013年的报告指出，从长期来看，1991年以来96%的专利诉讼增加可以用同时期的专利授权量增加来解释。

根据每十亿美元GDP专利授权数量比例分析，美国专利授权量与1963年相当，每十亿美元13件专利。走到庭审阶段的专利侵权案件的比例在过去30年来都没有变化，每年90%的诉讼都被放弃或者和解，留下来的也大部分被即决审判解决，通常结果是没有侵权。这样每年只有100多件的专利侵权审判，从1983年到现在没有大的变化。

**观点：鸟尽弓藏**

美国的不少硅谷精英认为，全球信息技术革命已经基本完成，新一轮的创新大变革尚未开始。美国专利创新机制发挥了给创新之火添加利益之油的目的，各种创新资源已经调整到位，专利保护钟摆正向着保护技术实施者的方向回摆。为了实现这一目的，美国的专利创新系统适时调整，平息专利大革命的任务提上了美国政治家、高科技企业家、经济学家和法学家的历史日程。

## 四、误导的舆论

在媒体偏见的带动下，在偏袒的专家报告影响下，美国社会形成了不利于专利行权的过激的误导性舆论氛围。例如，攻击专利丑怪的纽约检察长在其办公网站上这样定义："专利丑怪，有时被指称无产实体，不是创新者。他们购买别人的专利，然后想尽办法营利，进攻性地追逐商户，说他们侵犯了这些收购的专利。在几乎所有情况下，被丑怪瞄准的商户没有复制其他公司的技术。但无产实体辩称目标公司使用的独立研发的技术或者商业流程——有时候是每天的商务活动——需要接受许可。"

事实是，很多情况下，无产实体就是创新者的一个"壳"，无产实体的行动由发明人来主导和掌握；无产实体购买专利是有的，更多情况下是虚名转让，实质上是合伙投资、共担风险开展专利行权活动；"复制其他公司的技术"更是离谱，因为专利权不同于著作权，独立研发出来不能作为侵权抗辩的理由。

相似误导性质的舆论还有：专利诉讼空前大爆炸给产业造成了极大负担，分散了本应花费在创新上的资源；不事产业的无产实体是一种新的专利诉讼寄生虫，拖累了经济发展，对社会没有任何贡献；无产实体用虚假的侵权调查请求堵塞了国际贸易委员会，绑架了消费者需要的产品，为的是从苹果和谷歌这些深口袋的技术进口者手里勒索和解金；专利持有人通过轻信的陪审团，用非常微小的专利获得超量的赔偿金；软件专利窒息产业创新，不应该授权，因为软件创新比其他行业的创新要渐增和迭代。

这些舆论都不是全面的描述，都有误导的嫌疑。在各种误导的舆论氛围中，无产实体几乎成了美国经济不景气的替罪羊。

## 观点：创新懈怠

高科技企业界都知道巨大企业不创新。微软和创新没有半点关系，说它创新是笑话。微软一直没有开发出超过苹果20世纪80年代版本的操作系统。它不创新，它复制、抄袭，也就是侵权。

巨大科技企业厚颜无耻地指责独立发明人，阻止他们后续创新。关键是还有人相信巨大科技企业有创新能力？他们什么时候创新过？他们掠夺创新或者购买有真正技术成果和创新的企业。在美国历史上巨大技术公司都是花红一朝，各领风骚若干年，然后就停滞、蹒跚，越活越抽抽，直到更加敏捷和创新的新星企业升起。

**观点：假痴不癫**

对微软等公司利用专利私掠发动的不正当竞争，谷歌心知肚明，但碍于微软、苹果势大，直接冲突只能两败俱伤，所以只能借打击无产实体之名限制软件专利的运用，缓解创新压力。以中国"三十六计"的术语，应该是"假痴不癫"。

## 五、都是钱在说话

20世纪90年代到21世纪初，专利诉讼盛行，但美国的大公司安之若素，因为作恶的就是他们自己。攻击别人的就是这些大公司，他们拥有海量的专利，拥有专利诉讼需要的大量资金，拥有专利诉讼的经验，以"防御"名义将新兴起的欧美公司，日本、韩国、中国台湾地区、中国大陆的公司追逐得东奔西跑、焦头烂额。同时，他们却拒绝向个人发明者和小公司缴纳专利许可费，因为这些创新无产者既没有资金，也没有经验。

现在，专利这头怪兽反噬了，无产实体站在了美国产业价值链的最顶端。于是他们惊慌失措，开始考虑专利法修改。很多人说美国只有一个颜色，绿色，钱的颜色。在专利行权这个问题上也不例外。

美国一些信息高科技大企业集团花费几千万美元支持持续多年的弱化专利运动，镇压美国的专利大革命；抱怨独立发明人如何危害大企业；将舆论的注意力集中在一小部分傻乎乎的边缘专利和极端的专利丑怪，忽视合法的专利许可对美国创新驱动经济的利益；资助学者和其他代言人在媒体和国会山散布专利恐怖主义，然后游说立法者将法律天平向巨大信息企业和外包企业（苹果）倾斜。这就是美国有产的企业主针对美国专利革命的阴谋。

大公司在媒体上花了很多钱，制造了非常不利于专利权人的舆论。媒体现在攻击的焦点集中在无产实体身上，就因为他们钱也没有大公司多。高智算是最大的无产实体，但根基不深，实际能动用的钱也不多。Acacia等只是收入不稳定的中小上市公司，资金专用，跟谷歌等大公司没法比。微软、IBM等亲专利的大公司有钱，但他们碍于面子，怕人揭他们与专利行权关系不明的老底，在无产实体问题上往往是顾左右而言他。

大企业有钱贿赂或者说游说国会，无产实体势单力薄，造成了硅谷大企业赤裸裸的舆论强权。在历次针对无产实体的立法改革听证会上，各大企业频频露面，被攻击的无产实体却没有露面的机会。在立法时，照理议会应该听取所有利益相关方的意见，让小发明人，独立发明人，今天的爱迪生，有机会发表自己的意见，但现实是没有。

### 观点：有产特权

在一个民主国家，有法律规则，有自由企业系统，有财产权保护，探讨谁有权拥有专利资产是不适当的，但这成了美国人现在争论的焦点。假如经营性企业做研发，就容许你享受发明成果；假如你是一个小公司，就会被有更多资本的大企业铲除，用钱砸出市场，毁掉你，然后股东投入的研发投入一下子变得没有价值或者价值很小。有人认为不实施的专利资产就没有价值，但这些专利一到制造企业手里就成了不受约束的资产。

## 六、被丑化的发明人

传说中的丑怪是想象的动物，现实中的专利丑怪也并不存在。所有关于专利丑怪的故事都渲染过度。任何想定义专利丑怪的人得小心，说话要留有余地。因为今天被表扬的公司、机构、发明人，明天就有可能成为媒体上的专利丑怪。

专利丑怪这样的名词被美国媒体泛泛地使用，用来指媒体不喜欢的所有专利原告。根据某些美国媒体的标准，英特尔是专利丑怪。因为该公司买专利，自己不实施，主张专利权收取许可费。IBM、爱迪生都是丑怪。对19世纪美国发明黄金时代的研究发现，当时三分之二多的工业革命的伟大发明家是无产实体，都是专利丑怪。

在2013年一次立法听证会上，主持的国会议员就提出了一个问题：如何定义谁是专利丑怪。

强生公司的高级副总裁及首席知识产权顾问约翰逊给出了自己的定义：丑怪行为就是滥用法庭程序或者威胁诉讼行权，唯一的目的就是强迫对方和解争端，否则就会面对高额的诉讼成本。这个定义可以应用到任何原告，而不论原告的性质。这个定义强调的是专利丑怪行为，而不是专利丑怪。这就很说明问题：专利丑怪存在于每个美国专利所有人的心中，每个专利权人都有可能带上面具瞬间变成专利丑怪。

## 资料：漫画诅咒

无产实体发动的专利革命在美国蓬勃发展，专利技术创新者与专利技术实施者之间的矛盾不断激化，很多企业主被逼得无计可施。

2013年，美国在线商店新蛋网推出反无产实体的文化衫，售价20美元。文化衫上的文字是：不要和解，和解喂养专利丑怪。文化衫上的图案源自"三只小山羊"童话。桥上，一个微笑的带着牛仔帽的"蛋性人"（代表新蛋网）骑着山羊在踢专利丑怪的屁股。系着领带的丑怪（律师）只剩下短裤，正从桥上被踢下，掉入湍急的河流，公文包中的文件撒到了空中。

新蛋网的法律部门负责人表示，专利诉讼踢每个人的屁股，企业能做的唯一的事情就是与无产实体作斗争，踢他们的屁股。新蛋希望告诉"专利丑怪受害者"在法庭上斗争到底，不要在法庭内外和解，因为诉讼和解是无产实体挣钱的主要途径。该公司希望此活动能够筹集三万美元，用于挑战可能影响几千家企业的丑怪专利。

明眼人都知道，几万美元杯水车薪，这样的骂街活动对解决问题没有任何帮助，只是为少数小媒体准备了无聊的舆论噱头。

可以说，无产实体只是一个神话。滥用的"专利丑怪""无产实体"等概念只是对独立发明人及其代理律师蔑视诽谤之词。它只是被告企业微妙的公共宣传活动的一部分。这些企业通过示弱，自称是受害者，来遮盖自己不断侵犯别人权利赖账不给的丑行。

有的专家建议反向思维。假如大公司雇用了一流律师，他们主张发明人的专利无效，没有侵权，专利申请过程有不当行为等。专利权人非常生气，就想给他们起一个贬义的诨名，比如专利吸血鬼、专利水蛭或者专利寄生虫。专利权人可以宣传说他们以发明人为食，对美国的创新活动无所贡献，靠吞噬发明人成百万美元的专利许可费生

**言论：**

也许最大的神话是专利丑怪的危险，说他们采取阴暗手法操纵专利系统。确实有这样的事情发生，但不是什么奇闻轶事，没有证据证明专利丑怪是一个重大的问题。法庭记录显示，只有2%的专利诉讼的原告没有持续的制造业务。在这百分之二中，大部分是合法公司或者大学，极小数专利诉讼起于坏蛋，但很难说是危机。……弱化专利法，不管是在最高院还是在国会，都不过是政府给大型高科技公司专利侵权问题解套。是为他们量身定做的。美国需要有未来的跨代的发明和技术，我们不能拿走发明人的权利和激励，赌上我们的未来。

——高智总裁 梅尔沃德

存。专利权人还可以创造一个卡通，一个流行的吸血鬼形象，虎视眈眈地扑向无助的发明人。然后专利权人组织专家撰写论文，指责这些专利侵权人及其律师将会毁灭专利和创新，美国将因此从创新的巅峰滑落，沦为平庸的、没有创新的国家。如果足够的媒体参与进来，众口腾喧，社会舆论就会开始相信，三人成虎，人云亦云。

专利丑怪就是用同样的程序塑造的。可惜专利权人没有那么大的财力，购买不起广告，影响不了媒体，更收买不了国会议员和美国总统，所以只能强颜忍耐，接受大企业捏造的各种恶名。

过度的宣传使得很多美国人对专利的态度粗暴非理性。他们将专利与非法反社会的制度等同。这可能导致不明智的、完全蔑视专利系统的评价和舆论。可是很多理性的美国人都知道，美国在全球的创新地位很大程度上基于这个并不完美的专利系统。

一些企业为了短期利益故意捏造词汇，错用词语和概念引起美国人对专利的反感。这样很容易造成混乱。浑水摸鱼容易，但概念植根后解释、清除不易，以后根除美国人对专利的偏见会很艰难。

**言论:**

美国的财产权和就业问题千钧一发，国会和白宫继续像羔羊一样紧跟资助他们竞选的跨国公司，拖着美国走向屠宰场。不要以为他们说是专利改革就相信他们真的这么做。所有专利改革的言论都只是中国、巨大跨国盗贼以及他们豢养的傀儡的遮羞布。这些傀儡分布在国会、白宫和联邦政府的其他位置，有的甚至伪装成记者。他们已经损害了美国专利系统，财产权在无法约束的条件下摇摇欲坠，简单说，他们的想法是使偷盗合法化，扭曲和弱化专利系统，这样就可以随他们操纵。然后他们能够随意偷盗，摧毁他们的小竞争对手，顺便也消灭这些小企业创造的就业。与此同时，巨大的跨国公司向中国和其他国家送去越来越多的工作机会。

　　——美国"专业发明人联盟"　John S Winterle

# 第二节 新法落地 格局渐变

据说美国2011年的新法是1936年来最大的变革，从根本上将"发明优先"的授权原则改革为"申请优先"原则。这将对创新无产者带来不利影响，但更重要的是，这一变革预示着美国专利创新机制开始脱离对独立发明人的关注，更多考虑制造有产者的方便。

对专利大革命更直接的影响主要源于新法对共同诉讼的限制以及新确立的专利授权后复审程序。这两项看似中庸的规定在实施后发挥了预想不到的效果，大大增加了无产实体的诉讼成本，打击了软件专利，从根本上影响了无产实体的专利运营环境。

## 一、共同诉讼变革减少诉讼

2011年颁布的美国发明法案（又称"新法"）对美国专利创新体制影响深远，其中，两个关键的改革措施影响到无产实体诉讼：一是共同诉讼限制，二是专利复审变革。

新法颁布前，美国专利诉讼原告在提起专利侵权诉讼时，往往将提供、制造、使用及销售不同产品的彼此间不相关的厂商一并列为被告。这一规则被无产实体采用，他们经常在一个诉讼中起诉尽量多的被告以节约诉讼成本。这样做的话，只要缴纳一份立案费就可以在同一个法院同时起诉几十个被告，大大节约了诉讼费用。美国某些法院愿意接受这种共同诉讼，极大刺激了无产实体的行权活动。

为了解决上述问题，新法对专利案件合并审理进行了限制，规定只有提供、制造、使用及销售相同产品的厂商才能合并审理。如果案件中多个被告只是分别侵犯专利权，被告之间没有联系，则不能合并审理，只能分案诉讼。

新法限制共同诉讼条款于2011年9月16日生效，短期内产生了意想不到的影响。立法者原意是瓦解无产实体在一个诉讼案中列举大量被告的策略，控制专利行权。结果事与愿违，该法不许专利侵权诉讼原告在一个诉讼案中起诉多个被告，原告只能提起一系列内容大同小异的案件。短期内无产实体诉讼案件不降反升。在2011年，美国专利诉讼立案4 142件，比上一年增加了22%!反专利行权的媒体乘机鼓噪，攻击美国的专利创新制度。有专家站出来表示，这次数量飙升不是因为专利权人对美国司法系统的猖獗滥用，也不是因为美国专利授权增加，美国专利数量一直在增加，前几年专利诉讼也没有激增。他们指出这是美国发明法案限制一案多被告的结果，很多专利诉讼是在新法生效后的在2011年9月16日后发生的。其实，专利案上升在新法通过前就开始了。因为该法会增加同时起诉多个被告的成本，很多专利权人提前诉讼以避免成本增加。

专利改革阴谋论者说，这实际上是大企业用的的"补锅法"。让问题扩大化、明显化，然后再立新法收拾。

总体来说，专利诉讼被告总数是下降了。据RPX数据，到2012年年底，无产实体提起的诉讼2 544件，占当年专利诉讼总量的61%，但诉讼的被告数量相比2011年大幅降低。2011年有5 600个被告，2012年只有3 000个被告。

美国发明法案使得在一个诉讼程序中同时起诉很多公司越来越困难。原告只得分开诉讼，这样，起诉小公司变得不经济。这正如电影《拯救大兵雷恩》里的名词：五个人是机会，一个人就是浪费弹药。小公司有可能被绑定其他侵权者在同一诉讼中一起被告，但要单独起诉就没有必要了。

## 二、专利复审改革打击过宽

美国发明法案变革了专利复审架构，增加了三种新的专利复审程序：授权后复审、双方专利复审和专门服务银行业的过渡性商业方法专利复审。这些复审由美国专利商标局专利审判和上诉委员会负责。该委员会有60多个专家委员组成。

三个复审程序中最受欢迎的是双方复审程序，从2013年生效到2015年2月，已经有2 400多个双方复审申请，有一个公司一次就提起了80个申请。已经作出的裁定中，75%的专利被无效掉或者专利要求权项被改变。联邦巡回上诉法院前任首席法官雷德将该程序称为"屠杀专利权的行刑队"。

双方复审流程如下：（1）申请人向专利审判和上诉委员会提起专利复审申请；（2）三个月内，专利权人有机会低价初步答复；（3）委员会在三个月内决定是否启动复审；（4）如果启动复审，专利权人有三个月时间决定正式答复，也可以申请修改专利要求权项；（5）申请人有一个月时间递交答复和对专利权人修改的发对意见；（6）专利权人有一个月时间递交对申请人反对意见的答复；（7）在任何一方的要求下安排口审；（8）在口审后三个月内作出最终书面决定；（9）最终书面决定可以上诉到联邦巡回上诉法院。上诉审查期限也是12个月。由此可以发现该程序受欢迎的原因。

双方专利复审申请人中，苹果、谷歌、三星和微软最多。无产实体的专利是最重要的攻击目标。2015年5月，高智有43件专利在复审中。生物制药企业也是主要受害者。排名第一的Zond于2002年成立，研发等离子体放电技术，在全球有30件专利和专利申请。2005年时，该公司的10件专利面临111个复审程序。

专利复审程序极大地减少了联邦地方法院的压力。只要被告申请复审涉案专利，专利商标局同意复审，联邦地方法院一般都会中止审判。不管结果如何，双方复审都大大简化了联邦地方法院的庭审过程。如果专利要求权项被无效，法院就不需要再审了；专利权如果有效，法院庭审也不需要就专利有效性进行辩驳了。

美国专利商标局负责人米歇尔·李指出：专利审判和上诉委员会在提升专利质量中扮演重要角色，针对的是已经授权的专利。委员会提供一个比地方法院更快、成本更低的专利权有效性对抗程序。委员会的程序还对前端专利系统有很大影响，可以让专利申请人更仔细地考虑是否追求宽泛的专利保护范围，因为这样的专利可能被最后推翻。委员会的工作最终压低了地方法院昂贵、费时的专利诉讼的数量，同时鼓励申请人申请合适的专利权保护范围。

### 资料：美国的专利复审程序

美国专利商标局1836年成立以来，对专利权的管辖权就限定在专利授权之前。也就是说，专利一旦授权，其效力争议将由法院在专利侵权诉讼或其他法律诉讼中予以确认。

鉴于诉讼程序耗时长、费用高，为了能更为快速、高效地解决专利效力问题，1980年专利法创设了"单方面再审程序"（Exparte Reexamination），从此美国专利法建立了专利无效司法诉讼和行政程序双轨并行的专利授权后审查机制。但该程序在实践过程中暴露出一系列问题：一是再审程序的启动依据只能是专利和公开出版物提供的现有技术，公开使用或是公开销售等行为不能作为提出专利再审的依据；二是在"单方面再审程序"中，第三方申请人仅能对专利权人第一次的陈述提出意见，在后续的程序中无法进一步表达自己的意见；三是在"单方面再审程序"中，对于专利权利要求无效的决定，只有专利权人享有上诉权，第三方申请人没有提出上诉的权利。

针对上述问题，1999年美国发明人保护法又设置了"双方再审程序"（Inter partes Reexamination），但该程序的启动仍然建立在专利和公开出版物提供的现有技术基础上。且专利再审程序中，从美国专利商标局作出再审决定到上诉至"专利上诉及抵触委员会"，历经两轮行政裁决，导致整个再审程序耗时较长，无法高效、快速地解决专利有效性问题。根据美国专利商标局的统计数据，1999年到2004年5年，美国专利商标局仅收到有53件"双方再审程序"申请，而同期专利授权量则超过90万件。这说明新的专利再审程序实施效果不尽如人意。

2011年美国发明法案对原有的单方再审程序予以保留。同时打造了三种全新的专利复审程序："授权后复审（Post-grant review）"和"双方复审程序（Inter partes review）"、过渡性的商业方法专利复审（Covered Business Method patent review）。

1.授权后复审程序

在专利发明法案签署颁布一年后，启动全新的授权后复审程序。该程序规定：除专利权人以外的任何第三人，在专利授权后一年内，可以基于任何专利无效理由，向美国专利商标局申请该专利中的一项或多项权利要求无效。该程序保证第三方在专利授权初期，就可以对专利的有效性进行挑战。同时规定授权后复审程序的申请和实施，不得影响和限制专利权人运用专利技术获取经济收益的行为，且该程序只适用于专利改革法案签署颁布之后申请的专利。

授权后复审是新法除申请优先之外最大的变革。新法实施之前虽然也有复审制度，但拖得时间太长，联邦地方法院也不愿意为复审中止诉讼，所以一直没有发挥作用。新的授权后反对程序以及提高复审速度使得美国专利商标局成为重要的争端解决平台。授权后复审以及双方复审要在12个月内得出结论，远远快于地方法院的两年程序。

2.双方复审程序

在专利改革法案签署颁布一年后，废止"双方再审程序"，由全新的"双方复审程序"所取代。两者在提出申请、程序启动、具体审理和事后救济等方面均不同，而最大差异体现在申请上："双方复审程序"申请人，需在专利授权一年后或是针对该专利的"授权后复审程序"完结后提出申请。

"双方复审程序"申请的理由只能是基于现有专利或公开出版物提供的现有技术所引发的授权专利的新颖性和非显而易见性问题，且申请人必须提供充足可靠的证据，用以证明专利权利要求无效。旧的"双方再审程序"中，申请理由是基于现有专利或公开出版物提供的现有技术所引发的已授权的权利要求的有效性问题，并不局限于新颖性和非显而易见性。而且申请人只需要提供对比文献，并不需要指出权利要求中存在的任何错误。

3.商业方法专利复审

针对银行商业方法专利，美国发明法还应银行业的要求特别设计了一个特别程序——商业方法专利过渡计划。

美国是世界上少数授予商业方法专利的国家，但美国专利商标局缺乏足够的、精通商业方法专利相关知识和审查技巧的审查人员，且商业方法纳入专利授权范围的时间较短，也没有足够的现有技术帮助审查员进行判断，审查程序缺乏有效控制，导致大量问题专利出现，并由此引发了一系列恶意专利诉讼，使得人们对商业方法专利提出质疑。

任何人在任何时间，对某项商业方法有效性存在质疑，不论该商业方法在何时申请，只要申请人或他所代表的当事人曾经被控或者曾经指控商业方法专利侵权，均可提出授权后的审查申请。复审程序对商业方法专利有效性作出最终决定后，申请人或他所代表的当事人不能基于同一理由，向国际贸易委员会或是联邦法院提出商业方法专利无效的主张。

商业方法专利过渡计划，启动对金融数据处理相关专利的复审，也是为了提高速度。专利商标局一旦作出裁决，立即对联邦地方法院产生约束。如果涉诉专利被专利商标局认定无效，就不需要法院程序了。这些变化导致联邦地方法院倾向于中止审判。

4.优势

这三种复审程序均由专利审判和上诉委员会审理，使得专利审判和上诉委员会成为美国最有权力的专利效力审查平台。

三种复审程序的最大优势是审查时间，三种复审程序都规定了严格的审理期限，从决定启动复审程序开始之日起，必须在12个月内作出最终决定；在特殊情况下，局长可以决定适当延长，但延长时间不能超过六个月。

新的复审程序都有证据开示环节，复审程序的举证负担较轻，只要证明有关专利达到了"合理可能""优势证据"标准即可。

授权复审程序提出的原因很广泛，包括新颖性、显而易见、法定授权对象、说明书、可实施性、明确性等。

第三个优势是专家审查，所有授权后程序都由三个专利审查和上诉委员会的专利行政法官组成的委员会决定，所有法官都必须有相关技术领域的技术学位，很多行政法官都有几十年的专利审查经验。

第四个优势是新的程序成本较低。授权后复审的最低费用是27200美元，双方复审和商业方法专利过渡计划的最低费用是34800美元，如果专利权利要求项超过20项，费用还得增加。这相对于法院诉讼的费用要低得多。

这些使得美国专利商标局成为了有吸引力的平台。

5.影响

新的专利复审程序极大地改变了美国专利性审查流程。受影响最大的是数据处理、计算机、通信信息技术。

# 第三节　司法变革　步步为营

为了打击无产实体的活动，给美国专利大革命降温，美国最高法院从犹豫不决的联邦巡回上诉法院手里收回了权力，作出了一系列改变美国专利创新机制的重要判决。深度影响这场专利大革命的商业方法专利即将走下历史舞台。

## 一、最高法院收回权力

1982年联邦巡回法院成立后，美国的专利上诉权都集中在了这个法院。很长一段时间内，美国最高法院对联邦巡回上诉法院的工作很满意，很少接受企业的再审申请。很多专家一直讲，美国联邦巡回上诉法院就是实际上的专利诉讼最高法院。

峰回路转，现在情况发生了变化。

这些年，美国最高法院越来越关注专利诉讼。2000~2009年的9年中，最高法院审判了11个专利案子；在2009年到2015年6月，最高法院已经审判了18件专利案。

1982年建立联邦巡回上诉法院后，最高法院相对忽视专利案再审，近几年突然关注专利诉讼，2014年一年就接手了六个专利案。最高法院的一些判决推翻了联邦巡回上诉法院促进诉讼滥用的判决，大大降低了专利诉讼数量。在最高法院判决和美国发明法案的影响下，专利环境已经与五年前大不一样了。2014年比2013年的专利诉讼立案数量少了18%。

这引起了各界的关注，因为最高法院再审的目的是解决不同巡回法院之间相冲突的决定，这在专利领域没有必要，美国联邦巡回最高法院对专利案件有排他的管辖权。最高法院如此关注专利法的原因不外有：（1）知识经济环境下知识产权的重要性不断上升；（2）专利诉讼性质发生了改变：诉讼成本和风险增加、无产实体诉讼、司法体统被某些实体滥用以压榨不公正的和解费；（3）诉讼性质的变化导致司法中产生的专利诉讼标准程序被利用；（4）最高法院和联邦巡回上诉法院在解释专利法律构建基本原则方面存在重大差异。

专家指出，最高法院控制联邦巡回上诉法院，因为后者被认为"过度专利友好"。最高法院对联邦巡回上诉法院的判决屡屡作出改变：费用转移，专利主题适格性，专利要求模糊不确定性，专利侵权诉讼诉状标准，等等。

支持专利新立法的人认为最高法院的判决不能改变滥用专利诉讼的一些重要因素，没有影响原告强加给被告的巨大诉讼成本，这使得原告能榨取超额的专利许可费。关键的是，最高法院有的判决起到了反作用，增加了专利诉讼案件的成本和复杂性。还有一些判决的结果存在很大不确定性。法院只能解决一些个案，但全面稳定地改变美国专利诉讼现状只能通过立法活动来解决。

有人将冲突原因视为两个法院原则和标准的不同。巡回上诉法院希望有结构化的、人人都能遵循的原则，而最高法院要的是微妙的、灵活的原则。

两个法院的矛盾在Ultramercial 公司一案中体现非常尖锐。Utramercial 是一家在线广告公司，拥有一个网络广告专利，"通过插入赞助者方便远程网络用户支付知识产权许可费的方法和系统"。该公司起诉两个网站侵权，联邦地方法院驳回诉讼，原因是专利要求权项是抽象概念。该判决在联邦巡回上诉法院被推翻，认为专利有效。案子到了最高法院，最高法院发回重审。联邦巡回法院不接受暗示，继续判专利有效，被告再次上诉到最高法院。很快，爱丽斯案作出了判决，确定了模糊的两步审查法。根据该法，最高法院再次发回联邦巡回法院重审，并指明要考考爱丽斯案。这个案子来来去去好像打乒乓球，把两个法院的矛盾体现得淋漓尽致。

### 资料: 雷德退位

过去十年来美国最高法院和联邦巡回上诉法院关系紧张。后者希望最高法院判决给出有效明确的原则供下级联邦法院参考，但每次最高法院都说不，对他们说：判决要根据事实情况而定。雷德就是代表。联邦巡回上诉法院近几年法官组成变化很大，新的成员接受了最高法院的意见，在这一点上不再挑战最高法院。

2014年5月30日，美国联邦巡回上诉法院首席法官兰德尔·雷德宣布辞职，他声称他离开避免法院陷入进一步的尴尬。他将做一些教学讲课和旅游。根据法律规定的继任条款，女法官莎伦·普罗斯特任首席法官。六月底，雷德就离开了法院。

雷德一直是强专利权的直言不讳坚定的支持者。与普鲁斯特针锋相对。他有时候发现自己与其他法官站在对立面，特别是在专利适格性问题上。雷德是专利系统的捍卫者之一，相信专利的力量和重要性。

中国人对雷德法官很熟悉，实际上他在任期间的一个主要工作就是在全世界推广美国的专利价值概念，加强各国法官间的交流，在日本、韩国也有很多活动。他还在各大学的法学院讲课，其著述成为美国的标准教科书。所以在世界上非常有影响力。

在大企业煽动的反专利的公众情绪中，舆论氛围紧张，雷德法官的离职使得无产实体的生存环境更加困难。

## 二、商业方法专利判决

近5年来，美国最高法院收窄了可授予专利的主题范围，通过一些判决扩大了显而易见性的应用领域。这将直接影响美国专利商标局的专利审查标准，关键是影响海量的软件相关专利的合法性，进而影响美国无产实体的专利诉讼，因为软件专利是绝大多数无产实体诉讼的主角。

这些案例中，最有代表性的是2013年5月10日宣判的"CLS银行诉Alice公司"一案（以下简称"埃利斯案"）。该案涉及一个使用计算机持有第三方支付基金防止支付风险的专利，最高法院判决指出，该专利技术方案只是使用计算机代替了传统方法，但没有将这种几个世纪以来的概念改变为一个新的发明，所以不应该得到专利保护。

专家指出，埃利斯案是对1998年 State Street 案的反转，后者确定了软件专利在美国受到专利保护的原则，导致美国软件专利爆炸性授权。过去20年中，美国专利商标局授予了几十万个这一类型的专利。这些所谓"在电脑上做它"的专利将人们数百年来做的事情搬到了电脑上或者网络上，产生了一大串的专利。可惜的是，这些专利的专利说明书在如何完成这些工作的细节和程序方面却空洞抽象，导致专利的保护范围很难确定。

埃利斯案开始没有得到重视，但几个月后，效果就出来了。研究显示：下级联邦法院在"可专利性"问题认定上比最高法院的判例还要变本加厉。联邦地方法院认为遵循埃利斯案判决可以在早期阶段确定专利技术方案的适格性，这样就无需再走巨大的证据开示或者专利要求解构的程序。

埃利斯案之后，各级联邦法院系统判决的关于专利主体不适格的案子明显增加。案子判决四个月内，联邦法庭判决了18个相关的案子，其中14个涉案专利被无效。

法律界专家认为，埃利斯案是33年来第一次，最高法院的判决引起的问题比解决的问题多。问题的核心是判决的抽象说理没有提供清楚的答案。地方法院糊里糊涂接受判例却又不明所以，结果就是"城中好高髻，四方高一尺；城中好广眉，四方且半额"，将很多有价值的软件专利简单地判了死刑。

埃利斯案对软件专利和商业方法专利影响巨大。有媒体指出，埃利斯案可能使得12万多项专利处于危险状态。舆论认为，根据该案确定的原则，大量权利要求撰写非常宽泛的软件专利将会被无效，更有专家估计这个数量将达到美国所有软件专利的一半。埃利斯案一个案子就消灭了美国几十亿美元的知识产权资产，这个结果是惊人的。这使得美国的专利诉讼变得昂贵和不确定，无产实体诉讼因此减少。

知识产权诉讼研究公司Lex Machina（该公司投资者包括前苹果及甲骨文法律总顾问丹·库普曼和杨致远）2014年发布的数据显示，美国的专利起诉数量大幅下降，2014年9月环比下降了40%。埃利斯案的判决被认为是美国专利诉讼量下降的主要原因之一。

专家指出，埃利斯案显示了最高法院重组专利法律体系的决心。埃利斯案清楚显示专利法的钟摆在向反专利的方向摆动。

很多持有专利的专利权人认为大祸临头了，有人还说软件专利到头了。如果这些人预言成真，美国几个最大的专利持有者例如IBM、微软等将损失惨重。

## 资料: 埃利斯案后部分被判无效的软件相关专利

2014年7月6日，特拉华州一个法庭驳回了一件专利，该专利要求是计算机化的通讯系统在决定是否设置一个新的链接前与用户核实。法庭认为专利描述的步骤能轻易由人打电话来完成。

7月8日，纽约法庭无效掉一件专利，该专利要求是使用计算机帮助用户在实现节食减肥计划时规划饮食。法庭对专利持有人的辩解不以为然。专利权人说该专利的一些细节，例如，使用图片菜单选择食物，法庭认为这不足以授予专利。

7月17日，联邦巡回上诉法院驳回了一件专利，权利要求是通过建立每个图案的描述来保持多个图案颜色的协调。法庭认为创建和使用这些描述只是思维步骤，能够由人来做，不适合专利保护。

8月26日，联邦巡回上诉法院又驳回了一件专利，权利要求是在计算机上玩宾戈游戏。管理宾戈游戏只是构成了思维步骤，能通过人使用笔和纸完成。法庭认为，将这个过程写进计算机程序不构成可专利的发明。

8月29日，加州法庭剔除了一件专利，权利要求是一种连接抵押信用和支票账户的方法，法庭认为专利中通用计算机功能描述不足以到达专利保护标准。

9月3日，得州法庭无效掉一件专利，权利要求是使用计算机将奖励点数从一个店铺转移到另一个店铺，法庭认为该发明与埃利斯案中的通用金融事务处理没有本质区别。

同在9月3日，特拉华州法庭驳回了一件专利，权利要求是中介利用电脑有选择性地向两方当事人提供部分信息。法庭表示这已经被猎头公司用了很多年，在潜在雇主和雇员决定进一步接触前，猎头公司总是保留关键信息的同时提供一些信息给双方。

还是9月3日，还是特拉华州法庭，无效掉一件专利，权利要求是使用计算机化的系统向购买一种产品的客户促销他们可能感兴趣的其他产品。法庭说这种促销手段与商业贸易一样古老。

还是在9月3号，不过是在联邦巡回上诉法院，剔除了一件专利，权利要求是使用证券保障交易，使用电脑，法庭指出证券从古代就有，使用电脑来保障交易不能转化成可专利的发明。

这样的案例越来越多。可见大部分软件专利经不起埃利斯案确定的原则的考验。

## 三、费用转移实践

美国专利法第285条和美国联邦程序规则第11条给了法官权利，规定如果法庭发现有滥用诉讼的情事发生，法官可以判决将诉讼成本负担转移给原告。

美国专利法第285条规定，法庭在例外的情况下可以判决败诉方向胜诉方支付合理的律师费用。这种行为包括但不限于：故意侵权、在专利商标局的不公平行为、诉讼不端行为、无理纠缠或者不正当诉讼或者轻佻无意义的诉讼行为。

在联邦民事诉讼规则中，几个规则授权转移律师费，第26条、第30条和第37条等规定：任何律师或其他人在任何美国法庭不合理地和烦扰地利用程序可能被法庭要求自行承担多余的成本、费用和合理的律师费用。关系最密切的是11条，直接针对无聊诉讼：一方可以向法庭提出书面申请要求另一方承担原告的诉讼费用，只要能证明另一方出于不正当目的，骚扰、造成不必要延迟或者不必要的诉讼导致己方诉讼成本增加。

美国地方法院一直没有启动这些法律工具，是因为美国法律系统没有准备好相信专利诉讼的原告会从事邪恶的近乎犯罪的活动，寻求勒索被告。

2014年，最高法院对Octane Fitness v. iCON Health & Fitness和Highmark v. Allcare Health Management System两案的重审判决改变了这种情况。在初审中，联邦地方法院判决胜诉方已经满足了根据专利法285条的规定，达到了费用转移 "例外情况" 的法定标准，同意诉讼费用转移诉请。联邦巡回上诉法院却采取了严格的费用转移判定标准，作出改判决定。到了美国最高法院，法官推翻了联邦巡回上诉法院的判决，同意胜诉方的诉讼费、律师费和专家证人费都由败诉方承担。

最高法院认为，是否根据285条专利费用是地方法官的自由裁量权范围，联邦巡回上诉法院只需审查自由裁量权滥用，不需要重新全面审查整个案情。同时，最高法院使用的证据原则与联邦巡回上诉法院完全相反，不是 "清楚而有说服力" 原则，而是 "优势证据" 原则。这样胜诉方要达到标准就容易多了。

美国最高法院还否定了联邦巡回上诉法院认定的败诉方必须主观和客

观都没有根据才能达到费用转移标准，认为决定"例外"只要"综合环境"评价即可。美国最高法院认为美国联邦法院系统原来的"没有根据"审查太过僵化，在该案件比别的案件在"没有根据"方面有实质优势"脱颖而出"时，联邦地方法官有自由裁量权决定费用转移。

这对某些无产实体行权活动有很大的打击。这些案件经常以模棱两可的专利为特征，不提特定的权利要求侵权证据，通过烦扰的专利授权律师函联系目标企业，每件只收取2.5万~5万美元。有的实体还会指出这只是平均专利诉讼防御费用的一小部分，一般专利侵权诉讼的费用约两百万美元。很多专家指出，这些行为确实属于专利权滥用，符合勒索特征。

# 四、证据开示试点项目

在国会的支持下，美国法院系统还在一些联邦地方法院开展了试点项目，鼓励法官增加专利案件专业知识，鼓励减少证据开示成本。

2011年1月25日，当时尚在任上的联邦巡回上诉首席法官雷德在新加坡演讲，内容是关于一个咨询委员会修改电子开示程序的规则。雷德说他建议原告证据开示申请仅限于五个检索词，超过这个证据开示范围就由申请者自己承担成本。近十年来，美国证据开示程序与日俱进，与高科技大企业存档企业经营信息的方式和程序保持一致，不再是一件件的纸件。限制检索的关键词就是限制档案收集的方法。在近年的专利诉讼中，专利律师会雇用电子发现商键入关键词检索企业的服务器和雇员的计算机，制造与所有案件相关的电子文件复制件，然后雇佣律师助理、合同律师等坐在计算机前工作几百、几千个小时，标记不同性质的电子文件，同时移除相关文件，配合对方的证据开示要求。这是一笔越来越增加的诉讼成本。

## 资料: 谷歌精英控制美国专利商标局

2013年戴维·卡波斯离开后，美国专利商标局就缺少领导，大家都知道副局长米歇尔·李是实际上的领导，但一直没有走总统提名参议院核准的程序。2014年11月，她被正式提名为局长。她的任命成为美国专利体制改革的一个重要转折点。

　　卡波斯是原IBM的专利领导，2009年8月就任。他在任期间，积极强化专利制度，认为一个强大的知识产权系统可以维持就业和财富生产。专利商标局在底特律、达拉斯、丹佛、圣何塞等地开办了分中心。他还积极推动专利申请绿色通道。在他离职前，他在政府系统中已经孤立。政府已经与部分高科技企业建立了很近的关系，这些公司希望根本的专利变革。

　　卡波斯离开后，他的工作先后由两个女性副局长代理，李是其一。当时舆论普遍认为这两个人都没有被提名的可能。2014年6月，谣传强生负责知识产权政策和战略的高级副总裁菲尔·约翰逊将被提名。约翰逊是"21世纪专利改革联盟"高调会员。这一传闻很快在高科技界掀起反对声浪。骚动的是支持专利根本变革的组织和媒体。他们说约翰逊反对专利变革，说假如他入职，对美国技术板块将是巨大的打击。他将导致美国专利丑怪问题失去控制。

　　随着专利变革的进展，专利商标局局长这个位置越来越政治化。必须提名一个政治正确的变革原教旨主义者。那无疑就是李了。大家都知道李不久前还是谷歌的专利主管。谷歌是美国专利根本变革的急先锋，大力游说专利改革，资助了很多学术研究指称证明根本变革的必要性。在谷歌任上时，李已经公开宣称无产实体等同于专利丑怪，对改变美国专利侵权诉讼现状立场坚定。

　　虽然有人表示关注她与谷歌的联系，但美国信息高科技业界表示欢迎，认为这个决定对于美国专利法的进一步改革，对于几个最高法院决定的实施贯彻，对于提高美国专利的质量意义重大。

# 第四节　继续立法　各持己见

2011年，美国国会通过了美国发明法案。该法是支持专利技术实施者的立法，限制共同诉讼、授权后复审程序等条款将天平倒向了大企业方面。可是大企业不满足于这一点，他们认为自己通过专利立法限制专利行权活动的目的远没有实现。该法墨迹未干，有些条款刚刚生效，激进的专利改革者就要推出新的法案了。

美国不少专家反对开展新的专利立法活动，指出国会要改造的不是一般的系统，是全球前所未有的最伟大的创新引擎，且是在重大翻新之后不久。专家说，专利系统运转的时间参数非常长，新法的影响尚未完全体现。对长时间参数的专利系统来说，矫枉过正是最大的风险，因为到负面影响出现时，已经是很多年之后了。

尽管罪名"莫须有"，后果不可预测，但一心想镇压专利大革命的信息高科技大企业一意孤行，他们在国会的代理人几年间提出了十多个专利变革立法案。

## 一、立法措施　良莠参半

经过多轮的讨价还价，到2015年，美国国会尚待审查的有两个法案，一个是保护美国天才和企业家法案（*Protecting American Talent and Entrepreneurship Act*，简称*PATENT Act*），一个是创新法案（*Innovation Act*）。这两个法案大同小异，包含的立法建议可以概括如下：

### 1. 提高诉状要求

专利立法派指出，在美国，民事诉讼的标准较低，原告只需要递交简单的诉状就可以起诉别人侵犯了自己的专利权。不必详细列举涉及的专利要求权项和具体的侵权产品及产品功能。

这就造成了企业一旦被诉，就开始对案件胡乱猜测。对专利侵权诉讼被告来说，不知道专利侵权细节信息很难开始防御工作；很难确定潜在相关的证人；也很难向下属部门发布保留信息通知，防止文件疏忽毁灭；很难做潜在的不侵权抗辩准备。被告需要等待几个月直到证据开示阶段才能知道更多具体信息，但此时很多工作都已经耽误了。

专利立法派认为，在案件开始时不提供详细的信息虽然会使原告抢占先机，但会拖延诉讼，使得程序对控辩各方都低效和昂贵。

综合起来，两个新法案要求专利诉讼原告在信息可以合理获得的情况下，诉状中应提供如下详细情况：每一个指称被侵犯的专利中的每一个权利要求项；每一个侵犯权利要求项的进程、机器、制造或成分；对每一个间接侵权，列明间接侵权者的具体行为，是帮助还是诱导直接侵权者侵权，列明帮助和诱导直接侵权的事实；原告主要的经营业务；原告授权运营每件专利的授权文件以及法庭管辖权的依据；同样专利提起的所有诉讼；该专利是不是某标准制定组织的基础专利，或者有成为基础专利的潜质，同时提供美国或者其他外国政府已经强加了任何特殊许可要求。

除非原告提供的诉前通知中有关于特定专利、专利要求权项、侵权细节方面的详细的信息，否则不能认定被告故意侵权，也就是不能判3倍赔偿。

同时，新法案要求联邦地方法院驳回不符合上述要求的起诉状。要求美国最高法院从联邦民事诉讼规则中消除旧的专利侵权起诉状模板，并制定新的格式。

## 2. 披露利益相关方

在大部分专利侵权案件中，被告走上法庭后才真正知道原告是谁。专利行权主体提起的诉讼中，原告只知道一个壳公司的名字原告，不知道幕后谁在指挥，不知道谁在诉讼中获利。这是影响诉讼每一步决定的重要信息，包括什么时候和是否和解等关键决定。和解被各种享有经济利益的投资人和合作人搞得非常复杂。在调解和和解谈判中，原告会说低于某个报价的话匿名的投资人不满意。专利权利益相关人透明化利于问题的解决，因为能保证坐在谈判桌上的都是说话算数的、有权决定和解的相关方。

相关方披露可以提高专利权的透明度，增加专利系统参与各方的效率。无产实体并不这样认为。高智公司的内森·梅尔沃德认为，在法庭上指出专利最终拥有者的要求是错误行为。他认为，这样做可能会将专利拥有人的商业策略泄露给对手。此外，梅尔沃德的一个合作伙伴声称："谁拥有专利无关紧要，专利本身才是关键。"

新的法案要求原告在提起第一个诉讼时，向法庭、被告和美国专利商标局提供如下主体身份：（1）专利受让人（也就是专利转让后没有到美国专利商标局变更登记的真正的专利权人）；（2）任何有权转许可或者行权专利的实体；（3）知道的任何与专利或者原告有特殊经济利益的实体；（4）所有上述实体的父实体。

## 3. 诉讼费转移

费用转移，也就是专利侵权的败诉方应该支付胜诉方的诉讼费，主要是滥用诉权的专利诉讼原告败诉后要承担被告企业的所有参与诉讼的费用。信息高科技企业指出，这样做不但可以减少弱专利的行权主张，也可以减少专利权的滥用行为，是这次专利变革的重点之一。费用转移不是新观念，1952年专利法就有规定，但美国现在的标准是案件必须"例外""超常"。根据案例法，被告必须证明客观无据和主观恶意，这个标准太严格，数据显示，被告获得费用转移的比例不到1%。

综合起来，新法案要求：

（1）法庭判决赔偿胜诉方在诉讼活动中支出的合理的诉讼费和其他费用，主要是律师费。除非：败诉方的立场和行为在法律和事实上存在合理理由；存在特殊情况使得赔偿不公正，例如，涉案的发明人有严重的经济困难。在任何一方要求下，法官可以要求另一方确认有没有能力赔偿上述费用。在败诉方无能力支付上述费用时，法官可以让共同原被告方支付未得赔付的部分。

（2）胜诉被告方申请后，如果能证明没有能力赔付的原告提起诉讼外没有实质的利益，可以加入利益相关方，这个利益相关方包括：专利的受让人；有风险分享权、有主张实施权、有转许可权的实体；在专利中有直接的经济利益（包括任何部分的侵权赔偿或者许可收益）的实体。

## 4. 限制证据开示

证据开示是诉讼的重要程序，但是没有限制的证据开示容易导致滥用。在美国专利诉讼中，证据开示是诉讼费用中很大的一块。关键是，作为原告的无产实体可开示的证据很少，而作为被告的经营性企业需要开示的证据材料却很多，双方举证责任和费用非常不平衡，成了无产实体阻吓经营企业继续诉讼的杠杆。

在典型的专利丑怪案中，被告被要求提供几十万页的文献，包括与相关信息有关的电子邮件，这些电子邮件的附件如word、电子表格文件、ppt

等。处理这些电子形式储存的文件需要成本，被告在证据开示中提供的信息越多，信息处理费和律师审查的小时费就越高。虽然花了这么多时间和成本，但电子邮件和附件不是描述产品原理和原因的典型形式。结果是，在很多庭审案件中，很少电子邮件和电子文档在法庭证据开示时使用。证据开示产生的电子文件在审判中应用的比例不到1%。

可见，在初审时就将发现程序限制在核心的文件非常有实践意义。联邦巡回上诉法院曾发布了一个规范性命令，指导法庭在无产实体诉讼中通过开示推定的限制减轻被告负担。

新法案中，这方面的条款主要包括两方面的内容：第一是"前期限制证据开示"，也就是在权利要求项解构阶段，将证据开示范围限制在决定专利文件中名词含义的必要信息。但这种限制不适用于申请临时禁令的情况。原被告也可以主动协议不适用新法规则，沿用民事诉讼联邦规则。

第二是要求联邦司法会议为专利诉讼制订证据开示规则。修改内容包括：各方对核心证据的开示各自承当费用；一方可以承当多出的成本以寻求增加的非核心证据开示。

## 5. 许可要求函

美国企业最烦心的专利流氓行为就是敲诈性的专利许可函，限制无产实体发放欺诈性的许可函在多个新的立法案中都是核心内容。

2015年两个新的立法案中的建议包

言论：

我们能改变现状，我们能用一种平衡的方法实现目标，一方面维持强大的专利保护以为创新提供必需的激励，另一方面确保建立一个更加高效和顺畅的处理专利纠纷的途径。

——美国专利商标局局长米歇尔·李

言论：

事实和数据会使得华盛顿的游说复杂化，那里，人们有一套成型的辩论模式，喜欢将信息塑造得适于辩论。事实和数据影响花言巧语和情绪的发挥。他们辩驳精心挑选的奇闻异事，最坏的是，事实和数据会引起思考和踌躇，逼着我们考虑被建议的"果断"和"勇敢"的行为实际上可能是鲁莽灭裂和破坏性的。

——美国前专利商标局局长戴维·卡波斯

括：用联邦贸易委员会法处罚滥发专利许可函的行为，授权联邦贸易委员会处理违法者。具体包括：（1）在主张专利权过程中的不公平和欺诈行为；（2）从事大范围发送虚伪描述的、没有合理基础的或者误导方式的许可要求函，要求函件的接受者或者他们的下属公司承担侵权赔偿责任。

故意向最终使用者发送闪烁其辞的许可要求函，指称他们专利侵权的行为是以违反公共政策的方法滥用专利系统的行为。基于这种故意闪烁其辞的行权活动和诉讼应该视作欺骗行为，应该被认定是诉讼滥用。

## 6. 中止对小业主的诉讼

无辜的终端使用者和分销商往往成为专利流氓诉讼的被告，这些主体往往是一些中小城镇的主街商户。他们对专利诉讼和涉及的专利技术并不了解，成为少数流氓无产实体敲诈的目标。

新的立法建议包括：在特定情况下，法庭可以接受被诉的分销商和终端用户的申请中止针对他们的专利侵权诉讼活动，条件是：制造商是同一诉讼的被告或者同一专利在别的法庭是提起的诉讼的被告；分销商或终端用户同意接受针对制造商诉讼的判决约束。如果制造商拒绝相同事由判决的上诉，法庭可以根据分销商或者终端用户的申请决定，该判决和不上诉的决定对他们不产生约束力。

### 观点：极端变法

美国的专利法是美国经济系统的重要组成部分，是美国成为全世界最佳创新地的引擎。美国历史上一直存在各种专利改革和变法的建议，虽然每次的关注点不同，但主要来自两个阵营：一个阵营认为需要更多保护专利、增加发明奖励；另一个阵营则认为应该削弱专利保护，避免压抑企业市场竞争。双方立场不同，但同样执着。结果就是"不是东风压倒西风，就是西风压倒东风"，专利保护总是从一个极端转化到另一个极端。美国每次专利法变革都有矫枉过正之嫌，但总能在对美国的创新经济提供适当动力的同时，不对经济发展造成太大的负面影响。

---

资料：产业之争

在专利法改革这一重大问题上，美国产业界"早已壁垒森严，更加众志成城"。这一点在美国众议院和参议院历次的立法听证会上表露无遗。其中代表保守派的生物制药企业和代表改革激进派的互联网企业冲突尤其激烈。

生物和制药产业对广泛的专利改革不感兴趣，大的生物技术、药物、制药企业没有面对信息产业同样的专利诉讼威胁。没有受到专利行权影响的生物制药企业如强生等极力反对进一步专利改革，认为互联网巨头的改革游说有害于他们既有的权利。他们认为，美国专利法改革已经到位，有的部分例如双方专利复审都已经走火入魔，应该走回头路。以谷歌、思科、苹果为代表的硅谷互联网企业则认为专利改革尚未达到目的，仍需努力。

两大产业间缺少协调将拖延或者阻止美国专利改革建议通过，全面解决无产实体的改革方案在议会很难通过。

---

## 二、立法游说 利益保障

做天难做四月天，蚕要温和麦要寒。行人望晴农望雨，蚕桑娘子望阴天。

**——古诗歌**

在美国发明法案审查时，有强大的国会游说团体介入，反对专利法改革：限制赔偿金，严格授权要求，诉讼费用转移等，这些游说团体一般代表生物和制药领域的巨头。他们希望新的专利法改革针对特定不正当诉讼行为，不影响美国的整个专利创新机制。

同时，美国也存在一个强大的信息产业高科技公司集团，这个集团以谷歌为代表，与美国奥巴马政府关系紧密。他们是本次专利大革命的最大受害者，希望通过进一步专利法变革体现互联网新进企业的利益，限制专利行权活动，打击无产实体。他们的联盟是美国金融企业和大型连锁服务机构。

反对新的专利立法的团体主要包括以下五种。

# 1. 美国风险投资协会

该协会代表大约400家风险投资公司，在美国每年的风投数额中占很大比例。该协会的一个重要角色是帮助国会理解新法律可能影响风投产业、新公司和美国的创新过程。

协会在其网站上表明了立场：重大的风险投资项目基于专利的存在，保护一个新出现公司的创新观念，阻止竞争对手盗窃其创意。假如投资没有得到强大的专利系统保护，没有阻止侵权，进一步地依靠专利保护的投资将被婉拒。

协会支持针对专利滥用行为的专利变革立法，但担心现在的立法建议将产生不希望的后果，担心会影响向突破性技术和拯救生命的治疗方面的投资。2015年的两个法案包括将增加所有公司专利诉讼成本和风险的条款，会使得新创公司向根深蒂固的竞争对手主张自己的专利权变得更加艰难，也使得他们在强大竞争对手甚至巨型非经营性实体提起的专利诉讼中保护自己困难重重。

协会重点关注三个具体领域：（1）费用转移。新的法案设计了过宽的费用专利标准，给有金融资源从事过度诉讼的大型企业甚至大型专利丑怪重大优势，给新创公司增加了风险。（2）连带责任。新的立法建议规定，如果新创公司在专利诉讼中失利，不但自己将陷入巨额诉讼费赔付，他们破产后，风险投资人还要承担继续赔付责任，这开了一个令人不安的先例。（3）开示和诉状。通过创设不必要的起诉要求和证据开示程序中的昂贵的延迟机会，新法案增加了专利诉讼成本。这是对小型新创企业的暗中布局。

一件专利只有在专利权人有能力主张、其他人也知道专利权人有这个权力时才会强大。协会相信现在的专利改革努力冒着重创这两个要素的风险，使得向依赖专利保护的新创公司投资变得更加困难。协会坚持与利益相关方合作解决专利丑怪和其他专利诉讼滥用行为问题，但我们必须牢记，不要产生目标意外的后果，给创业生态系统造成威胁。

# 2. 生物科技产业组织

该组织是生物科技公司、学术机构、州生物技术中心和相关组织的行业联盟，会员遍布美国和其他30个国家。

联盟负责人对创新法案的意见在其网站上表达如下：

"生物科技产业组织支持有针对性的改革，控制滥用专利主张的行为，但任何欲达到此目的的努力都应以保护专利激励的方法推进，维持我们国家在生物科技创新领域的全球领导地位，保证在全美创造高工资、高价值的工作机会。

"我们担心创新法案没有通过这个考察，破坏了合法专利权人商业化其发明和对侵权者主张其专利的能力。

"考虑到过去两年对专利系统史无前例的立法、司法和行政变革，我们的会员、顶尖的大学、美国所有经济领域的创新者一直促进国会谨慎推进进一步的变革，那将继续破坏法益平衡，损害专利权人的权益。"

"强大的专利是生物科技产业的生命之源。在保证稳定生物科技公司创新资金流方面非常关键，在创新药物、替代能源和抗旱抗昆虫研究方面不可或缺。是发明从实验室到上架产品的技术转移流程的基础。"

"大部分生物科技产业公司都是小公司，没有市场上的商品，他们的研发活动通过大量的私有投资支持，这些投资要持续多年，甚至几十年。没有强大的、可预测的、可强制行使的专利保护，投资者将不再投资生物科技创新。这将削弱美国乃至全世界应对紧急药品、农业、工业和环境挑战的能力。"

"生物科技是美国仍然无可置疑领先世界的领域，不管是在推出新概念产品还是在市场化方面。我们国家的资本应该用在像生物科技这样高出他国一头一肩膀的技术领域，保护它、滋养它，使它继续带来最大的社会和经济效益。"

生物科技产业组织支持的立法方案是特拉华州众议员库恩推出的"为我们国家的发展支持技术和研究（又称"强大法案"，因为法案全称的第一个字母连起来就是STRONG）"。该法案的主要内容包括：确保授权后程序的平衡；消除美国专利商标局收费转移，在美国专利系统中支持小企业，解决欺诈和不透明函件等。该法案的立法思想从库恩自己的网站上可以得到解释：

"为什么要强大专利？知识产权密集产业构成了美国GDP的1/3，达到5.5万亿美元，创造了2 700万个就业机会，给员工的工资比其他产业高出30%；75%的风险投资家在作出向小企业注资决策时考虑专利价值，在生物科技产业高达97%；专利在需要长期投资研发的领域激励创新，这些领域包括拯救生命的疗法及无线技术更新换代；专利使得我们能从小创新者获益，有了强大的专利权，个人能作出颠覆主流公司的创新；美国在创新领域的领导地位在很大程度上源于无可比拟的专利创新系统，今天的强大专利可以为明天提供改变游戏规则的创新。"

### 3. 美国制药研究与生产者协会

该协会成立于1959年，代表美国顶级的生物制药研究者和生物制药公司。协会总部在华盛顿，宗旨是寻求公共政策和医药研究的必要沟通。

该协会网站上一篇2014年4月题为《强大的知识产权保护对维持美国生物制药领域世界领导地位非常关键》的文章表达了对新的立法的态度。文章写道：

"生物制药创新不是老天白给的。强大的知识产权保护对生物制药产业作出重大、长期投资能力非常重要。一些产业一直在嚷嚷专利丑怪的危害，这些实体将专利用在产品中供公众使用，却选择许可或者作为起诉其他商家专利侵权的依据。协会支持国会限制所谓专利丑怪的滥用专利诉讼的定向立法努力。但是我们一直担心一个宽泛的、一刀切的方案，那将瓦解专利持有人通过专利诉讼行使其权利的能力。这可能给合法专利有效和高效主张权利增加过度负担，潜在地减少专利价值，削弱生物制药创新激励。"

2014年3月底，该协会和其他行业组织及大学、生物技术和医疗设备企业联合向参议院表达了对过宽专利改革方案的关注："我们担心一些正在考虑的立法措施已经远远超过了限制过度专利诉讼的需要，实际上，将会给专利系统造成严重伤害。以现状来说，很多建议条款假设每一个专利持有人都是专利丑怪。用这种办法起草法案严重弱化了每个专利权人行使专利的能力。这种方法明显有利于不依靠专利的商业模式，将利益的天平向专利侵权者倾斜，从而阻碍创新投资。专利系统是美国经济的基石。它不应用部分美国最创新产业的激烈反对的方法被改变。"

### 4. 创新联盟

该组织网站首页开宗明义："创新联盟致力于提升专利质量的同时保护创新"。

网站对联盟的介绍是：创新联盟是基于研发的技术公司的联盟，代表来自不同产业的发明人、专利权人和股东，相信维持一个强大的专利系统以支持各种规模的创新企业非常重要。他们支持提高专利质量和限制所有专利系统使用者过度诉讼费用的措施。该会员包括杜比实验室、高通、特斯拉科技等公司。

该联盟具体的立法建议有：（1）永远结束官费转移。国会能采取的最重要的唯一的提升专利系统的措施是结束美国专利商标局的官费转移，给美国专利商标局提供足够经费。（2）用户中止。将"用户"严格界定在被指控侵权的零售商和最终用户。（3）许可要求函。法案要在海量格式要求函和合法的许可通信之间画一个清楚的界线。应该为诚实信用的许可提示设定安全港。（4）证据开示限制及相关成本转移。法案应该给司法会议制订证据开示限制的自由裁量权。司法会议有一套稳定的规则制订流程，能够制订既限制证据开示成本和范围，又不危害任何方获得关键证据的规则。（5）合格方加入。新法案应该纠正诉讼资助者支持的壳公司参与的虚假诉讼，但同时也要支持合法发明人和合法许可企业的诉讼。应该针对过度诉讼行为而不是特定的商业模式立法。（6）诉讼费转移。建立类似著作权法的转移标准，给法院判赔律师费的自由裁量权，不偏袒任何一方。（7）真正利益方深度披露。限制在披露专利受让人、有权再许可的实体及其最终父实体。避免过宽定义，那将被解释为合法的股东和投资者。（8）加高诉状要求，支持一个较窄的诉讼标准。诉状披露的信息应该限定在确定侵权专利要求权项，简短平实的侵权称述，指明至少一项侵权产品。（9）已经提高的禁反言。不能修改美国发明法案新增加的禁反言，本该在授权后复审中提出的无效理由不得在此后的民事诉讼中提起，如果改变此条，对专利权人就是不公正的歧视，也使得诉讼更加复杂。（10）广泛的合理性解释。专利商标局的授权后复审和双方复审程序标准应该使用民事诉讼程序的标准。

## 5. 美国创新合作伙伴关系组织

2014年4月美国七家不同领域的商业巨头联手成立了美国创新合作伙伴关系组织（Partnership for American Innovation）。成立该组织的目的在于唤起人们对专利保护的重视，并在媒体、议会和法院等机构和组织倡导对于专利体制的正确认识。

该组织的成员包括苹果、杜邦、福特汽车、通用电气，IBM、微软和辉瑞制药，其高级顾问是前美国专利和商标局局长戴夫·卡波斯。

据报道，该组织的目的就是对抗谷歌等新兴互联网企业弱化美国专利系统的企图。其主要有三条主要原则: 美国经济应该有一个强大专利体系为其服务，以保护技术领域高品质的创新；知识产权被所有全球经济参与者尊重是十分重要的；美国的专利和商标办公室应该得到适当的资助以使其有效地处理专利申请。

该组织成员认为软件是可以申请专利的。而恰恰与此相反，一些像推特这样的年轻的硅谷公司则认为："软件的专利权并不符合专利体系建立的目的"。

该组织的成立也反映了软件创新所遭遇的窘境。"软件并不是一种新科技，它已经存在了半个多世纪。在这段时间里它已经成为了其他创新和技术进步的基石。而法院在2014年才考虑软件是否有权申请专利保护着实是令人困扰的。"

支持新的专利立法的团体主要包括以下五个。

## 1. 互联网协会

互联网协会是谷歌、亚马逊、脸书支持的一个游说团体。会员包括Ebay、高朋、优步、雅虎、贝宝等46个互联网企业。

该协会在网站上这样介绍自己："代表美国顶尖互联网公司和他们的全球使用社群。我们全力推进公共政策解决方案，加强和保护互联网自由，促进创新和经济成长，方便使用者。"

在专利改革方面，该协会的网站指出：公司和个人使用互联网创造有价值的、新的和动力十足的产品和服务，雇用了数以万计的员工，提高了生产力，使得即时通信成为可能，娱乐全世界。因为常说的专利丑怪的存在，专利法还是一个诉讼密集和不确定的领域。这些实体煽动高成本的诉讼，从生产性研发转移资源。最后，专利丑怪给创新增加了很大的伤害，我们支持国会有目的的专利改革立法，支持美国专利商标局采取的改变专利丑怪诉讼的措施。

2015年7月，协会联合十多位顶尖互联网企业的董事长、总经理致函众议院领导人，信的内容如下：

我们强烈要求你们通过2015年的创新法案。我们是美国领导互联网企业的首席执行官们。因为身份原因，我们对专利丑怪模式给我们经济造成的负面影响有直接的体验。我们也是创新者，实际上，我们中的很多人是骄傲的专利所有人。构成我们经济的工作、物资和服务依赖创新，创新需要专利保护。

作为创新者，我们支持创新法，因为它在保护专利权人的权利和消除烦扰专利丑怪诉讼方面做了妥协。如果生效，创新法案将使得同我们一样的创新者回到业务上，做我们做得最好的事，也就是创造就业和服务，帮助我们的经济运转。

有缺陷的专利系统仍然是我们经济最大的威胁之一。烦扰专利诉讼正处在历史的最高点。2013年，专利丑怪诉讼达到了创纪录的高峰，比2012年高了13个百分点，比十年前翻了十倍。最近，在2015年第一季度，专利丑怪提起的诉讼已经比上一季度增加了近42%。这些专利诉讼费用昂贵，耗费了几十亿美元，这些钱本来可以再投资进新的创新和创造就业活动。实际上，2011年估算的专利丑怪诉讼带来的直接间接经济损失达到800亿美元。此后丑怪活动还在增加，损失也在扩大。

专利丑怪活动给我们经济造成的排水管效应是显而易见的，现在的系统激励专利丑怪们向生产企业提起烦扰和昂贵的专利诉讼，不管大的小的。这是就是我们支持定向的和达成共识的立法解决方案的原因，这将铲除专利丑怪商业模式的基础。详细地说，创新法案将处理关于专利丑怪滥用诉讼的下述问题：（1）模糊的诉状；（2）在支持专利丑怪诉讼的法庭择地行诉；（3）过宽的证据开示要求；（4）对烦扰专利诉讼缺乏经济打击。这虽然不是一劳永逸的绝招，但这些改革可以帮助消除专利丑怪商业模式没有风险高回报的因素。

创新法案是有利于我们经济发展正确方向的积极的一步，我们希望你们将在这个夏天通过该法案。

## 2. 统一专利改革联盟

统一专利改革联盟是一个基础广泛的公司联盟，包括高科技巨头谷歌、脸书、亚马逊，主街商户的代表，以及全国餐馆协会、全国零售企业联合会、美国宾馆和旅店协会。这是一个很有势力的坚定地支持专利改革的联盟。34个独立的会员花在游说活动的费用近1.29亿美元。全国零售企业联合会花了5 505.7万美元，谷歌花了1 752万美元。

该联盟成立宗旨是：美国各个产业、各种规模和形式的企业被专利丑怪烦扰，专利和过宽的专利权利要求被劫持为人质，这种状况必须改变。现在是拿回专利司法系统、使其回到原始目标的时候了，这个目标就是促进创新和投资，服务整个美国经济。

他们列举的改革目标包括：改革泛滥的许可要求函；要求丑怪详细解释他们的权利要求；保护无辜的客户；使专利诉讼更高效；停止证据开示滥用；让滥用规则的专利丑怪付出代价；提供便宜的选择。

## 3. 美国独立社区银行家协会

美国独立社区银行家协会是美国小银行的主要商会组织。代表大约5 000家中小金融机构。出版月刊《独立银行家》，向美国国会就涉及银行业的事宜开展游说活动。该协会总部在华盛顿，在各州都有分部。美国中小金融机构近些年深受专利许可函影响，希望通过立法能维持其业务正常运营。

在2015年的一个立法听证会上，该协会的代表表示：假如专利许可要求函不包含清楚和详细的关于专利、专利权人、侵权业务信息，则此后的一切民事诉讼都应该被驳回。该协会还希望将针对银行业的过渡程序（含商业方法的专利复审）永久化。

## 4. 消费电子协会

该协会是美国消费电子产业的标准和行业组织，影响美国公共政策执行，从事市场研究，帮助会员和监管者推行技术标准。协会有2 200多个公司会员。协会声称：支持知识产权行权的平衡方法，保护专利公正地使用，同时不限制促进创新。

消费电子协会积极参加美国议会的听证会，在2014年参议院的一次听证会上，其负责人盖瑞·夏培罗号召参议院响应白宫和众议院的对专利丑怪的行动，说90%以上的专利丑怪活动瞄准中小企业和新创公司，说专利丑怪与敲诈勒索没有什么区别，"1/3新创公司莫名其妙地成了专利诉讼受害者，40%的小技术公司说荒唐的专利诉讼对他们的生意有严重负面打击。"

2015年年初，该组织发起"创新运动"，号召公民给国会写信，促进专利改革立法，打击专利丑怪活动：

"无产实体，更出名的是'专利丑怪'，不生产产品，但他们能够使用威胁企业家和发明人的方法，每个星期从美国经济中榨取15亿美元。不管大小，没有人能逃脱专利丑怪的威胁。

"创新法案和专利法案是在众议院和参议院由两党提出的，目的是让专利剥削者为他们的无聊专利诉讼和无稽威胁负责。不要让专利丑怪庆祝又有一年能从幸苦劳作的美国人民榨取80亿美元，促使你的众议员和参议员支持有效的专利改革，保护企业家不受专利丑怪攻击。让国会今天就将这些立法案付诸投票表决。"

## 5. 运用程序开发者联盟

该联盟于2012年成立，是支持应用程序开发者的非营利性全球性组织。自称其会员包括五万名应用程序开发者和几百家企业。

该联盟在其网站上表明了意见，指出"应用程序开发者和新创企业现在需要专利改革"：应用程序开发者联盟支持在不损害法定专利权基础上推进的根除专利丑怪商业模式的司法改革，专利丑怪用阻碍性专利恐吓商家，榨取许可费，如果商家拒绝，就用漫长和昂贵的法律行动迫其就范。滥用专利行权威胁和诉讼使得创新者们分心、使投资望而却步，浪费大笔原本可以用来设计产品和发展公司的资本。对每个新创公司和应用程序开发者来说，应对泛滥的专利丑怪很大程度上危害到发展成长，能导致企业破产。联盟支持缩短繁琐诉讼，改变诉讼负担失衡，保证许可要求函和诉状透明、细化的政策。

具体而言，其立法主张包括：要求许可要求函和诉状透明、细化；授权监管者惩罚不公正和欺诈性的许可要求函；解决垃圾专利，减少诉讼成本和风险；保护最终软件用户等。

# 第八章

## 是非功过　一笔难判

与前两次专利运营相比，最近这场专利大运营的影响广度和深度都是空前的，创新无产者的行权行为从个别、自发、短期行权转向普遍、自觉、长期的行动。以创新无产者、专利运营专家、风险投资家为主组成的创新实体在这次革命中发挥了领导作用。创新无产者的利益在革命期间得到了较为完善的保障，专利资产的价值得到空前尊重。

从各个角度看，美国专利大革命不是无产实体一个阶层或者一个团体的革命，各种规模的有产者用各种方式积极参与进来，努力实现自有专利资产的价值，成千上万的专利资产转手，促进了美国创新市场的形成，推动了创新产业的崛起。

美国专利大革命的最高潮正在悄悄过去，专利行权会越来越规范和保守，美国疾风暴雨式的专利行权活动也将归于平静。然而，美国专利大革命的成果不容忽视，创新无产者队伍还将扩大，服务创新的无产实体也将继续存在。更为重要的是，美国专利大革命创造了一个空前的专利创新市场，它的成型将影响美国乃至全球未来的创新活动。

# 第一节　改善环境　服务创新

系统改善创新环境，为信息产业革命提供了利益之油，为创新无产者的再次崛起做了理论、实际方面的准备。

经过革命，单个专利的价值复活了。代替几十年来专利资产整体的交叉许可，专利现在开始被单独评估和交易，专利资产的价值空前提高。信息高科技大企业虽然强烈反对，但也不得不先后屈服，开始更多地考虑自己企业专利资产的价值，更多地投资购买其他主体的创新资产，更多地介入各种目的的专利囤积活动。

短时间内，美国创新环境发生了根本的变化。

美国社会整体从专利大革命中获益，无产实体的活动促成了创新闭环的形成，为创新无产者下一轮的创新活动补充了"利益之油"。创新中介有了自己的正式名称，第一次作为一个独立的团体走上了大众创新的历史舞台。

他们有战略、有规划的、积极主动的专利行权行动，使得专利行权脱离了起义、暴动性质，成了真正的专利大革命。

# 一、平衡资源　缓和矛盾

专利是国家和发明人之间的一个交易，国家用有限的垄断权承诺诱导发明人公开自己的发明。在美国平均专利诉讼费达到200万美元的背景下，这种承诺对小发明人来讲没有多少价值。面对凶猛的制造饿狼，专利权人手里握有的专利是没有钱就不能行权的松脆的麻杆。在一边倒的竞技台上，大企业可以毫无顾忌地侵犯创新无产者的专利。

无产实体的介入平衡了双方的力量对比，他们有能力和资源像大企业一样行权，将收获的专利许可费部分反馈给中小创新者。

例如，独立发明人保罗·威尔1987年将身份证系统发明申请了专利，但一直没有获得收益。2004年，Acacia给他打电话，主动要求合作风险代理，该公司发现威尔专利的一部分覆盖了信用卡交易的特定编号，从30家企业收到了几百万美元。威尔说没有Acacia帮助，他永远也没有钱行使专利权。他曾经努力推广自己的身份证和交易系统，但无人理睬，很多时候电话都无人接。威尔将该公司称为自己的救命恩人，他说，很多其他专利引用他的专利，但我支付不起诉讼费用，没有Acacia，自己只能任由这些大公司继续侵权。

无产实体是创新无产者的专利行权天使，他们使专利体系恢复了平衡，为面临破产的小发明人提供了很好的选择，实现了他们创新资产的价值。

# 二、加快闭环　增加供给

研究证明，创新限于特定的群体，很多创新者不喜欢繁琐的经营运作，不喜欢商业的讨价还价，他们喜欢不断接受创新挑战、产出发明。也就是说，要为创新之火添加利益之油，就需要保障这些职业发明人的利益，促进创新闭环尽快闭合，保证他们尽快投入新的创新活动。

在专利创新机制下，投资创新－申请专利－专利授权－专利运用－创新回报－投资新的创新活动，这就是创新闭环。

对创新无产者来说，获得回报的途径只有一个，就是专利许可或转让，他们大都没有能力经营生产获利。如果不能尽快将手中的专利许可或者转让出去，获得高于他们投资创新的收益，他们的创新活动就不能继续，他们的生存也会面临挑战。

无产实体不但可以给创新无产者提供维权资金，预支专业律师服务，还可以通过各种利益安排在诉讼开始前就回馈创新无产者，为他们的继续研究和创新创业提供亟需的流动资金。

可见，领导专利大革命的无产实体实际上是美国专利原教旨主义者，是他们在纠正多年来的专利只申请不行权的怪现象，为信息经济时代的创新无产者添加了利益之油，加快了创新闭环的形成。

创新技术实际上就是一种创新的信息，一旦公开就成为公有知识。如果没有强有力的专利行权保障，创新有产者的回报就将入不敷出，创新无产者将更会颗粒无收。长此以往，创新就缺少驱动力，创新产品供给就会受到影响。

在创新无产者贡献不断增加的环境中，无产实体活动对创新供给的贡献无可置疑。

一方面，无产实体就是创新的鞭子，他们的活跃带动了美国专利的二级市场，给潜在的发明者提供刺激，诱使他们不断创新发明，申请专利，增加创新供给总量。

另一方面，无产实体又是大企业创新的牛虻，刺激吃饱喝足的大企业继续创新，不得松懈。大企业专利意识因此增加，专利管理走向正规，整个美国企业专利申请量增加，创新活跃。

他们对于美国专利制度设计者保证创新供给的目的实现有益无害，所以总体上讲是"好得很"而不是"糟得很"。

# 三、护航"万众创新"

《阁楼里的伦勃朗》一书写道："创造力，以观念、想法、创新、发明的形式，已经代替了黄金、殖民地、原材料成为国家新财富的源头"。

美国经济地图在过去的30多年中发生了翻天覆地的变化，主流企业的价值此前基于土地、自然资源以及人力资本，今天已经变为以知识产权为主体形式的无形的创新资产。

美国联邦储备委员会前主席格林斯潘宣称："美国经济的产能已经很大程度上成为观念上的"。固化"观念"和"创意"资产的知识产权已经变成了美国新经济的基石。这已经为一系列的研究所证实，美国企业无形资产的价值已经远远超过了有形资产，占到了85%以上。很多研究者表示，"创新"已经从制造业和服务业中分离出来，形成了独立的"创新产业"，也就是所谓的"第四产业"。

三大产业分类在20世纪中后期影响很大，具有很高的理论和实用价值，既有利于国家经济结构的优化，又有利于产业政策的规划和落实。一般而言，第一产业是使用劳动力直接从自然界获得产品的产业，包括农、林、牧、渔等行业；第二产业是依靠机器、矿产资源等要素对原料或半成品进行加工的制造业，主要包括矿业、能源、制造等行业；第三产业是主要以脑力劳动获得报酬的服务业，主要包括商贸、金融、餐饮、运输、通信等行业。从20世纪80年代开始，第四产业的理论逐渐兴起。

从理论上看，第四产业是制造业和服务业的深化，与前三个产业有同等的规模和重要性。有的学者将新的产业定义为绿色环保产业，有的学者将其定义为信息产业。其他相关的定义还有：知识产业、智能产业、高科技产业、环保产业、精神经济产业，等等。

笔者认为，第四产业无疑属于创新产业，但创新产业的外延应该更宽，是对所有"创新驱动发展"的产业的概括。在信息经济时代，第四产业应该就是信息产业，包括互联技术、软件、电子商务、大数据、云计算、物联网等关联的各个行业。然而，信息产业只是创新新常态下从前三个产业分离出来的第一个创新产业，随着创新经济的快速发展，绿色环保产业、生物生命产业、智能制造等都有可能作为第五、第六产业从传统产业中分离出来。

创新产业的核心发展要素是"创新力"，有别于其他三个传统产业的劳动力、资源、能源、资本等要素。新产业的主要产品形态是以知识产权为表现形式的无形资产，专利因其科技创新性质被称为创新产业的核心产品形式。简单说，创新产业就是知识产权密集型产业或者说是专利密集型产业。

对于其他三大产业的企业，知识产权是一种"从权利"，它的存在服从于企业的制造和服务的提供。没有制造和服务，知识产权就没有多少价值，"皮之不存，毛将焉附"。对创新产业来说，创新成果知识产权就是产品，知识产权从制造的附庸变成了新时代的主角。就像软件从硬件中分离出来最终发展成一个产业一样，创新产业也必将从传统以物质为基础的产业中分离出来。

在一定程度上，创新产业是创新和制造的分离，创新无产者必将成为创新产业的主导力量。作为产业分离的最前线，美国创新无产者和制造有产者的矛盾因此空前恶化，这就是这场专利大革命发生在信息产业的根本原因。

与信息产业启动同步，20世纪80年代以来，美国的创新主力开始变化，越来越多的重大创新源自创新无产者，创新无产者再一次站在了创新舞台上。"万众创新"与"创新经济"就是货币的两面。

无产实体是美国某些传统信息科技公司的梦魇，却是美国创新产业发展的先导，是美国创新产业的代言人、保护人和先行官。在护航褪褓中的创新产业的过程中，无产实体的有些行为显得过于强烈，特别是某些投机分子的加入和大企业的私掠恶化了这种情况，但是整体来说，美国无产实体的活动来得正是时候，给信息产业的繁荣及时添加了利益之油。

# 第二节　构建市场　完善机制

专利系统运转正常，无产实体就是专利市场交易效率专家；专利系统有漏洞，无产实体就是利用这些漏洞的专家。这就像许劭对曹操的评价："治世之能臣，乱世之奸雄"。

随着美国专利制度的变革，专利行权活动会越来越规范，无产实体将会更大程度上成为推进美国创新市场的"能臣"，更多地发挥专利创新市场经纪人的角色。

## 一、提供可信威胁

创新市场的存在需要有最低限度的、可信的诉讼，威胁、刺激潜在侵权者接受专利许可或者购买专利。也就是说，在可信的诉讼威胁存在时，专利才能成为商品。这已经被很多事实证明。最基础的交易由买卖双方组成，在专利市场上，就是发明人和专利买方或者被许可人——一般是有资源开发产品的大企业。经济学的假说是大家都是理性经济人，一个人会在追求个人利益的前提下作出选择和决定，每个人都发挥所能，将掌握的资源价值发挥到极处。专利权人要最大化专利许可费，企业最大化利润的方法就是降低成本，专利许可费最好不成为成本。没有可信的诉讼威胁，制造有产者没有理由缴纳专利许可费或者花钱购买专利。

专利法不是公法，不由国家提起诉讼保护，只能通过民法自诉解决。这就要求专利资产所有人有经济力量。由于制造有产者也就是专利买方的规模和强势，创新无产者对他们很难形成可信的诉讼威胁。

无产实体的出现在很大程度上改变了这种状态，他们可以提供专利市场最需要的可信的诉讼威胁。通过无产实体的介入，大量的创新无产者拥有了行权能力，可以对实施专利技术的制造有产者产生可信的诉讼威胁。美国创新市场越来越壮大了。

## 资料：IPXI 失败

国际知识产权交易市场于2009年创建，2010年年初开始经营，目标是成为世界上第一个完全透明的专利许可交易市场。该交易所的模型参考芝加哥气候交易所，独有的卖点是"单位许可权"（unit licence right，ULR）。在这里上市交易的专利许可被分割成固定数量的单位许可权，被许可人可以购买单位许可权来获得专利技术使用的权利。假如专利被许可人购买的单位许可权超量或者不够用，他可以出手交易。每个单位许可权都明确标价，使用的都是标准合同，市场声称该平台能使专利许可比双方专利许可交易更加有效、及时和便宜。

该交易市场在2015年3月23日停止运转，声称："市场的商业模式提供公平和透明，依靠专利技术的使用者是良好的企业公民。最后，潜在的被许可人清楚显示，市场能真正获得他们注意的方法是诉讼，但诉讼恰恰是我们的商业模式努力避免的。"

董事长杰勒德·潘科库克承认，失败的根本原因是他的商业模式缺乏"可信的诉讼威胁"。美国专利创新市场不接受善意的许可谈判，鼓励潜在的被许可人躲避谈判，直到面临专利许可人的法律行动。发现自由创新交易市场失败的原因不是公司拒绝在交易市场交易，是存在一个不鼓励方便善意、诚实许可谈判的创新系统，这个系统的核心就是企业内外部的法律顾问。

他一直在努力总结自己的专利许可交易平台失败的原因，最后发现都绕不过美国现在的专利行权环境。在设计市场的过程中，他和自己的团队不断发现和调整商业模式，与潜在的被许可人讨论，得到很多有益的建议。所有建议都在五人委员会讨论中找到解决方案。

虽然困难，但经过努力推广，到市场开市时，他已经吸引了70个成员，包括很多经营性企业、大学和研究机构，还有主要的金融投资者，建立了明星阵容的理事会。在开市期间，推出了四支交易，涉及的专利组合都是公认的高质量的。例如，802.11n 无线网卡驱动标准必要专利组合包括近200件专利，市场做了深度尽职调查，提供的价格是此前诉讼赔偿金的75%，也考虑了市场价格，但还是没人交易，甚至没有人谈判。

潘科库克说，虽然员工、会员和理事会很努力，成绩突出，但事实是达不到业绩里程碑，不能吸引很多企业成为"良好的企业公民"，接受合法的专利许可，虽然整个系统设计90%的努力都是满足他们的需要。他们可以进入数据屋，找到详细的在先技术信息，使用的实证，权利要求列表，使用范围，有效性，等等。但目标被许可人还是不买账。

该交易市场设计时认为，只要解决了四个重要的问题，就可以使得善意诚实的专利许可顺利进行：（1）确定质量；（2）提供使用的证据；（3）交易的透明性；（4）定价。市场设计者自己研究了这些因素，提供了解决办法。最后发现没有诉讼威胁，就没有谈判交易动力。

潘科库克说，在第一次接触时，很多企业都比较友好，这些潜在被许可人的董事长、首席执行官和其他负责人接洽，坐下来谈得也很顺利，他们理解市场的设计，并且也知道这种公开市场交易是高效、透明的，有利于企业得到公平的许可条件和市场化的价格。然后谈判就拖下来，直到有一天他们会把门关起来不见你，最后的答复是"没有在法庭起诉我们不需要做任何事"。

有的企业表示只有接到律师函才见面探讨，甚至说：把我们告上法庭吧。

其实并不奇怪，在开市前，潘科库克就走访了一些知名的知识产权律师事务所，确保商业模式没有漏洞，律师们都说好，并提了不少建议。但被问及如果自己的客户被交易市场联系谈判许可时他们会给客户什么建议，律师们异口同声答：被起诉前不要做任何事。

## 二、专利交易经纪

作为特殊的创新资产，专利货币化面临无数挑战。包括：缺乏透明有效的市场，单个专利价值各不相同，大部分专利没有或者很少有价值，复杂的价值评估，等等。这导致买卖双方巨大的价格落差预期，最后造成时间成本的损耗，甚至造成专利权人对专利市场的心理障碍。没有实际参加过转让流程的专利权人，很难理解专利交易的艰难，时间漫长，整个过程充满纠结、沮丧、痛苦。

作为商品，专利的流动性非常差，没有做市商的介入，专利市场只是简单分散和搜索的市场。专利权人到处搜索买主，买主也在寻找新的有利可图和有前途的技术。因为没有中心市场，他们的这些活动产生了极大的交通、询价、比较产品和价格的成本。

在这方面，无产实体发挥特长，提供如专利审查评估、专利拍卖等服务，更重要的是，他们能够以独立实体的身份参与交易过程，收购专利或者接受专利独家许可，然后以自己的名义开展诉讼，获得回报，成为专利交易市场的独立经纪商。

在很大程度上，专利行权主体在美国支撑了一个充满活力的专利二级市场。

## 三、专利囤积清算

作为专利经销商，无产实体不但改变了创新市场动力机制，还培养了名副其实的做市商。经济学家指出：一种新种类的公司在高科技公司四周出现，作为知识产权交易中介，他们的聚集功能将促进一个高效的市场。这种新类型的公司就是专利囤积者。

高智这样巨型的专利囤积者同时也是专利交易市场的做市商。大量购买专利的囤积者就像股市的上市推荐人和做市商，使得专利交易市场增加了流动性和平滑性。

专利囤积者给创新市场提供类似于证券经纪人提供柜台资本市场的功能。证券交易属于非集中市场交易，不像拍卖性质的机制，做市商要在自己的户头买卖股权，为市场提供流动性和市场结算功能。专利囤积者如证券市场的做市商一样，通过买卖专利来提高专利市场的流动性。

通过平衡价格和承担风险，专利做市商承担了清算市场的角色。在专利市场，参与者信息极不对称，直接交易会导致市场摩擦，大量的时间、金钱浪费在价格搜寻上。专利价格评估存在由质量评估引起的困难，不同的评估者为不同的评估目的用不同的评估方法评估同一个专利，结果就会产生前后矛盾的评估价格。专利交易数量不多，重复率不高，不同交易对象偶发性严重，也会引发信任危机，导致市场机制失败。

专利囤积者有资金与多家买方、卖方进行大规模的交易，可以收集和分析各种市场信息，衡量专利无效的风险，评估专利保护范围的宽度及在先技术、产业的吸引力等，确定专利的价值。他们通过风险对冲和平衡价格，为专利设定出清价格，完成专利交易的最后环节。

## 四、促进创新市场形成

在专利创新机制为主流创新机制的现代，专利交易市场就是主流的创新市场。在美国专利交易市场形成过程中，无产实体起到了重要的促进作用。

## 1. 专利货币化冲动

在知识产权价值重估、创新市场进化的新时代，美国的生产制造企业难以抵御货币化自己知识产权资产的诱惑。有专家指出，2010年时，美国知识产权价值大约是六万亿美元，是美国国内生产总值的38%，比美国出口总值还高出一万亿美元。美国高科技企业的知识产权顾问和内部管理专家现在必须向总字头的管理者（CEO、CFO等）展示和证明：知识产权是企业的核心资产。

2003年，埃森哲对120个大企业的高级管理人员进行了调查，结果49%的人说他们公司主要依靠无形资产作为收入源。企业决策者要求将知识产权部门从成本中心转化为利润中心，这就意味着很多企业的知识产权管理者不能继续拘泥于专利价值的老规矩，不能拘泥于防御和自由运营保障价值目标，必须追求专利许可和专利行权。

企业的专利买卖活动越来越活跃。先行者施乐总裁就讲过：世界上最成功的企业正在努力地促进、保护、市场化自己的知识产权。

美国专利创新市场的形成经过了无产实体独舞、防御性收购、大企业批量交易三个阶段。

## 2. 第一个阶段：无产实体独舞

在世纪交替的泡沫时期，新出现的国际互联网导致每个企业都需要网站来展示企业形象，新的业务形态出现了，传统的砖块水泥在互联网化。有的互联网企业的业务模式是成功的，又能不断得到风险投资的滋润，所以继续兴旺发展。大量的互联网企业则由于商业模式出现了问题，随着泡沫破裂退出了市场。

在此期间，互联网公司和大量的传统企业都申请了成千上万在网上经营的商业方法专利。泡沫破裂后，海量的专利资产成了孤儿。这些专利成了破产的互联网公司唯一的资产，成了新时代的创新无产者。很多公司只想贱卖抵债，渡过难关开始新的创新活动。

在低迷的经济环境下，很少人想买这些专利。在大部分人眼里，专利还只是防卫性的工具，没有了生意，要专利有什么用？但转折的时机正在成熟，专利价值被压抑太久了，美国法院系统亲专利态度一直在加强，专利价值如同火山岩在地下奔涌，只等着人们来挖掘这个机会了。市场真空吸引着投资者，一种新的投资人出现了，他们抓住了这个难得的机会，果断进入市场，低价从迷茫或者破产的企业大量收购互联网相关专利，希望依靠法院系统的强保护获得投资回报。他们就是无产实体。

2000年，微软支持自己的两个高管成立了高智公司，代表着无产实体作为独立的商业模式出现，此前没有出现过有人大量收购专利的现象。

从此，不再是一小群大公司控制知识产权游戏了。知识产权创新市场逐渐扩大。美国进入了新的大众创新时代。新时代的特征之一就是各种专利交易中介的崛起，专利许可和行权公司、知识产权外包公司、许可代理、知识产权商业银行、知识产权交易运营商等不断成立，商业模式争奇斗艳。他们全身心投入，希望知识产权能够像别的资产一样流动起来。

## 3. 第二个阶段: 防御性收购

为了资金回笼，无产实体大规模的专利行权行动开始了。第一批被攻击的企业就是为互联网提供软硬件的信息技术企业。开始时，习惯于贵族风气交叉许可的信息高科技企业不理解这种攻击力强的专利行权方式，就像重装甲的贵族骑士不习惯使用长弓的英国平民军团。他们习惯于将专利看成是运营自由的保险和抵销或低价获得竞争对手专利许可的交易货物，习惯以权换权，不愿意以钱换权。可是，无产实体对他们的专利权不感兴趣，因为他们不生产经营。无产实体要求这些信息企业全款支付专利许可费。信息企业则千方百计回避这种专利许可谈判。这就迫使无产实体采取诉讼行动，美国诉讼量暴增。这是发生在2005年以后的事。

面对最初的进攻，"高端冷艳"的信息企业手足无措，清醒后就组织了各种反战联盟。他们认为最好的防御方法就是不让无产实体买到风险专利，于是成立了一系列防卫性专利收购组织。信息企业希望通过防卫性专利聚集实体代表其成员企业收购可能落入无产实体手中的风险专利，帮助他们获得专利或专利许可。这是信息产业专利市场的第二个进化里程碑，标志着信息企业间接进入了专利买卖市场。虽然他们收购专利的最初的动机是清空风险专利的市场供给，是被动和防卫性的。相对于2005年之前固执地坚持专利防卫、自由运营保障、一揽子交叉许可的老旧观念，企业已经有了很大的进步。个体专利的价值开始体现出来了。

## 4. 第三个阶段: 大企业批量交易

2011年左右，美国的专利市场演化到第三个阶段，这个阶段的特征是信息高科技企业成为专利买卖的买方和卖方。个体专利解放的时代到了。

无产实体的专利行权活动改变了美国专利运用的老传统，美国专利市场在快速演化，信息产业企业大量交叉许可专利的空间越来越小，代之而起的是每一个有价值的专利或专利组合都被审视，被单独许可和转让，而不是大量的趸买趸卖。活跃的专利交易市场出现了。

在这之前，并购活动中，美国信息企业的专利都与整个经营业务一起转手，很少考虑具体专利的价值，出售的企业也不会给专利组合公开要价。

也有人做过建设直接专利交易平台的尝试，也就是没有无产实体参与的专利交易市场，还有人建立了网上专利交易市场，但因为没有做市商，参与交易的人很少，最后都不了了之。

无产实体给信息产业介绍了一个新的专利交易商业模式，就是各种无产实体作为中介和做市商的交易市场。信息企业接受了这一模式。开始是为防卫目的，最后完全采纳新的专利市场模式。信息企业现在普遍雇用无产实体为他们行使专利权，管理他们的专利资产或者帮助他们持有从外面购入的专利，帮助这些企业摆脱已经签订的交叉许可协议或者隐形的交叉许可默契，最大化专利资产的价值。

**言论:**

在信息经济下，专利越来越被看作一种资产，像其他资产一样。我在私有板块亲眼看到了。过去，经营性企业会构建自己的专利组合，有时候会相互交叉许可，但他们不会经常转让或者出售自己的专利。今天，情况变了，出现了一个很大的专利资产市场。随之而来的是这些资产也越来越可能落入其他人的手中。

——美国专利商标局局长 米歇尔·李

美国专利法在创立时故意将专利行权和专利实施分开，经过无产实体的参与，这种分离的现象史无前例。可以说，如果没有专利市场的活跃，就没有苹果和谷歌的智能手机市场，他们也许根本挤不进无线通信市场，因为他们没有时间累积大量的专利组合，一露头就可能被摩托罗拉、高通、朗讯等竞争对手灭掉。

2011年8月，谷歌以125亿美元购买摩托罗拉移动；2012年4月，微软以十亿美元购买美国在线的800件专利；2012年6月，英特尔以3.75亿美元购买 InterDigital 1 700件无线技术的专利；2012年11月，美国芯片设计公司 MIPS 被英国Imagination Tech以6 000万美元现金收购，同时该公司将580件专利中的498件以3.5亿美元转让给AST……在此前，很少有公司这样大量购买专利。

美国专利市场多年的一滩死水被十几年的专利大革命改变了。似乎一夜之间，被动的和防卫性的专利许可的市场模式被活跃的专利组合购买、诉讼行权活动代替。回过头来看，无产实体在这一过程中扮演了最重要的启蒙者的角色，为美国新兴专利市场的启动提供了第一推动力。专利资产的价值得到了空前的张扬，创新无产者的生存空间也越来越广阔。

# 第三节　极致高智　做市清算

在美国，依赖专利获得利润的公司很多，不过，高智公司将这种经营模式发展到了极致。只要提到无产实体或者专利囤积、专利防卫基金，大家首先想到的就是高智。在美国专利创新机制发展的历史上，高智的地位可以说是前无古人、"后少来者"。

## 一、大腕出手　硅谷恐慌

高智公司在2000年创立，两个创始人都来自让很多软件公司谈之色变的微软。一个是原微软公司的技术总负责人内森·梅尔沃德，在硅谷大名鼎鼎；另一个是负责Windows 2000开发的技术主管爱德华·荣格，一个亚裔科学家，拥有覆盖多个科技领域的60多件专利。微软还是高智最早的投资者，也是最大的投资者之一。这也就使得很多人认为，是比尔·盖茨打开了所罗门的瓶子，放出了高智。

在20世纪90年代磁盘压缩软件专利争议中，微软败诉认赔。这使得首席技术官梅尔沃德大受启发，多年后他对媒体承认："我整个惊呆了，记得我问我们的律师，他们能这么做？他们能买一件专利然后攻击我们？"

美国的媒体说，很多人即使没有听说过高智，也一定听说过梅尔沃德。他写过六卷本的大部头书——《现代主义烹饪》，介绍用现代科技制造前沿食品，例如，教给大家如何用液态氮制作食物，就像制作冰激凌一样。这部书重40磅，定价625美元。为此书他做了不少媒体访谈。

梅尔沃德面颊红润，金黄头发微卷，天性活波，看起来胖乎乎的，天真无邪，人畜无害。他是个有故事的人，也是一个会讲故事的人，媒体都喜欢他。梅尔沃德是一个博学、多才多艺的人，他还出版过一本《超级魔鬼经济学》，探讨全球企业变暖问题，参与了恐龙方面的研究，亲自发掘了霸王龙化石，还跟着霍金学过量子力学。

在很多人眼中，梅尔沃德是科技界慈祥老前辈的形象，与高智的不良形象大相径庭。高智出名后，在部分美国媒体上，梅尔沃德却成了美国专利行权滥用行为的形象代言人。

《华尔街日报》做过一个报道："创新发明公司还是专利丑怪巨人？"

对梅尔沃德多有微词。还有媒体报道的题目是："专利达人还是硅谷公敌？"说梅尔沃德运作着科技界"最受憎恨的公司、是硅谷的一号公敌"。

梅尔沃德是个非常聪明的人，如果他改造美国专利创新市场的理想实现，将会成为世界上最富有的人。他公开表示，美国越来越多地将制造外包给国外企业特别是中国企业时，在制造业领域已经失去了竞争力，剩下能掌控的就是创新发明了，对任何未来依靠创新的社会来讲，专利就是重要的组成部分。

在《哈佛商业评论》上，梅尔沃德抱怨他的公司被误解了，被称为专利丑怪。他认为自己在推动创造一个充满活力的、资金充足的知识产权市场。这会帮助美国解决创新不足问题，创新力不足的根源就是研发活动的慈善模式，特别是大学依靠政府资金的研发模式。梅尔沃德说："很多人将研发当成是慈善，当成是博爱仁慈之事业。他们没有将科研活动作为营利的投资，我们的目的就是使研究成为可投资的项目。"梅尔沃德建议的解决方法是创办投资基金购买研发机构的专利，将这些专利与其他来源的专利形成专利组合，然后由高智卖给有能力产品化这些专利技术的企业。

有人将梅尔沃德比作电影《教父》的主角，总是和蔼地提出你不能拒绝的合作建议。梅尔沃德是个眼光远大的人，他说，高科技企业界不喜欢他，只是因为他们已经习惯于专利侵权不付钱，不然的话他们早就过来与他谈便捷经济的专利许可计划。

梅尔沃德解释说，成立高智的目的就是资助发明。很像硅谷的风险投资家，他们向创业公司注入资金让这些公司成为大型高科公司，高智是"发明风险投资家"，注资发明产出专利。梅尔沃德还举例说，爱迪生就围绕一大堆专利申请开展业务，创造了大笔财富。

记者曾问梅尔沃德：你是专利丑怪吗？他说："那是某些人对他们不喜欢的专利所有人使用的名词。我认为几乎每个奋起捍卫自己专利权的人都会被叫做专利丑怪。我们是一个破坏性创新公司，给专利持有人提供一条应得价值的路，这条路在我们出现之前是没有的。高智没给市场造成冲击，但很明显让人们不舒服，但再多骂人的话也改变不了创意有价的事实。"

梅尔沃德将知识产权说成是"美国经济的命运"，相信美国经济与知识产权血肉相连："知识产权是我们的特长，生产已经转移到海对岸，去追求低成本，不会再回头，这就意味着知识产权的重要性会越来越重要。在10年内，专利将比今天更重要。"

高智公司成立后一直在秘密状态下运营，任凭有关该公司运作模式的流言满天飞，好像是故意让流言制造恐怖气氛。很多人对它存有戒心，但很少人了解该公司的具体运作。信息灵通的硅谷精英们很快发现，该公司成立不久就参加了知识产权律师协会以及专利许可经理人协会等亲专利诉讼的组织。所以大家纷纷臆测该公司的发展方向，谈论这个公司的邪恶计划。

高智成立后前5年的经营默默无闻，直到2005年。梅尔沃德将彼得·德肯引入高智公司，硅谷地区开始散布着骇人的流言。这不是因为德肯创造了一个让高科技公司恐怖的名词：专利丑怪（TROLL），而是因为这个人在知识产权诉讼中以富于攻击性而著名。高智公司会不会演化为终极专利丑怪，用专利攻击硅谷所有的高科技公司？

接下来几年间，硅谷的每个人都在讲，德肯如何在硅谷游荡，把每个公司都签下来（虽然很多人其实不知道"签下来"是什么意思）。如果谁不签，就会变成高智未来诉讼的对象。据说高智公司已经积累了一大批专利。有的人还说硅谷的公司都得向这个公司支付专利许可费作为保护费，以确保他们不被起诉。

很多专利系统的批评者，包括开放源代码软件的支持者都对高智不断增长的几十亿美元的基金忧心忡忡，担心高智公司会给滚滚向前的创新车轮撒把沙子。

所有报道都在谈论高智囤积的海量专利；如何在高科技公司周围打转，要求接受专利许可。被高智找过的公司都不敢谈论它，噤若寒蝉。大家对高智畏之如虎，怕引火烧身成为高智攻击的目标。企业家和风险投资者都不是胆小的人，但都对媒体记者异口同声地说不能探讨高智这个话题。连支支吾吾都不敢，只是说怕被人记录下谈话。有人说，听到高智就会毛骨悚然。硅谷高科技公司只能通过低调来确保安全，因为他们和高智实力相差悬殊，资金、专利拥有量、诉讼资源等都极端不对称，高智有能力消灭硅谷的任何一家创新公司。

通过不断的媒体报道，大众开始管中窥豹，了解了一个大概：德肯和梅尔沃德构建了世界上空前绝后的一个专利许可机器，用几万专利武装，有几十亿美元资金。同时，高智拥有全球最顶尖的专利咨询团队，其专利的攻击力不容忽视；它收罗了最具攻击力的专利诉讼专家，专利诉讼潜力深不可测。这些让各大科技公司心跳不已。

### 观点：比尔·盖茨的高智

　　微软是高智最初和最大的投资者，高智的两个创始人都是微软技术部的高管，这就让人浮想联翩。

　　比尔·盖茨的行为更是证实了微软和高智的特殊关系。盖茨离开了微软的全职工作后，兼职为高智服务，积极参加高智创新集思会，与高智的老朋友们一同创造各种超前的蓝天专利。据说已经申请了一百多件专利，包括用手机将文字转化成视频的专利，防止附近侵扰镜头（主要是谷歌眼镜）的专利，等等。他的这些专利被转让给高智的各种下属持权公司，如Elwha公司、Searete公司等，等待时机行权。还有的转让给了高智的发明科学基金。

　　基于这些证据，很多人认为高智实际上就是微软和盖茨豢养的专利丑怪。还有的媒体给盖茨起了新名字Troll Gates——丑怪盖茨。

## 二、发明网络　全球聚敛

　　高智一直否认自己是专利丑怪，说自己真在创造一些开天辟地的技术，包括医药、计算机、芯片等领域的新发明。据报道，到2012年，高智已经自我开发出500件专利和4 000件专利申请。

　　高智有自己的发明实验室。2010年时，有100人在这里工作。实验室空间很广。采访者可以看到穿着白色大褂的人来来去去，有的在烧杯中混合化学药剂，有的在显微镜下观察着什么。高智设有机械车间，还有纳米部门，各种研究设施一应俱全，看起来就像科学家和工程师的游乐场。如果问他们至今已经发明了什么，他们就会指出一两件，比如更加安全和绿色的原子能技术，没有电力可以使疫苗保持低温的冷却器等。还有世界上技术含量最高的微波灭蚊器。这种灭蚊器几百码之外就可以根据翅膀的速率探测到蚊子，然后用激光将其击落。只花1/10秒的时间蚊子就被发现，然后被"报销"掉，可以称作蚊子导弹防御系统。

　　其实实验室什么的都是摆设，高智创造专利的一个重要方法是发明对话或曰发明论坛。高智的第一次发明对话是在2003年，在一个汽车车身修理厂举行。这种发明对话有点像头脑风暴，就是将专家关起来，不出发明就不让离开。每一次对话都会限定发明主题。第一次发明对话的主体是相机传感器，希望发明一种低光传感技术，将电子望远镜仰望星空的技术增加到消费级相机的微型传感器和镜头中。专家团队由背景各异的人组成，大家持续工作八个多小时，不断提出各种创意和解决方案。最后，提炼出了一种特殊的低噪音电路，还有一系列其他创意，产生了100多件专利申请（最后获得了50多件发明专利授权）。发明论坛每一次的发明对话都不相同，成员不同，讨论的主题也不同。有时候收获不大，有时候硕果累累，一般都能产生40~100个创意，高智将这些创意申请专利，储存备用。

到2012年，高智从这些发明对话活动中共产生了500件专利，4 000件专利申请。2012年当年的效率是每月产生40件新专利。据媒体报道，现在这些发明对话在会议室召开。会议室的每一个墙上都有白板和监视器，撰写专利的工程师全程参与，及时记录创意，会议后马上就形成"产品"，递交专利申请。

高智负责人说商业化专利不是他们的主要工作，他们的工作是鼓励发明。例如，有一个发明人有很聪明的创意，一个革命性突破，他申请了专利，但仍然有公司在偷他的创意，他没有钱和法律资源阻止这些无耻的公司。此时高智出现了，它买断了发明家的专利，让使用该创意的企业付出创新成本。

可见高智不是一个一大堆发明家坐在一起梦想创意的智库，这样创造专利速度太慢，要完成梅尔沃德的理想，它需要大量从外面购买专利。

2000年成立时，高智确实如自己的名字所界定的一样，是一个"发明投资"公司，主要业务是作出发明，申请专利，对外许可自己的专利。但是，这种状况在2004年时有了根本的变化，Ocean Tomo的活跃意味着市场上有很多低价的专利科技购买；德肯等高管的加入也意味着高智有了购买专利的操盘专家。此后大规模的专利购买成了高智的主要专利来源，自己研发的专利反而退居次要地位。毕竟，自己申请的专利到授权、商品化、标准化需要很多年。从高智举例的很多自产专利的性质看，都是些天马行空的"蓝天专利"，例如"飓风调节""激光灭蚊""核反应堆"等，都很难行权和产生收益。

高智成立的最早几年没有参与大规模的专利收购。从2004年开始，高智每年收购专利的数量从几件上升到几百件。2006年4月，一个匿名人在一个专利拍卖会上收购了一大批10 000美元的专利，大家认为在幕后操作的就是高智公司。高智从来不说这些年收购了多少专利，但大家都认为很多。有人讽刺梅尔沃德有收藏专利癖。

高智购买的专利主要集中在软件和信息技术领域。这个领域的发明人不像制药领域的发明人那样受人瞩目。软件和信息产业的企业喜欢自产自销，交叉许可专利或者通过相互摧毁威慑来实现潜在交叉许可，不愿接受外来专利许可，研发过程中也不让他们的工程师阅读其他人的专利。大的信息科技公司故意侵权，不把侵权当回事，侵权行为普遍存在。他们希望通过参加会议、阅读专业文章获得技术，不想为专利付费。

高智非常愿意与嘲笑发明人的企业打交道。从各方面考虑，高智必须组成强大的专利组合。据美国专利诉讼专家研究，如果一个独立发明者的专利被一个大公司侵犯了，他获胜的希望是50%。如果这个人有六件专利，那被控公司逃脱所有专利侵权指控的可能性就下降到16%。高智行权专利的规模是最少100件专利组成的专利组合。这样的专利组合就没有企业可以对抗，只能乖乖地掏腰包。截至2008年9月，高智通过强大的专利组合向威瑞森、思科等公司收取了四亿美元的专利费，这引起了业界的恐慌。

高智公司还将收购的重点集中在全球的大学，特别是"非著名大学"，不但因为大学专利的管理者较为"天真"，对其研发成果的市场价值知之不多，还因为大学的研究活动更靠近技术源头，大学的很多专利都是基础专利。科技公司怕的就是基础专利，因为这些专利真正可以"一夫当关，万夫莫开"，很难绕过。

高智已经与美国的布朗大学、南加州大学、康奈尔大学、西北大学、德州大学、斯坦福大学、宾夕法尼亚大学、明尼苏达大学等达成协议，约定管理大学教员、学生、员工的智慧财产。据报道，高智与全球400多家大学也有合作关系，很多合作协议都有保密条款，专利转移了也不到美国专利商标局登记，所以很多专利的所有人仍然是大学。高智提供的合作模式各式各样，有的是专利买卖和许可，有的是大学参与投资，有的是对未来创新成果的整体安排。有代表性的是高智与巴西的坎皮纳西大学的合作。坎皮纳西大学是巴西最大的大学之一，但创新资金有限。大学自己申请国内专利，高智为该大学的某些创新成果申请PCT专利，所得利益分享。这样的设计还存在与其他发展中国家的大学合作中，这体现了高智的战略富有远见。

高智还和一些中小型高科技企业合作，提供一揽子解决协议，例如，在2010年，从事电子水印技术的Digimarc公司和高智签订了一个合作协议，内容主要包括：购买费3 600万美元，三年间以季度递增方式支付；高智行权许可收入20%归Digimarc公司；高智每年承担100万美元申请和维持专利的费用；高智免费专利回授保证Digimarc的生产制造。

此外，高智建立了一个发明人网络，包括3 000多名发明人、400家公司和研究机构。启动这个网络的关键是编制10页的创意需求书，这需要公司内部的技术专家、市场开发专家和律师共同努力，发现特定技术领域的发展趋势。这些创意需求对外保密，参加发明人网络的个人和公司等也签了保密协议。保密范围还包括如果自己的创意入选可能获得的报酬，包括预付现金和后续专利许可提成。这可以称作网上发明论坛。

## 三、专利囤积　布局多方

高智的战略类似于朱元璋的"高筑墙，广积粮，缓称王"。为了隐蔽这些资产，高智采取了各种保密措施，包括成立了很多壳公司。这样，外部专家即使知道某些壳公司的具体名称，跟踪高智的专利组合也不容易。另外，即使专利已经根据协议转移给高智，高智也会很长时间不去美国专利商标局登记专利权转让。专家有时候根据股市公告和媒体报道发现专利交易卖方已经向高智销售或者许可专利，有时候信息已经描述到很多细节，但仍然不能从美国专利商标局看到相应的登记。

根据媒体报道，经过多年努力，到2011年，高智的所有壳公司持有大约8 000件美国专利，包括3 000件美国专利申请。但多年来高智从来没有透露自己专利储备量。直到2013年6月，为了诉讼需要，高智公开自己持有3.5万件发明资产，其中收购的专利占98%，已经收取了十多亿美元许可费，占公司总收入的90%，公司通过1 300家壳公司强制诉讼实施其专利。还有专家估计，高智的专利拥有量可能达到6万件（包括专利和专利申请）。

美国专家的研究发现，有一半的高智美国专利组合来自非美国公司。很多来自欧洲各种性质的实体，还有加拿大、澳大利亚、日本、韩国、中国台湾地区甚至中国大陆。相对于美国，这些地方的专利价格被大大低估了，这些地方的企业也不熟悉美国专利诉讼规则，高智可以低价购进这些专利。

这意味着高智在投机倒把，从其他国家购买专利到美国行权。更让美国人不爽的是，高智还在世界各地购买可以在美国申请但还没有在美国申请专利的创意。大家知道，专利是有地域性的，如果美国以外的发明人有好的创意，但在相当长的时间内没有在美国申请专利，或者虽然申请了专利但说明书撰写有问题，美国的企业就可以免费使用这些发明。现在高智介入了，将这些本来不会在美国完善布局专利的创意购买过来，在美国专利商标局申请专利，这意味着增加了美国的专利丛林密度，增加了美国企业的创新负担。

高智的专利收购和专利许可活动包裹在迷雾中，不但因为所有活动都被保密协议包裹起来，而且还有一千多个壳公司层层保护，从事高智的知识产权收购和许可事宜。

2006年，一个杂志识别出高智50个壳公司；2012年，研究者识别出1 276个壳公司，但声称还没有全部识别。

高智相关的壳公司用来购买和持有专利。到2011年5月，这些壳公司拥有8 000件美国专利，3 000件专利申请。高智说这些壳公司是早年为了防止别人窥探高智商业模式创意设立的。

高智有专利完成转移前（也就是在美国专利商标局登记前）就成立壳公司的习惯，调查显示高智有242个壳公司没有专利。其他954个壳公司每个持有大约八件专利、三件专利申请。高智还有很多独占专利许可。美国加州大学报道说和五个壳公司签订了许可协议，美国海军披露向两个壳公司许可过专利，但在美国专利商标局查不到记录。

有1 200多个壳公司保护，高智的专利财产和法律行动很难跟踪，因为高智可以随时将专利转移给壳公司。研究者说他们发现新的壳公司还在成立中。

高智的很多壳公司没有雇员，不少壳公司的住所地是得州东部法庭所在地的办公室：休斯顿街，得克萨斯州马歇尔市，104E109房间。

## 四、投资冲动 行权趋强

保密是高智的第一要务，也是该公司不上市的主要原因之一。直到2011年第一批专利诉讼前夕，大家都不知道高智的投资者是哪些实体。通过各种采访，媒体得到零星的信息，总结起来就是：为了收购和运营，到2013年，高智募资超过50亿美元。高智最早的资本来自微软、英特尔、索尼、苹果、谷歌、诺基亚等，此后的资金来自金融投资者，包括机构捐赠基金和富有的个人。这些投资分配在不同的基金项下，每个投资者投资的基金都不一样。根据梅尔沃德的描述，高智承诺在一定时间内使用这些资金，像风险投资基金一样运作，收取2%的管理费，外加20%的收益。具体的募资条款每个基金都不同。

直到高智亲自参与诉讼，才不得不根据法官的要求披露了相关的信息。在2011年某次诉讼的信息公示中，高智专利基金有六支；其中两个是管理者基金，高智基金和高智管理基金。前者的投资者是荣格和梅尔沃德；后者的投资者有四支：梅尔沃德、荣格、德肯、格雷·戈里戈德。其他四支基金分别是：知识投资基金一期、知识投资基金二期、发明投资基金一期、发明投资基金二期。

这四支基金的投资者有企业，但不是主体部分。例如，在知识投资一期基金中投资者有25个：企业投资者只有几个，包括微软、诺基亚、索尼等；知识投资二期基金37个合伙人，企业投资者只有微软、诺基亚、索尼、思科、苹果等。发明投资基金一期投资者34个，企业投资者多一些，包括雅虎、赛灵思、索尼、SAP、诺基亚、微软、英特尔、谷歌、Ebay、苹果、亚马逊。发明投资基金二期投资者共45个，企业投资者包括赛灵思、雅虎、索尼、SAP、诺基亚、微软、英特尔、Ebay、思科、苹果、亚马逊、Adobe等。整体趋势是企业参与越来越多。这是因为高智会给被追诉的企业一个选择：加入高智基金投资者的队伍，把自己的某些资产许可给高智行权。

高智基金的投资者有很多投资基金和投资信托机构，例如布什基金、Foundation Master Retirement Trust、Flag Capital、The Flora Family Foundation 等，还有很多大学，如康奈尔大学、范德堡大学、得州系统大学、斯坦福大学、布朗大学、西北大学、宾夕法尼亚大学、南加州大学、明尼苏达大学。

不同投资者与高智合作的目的不同，世界银行等是纯粹的金融投资者，将高智的投资作为一个新的投资渠道。有的企业则对经济回报和获得高智巨大专利池使用权都有兴趣。例如，在2008年，威瑞森公司支付了3 500万美元接受高智专利许可，同时获得高智的一个投资基金股权。这样的高科技公司主要追求的是获得防御性保障。企业可以告诉高智自己对哪个领域的专利感兴趣，高智就可以想办法找到相关专利。在这些企业在遭受专利侵权诉讼而手头缺少专利武器时，就可以从高智获得专利，反诉原告侵权。美国电视录制技术公司曾起诉威瑞森专利侵权，威瑞森从高智的一个壳公司购买了一个专利，2010年用这个买来的专利反诉对方侵权。在诉讼危机过去后，企业还可以向高智返回专利。听起来就像专利租用业务或者专利图书馆业务。更神奇的是，购买专利的企业甚至可以从这个返回交易中挣钱，因为经过诉讼考验的专利比没有验证的专利更有价值。

大量风险投资性质资金的存在意味着高智的投资者和合伙人有很高的盈利预期，通过各种途径实现囤积的专利资产的价值压力很大。

2006年梅尔沃德对《商业周刊》说：大家担忧的是高智会使用购买的专利对拒绝它的企业提起侵权诉讼。没有侵权的公司不必担心，高智还没有起诉过谁。诉讼是无产实体巨大的失败，是一种灾难性的专利货币化的方法。最好的方法是不战而屈人之兵。

信息高科技企业专利运用的潜规则是确保互相毁灭，就像美俄都拥有足以毁灭对方的核武库一样，这样才能确保不会互相攻击。在高智之前，很少人打扰这些企业，现在高智却要他们支付许可费。这是梅尔沃德成立高智时一直想解决的问题，也是他和高智的其他人在硅谷的投资者集会上一直在讲的问题。他们理论的核心是高智帮助信息高科技企业防止专利诉讼。高智有35 000件专利，企业可以付费接近这些专利，以保护自己。企业支付几万美元到几百万美元的管理费，给自己买保险，防止自己被有害、恶意的外部专利侵袭。

媒体说，有人从他的话里听到一个暗示，如果不加入高智俱乐部，谁都不知道会发生什么。

高智不断强调自己不会诉讼，自己不是诉讼律师，是一个防卫性玩家。真相是很多专家都认为，永远不落实的虚言恫吓不能达到专利许可的目的，在采取攻击性手段前很多高科技企业都不会当真。除非临近的店铺时不时被烧掉，是没有人愿意交保护费的。

于是越来越多的店铺被烧掉了。2009年12月，高智购买了Avistar 通信公司41件专利和专利申请，2010年1月，高智将这些专利转卖给Pragmatus公司，五个月后Pragmatus从这些专利里中选出三件起诉脸书、YouTube、LinkedIn、PhotoBucket等公司。Pragmatus还用来自高智的另外两件专利起诉美国主要的有线电视企业，包括时代华纳有线、Cox Cable、查特传播、康卡斯特等。这两件专利由高智的壳公司2007年从Ocean Tomo专利买拍会上拍得，拍价300万美元（包括其他专利）。

这种专利行权方式就是所谓的专利诉讼外包或者说是"私掠船"行权。2010年，高智的专利越来越多地在无产实体手里现身。高智壳公司的专利销售给画框创新公司、专利海港、绿洲研究、InMotion影像科技、Webvention、使命抽象数据公司等无产实体，这些公司马上发起诉讼，被告有柯达、惠普、三星、哥伦比亚广播公司电台。媒体和专家怀疑背后有高智指使不奇怪。记者给有关被告企业负责人打电话，但没有人愿意评论。一方面是惧怕，另一方面是很多硅谷企业和高智签订有最严格的保密协议。

高智解释说知识产权资产管理需要卖掉快到期资产。但专家认为高智这样做是希望通过进攻性专利行权获得回报的同时，还要与丑怪行为保持一定的距离。这样就加强了对专利被许可人的压力。与恶名在外的专利丑怪合作是最好的选择，就像黑社会教父雇佣打手一样。

高智为专利许可谈判设定最后期限，一旦谈判不成功就将风险专利卖给它认为最具有货币化能力的无产实体，同时为自己的基金投资者保留专利许可，防止无产实体乱咬人。无产实体诉讼行权获得收益后大部分反馈给高智，自己留10%左右。高智这样做不必自己动手，也没有额外费用和诉讼风险。丑怪诉讼过程中或者诉讼争议解决后，高智会再找到被诉讼过的目标公司，这次要求许可别的专利，谈判就会顺当得多了。

这种方法也可以用来告诫已有的专利被许可人守规矩。同时告诉潜在客户，这些转给无产实体的专利只是一小部分，更强大的专利组合还在高智手里。有人指出，高智也会找无产实体诉讼高智投资者的竞争对手，为投资者制作私掠船，同时也杀鸡儆猴，为自己拉拢新的投资者，收取新的许可费，搜集新的专利资产。所有活动的结果就是"八方风雨会中央"，各路企业都纷纷向高智纳捐输诚。

据报道，到2008年，高智基金已经收到了20亿美元许可费，被许可人都是大的高科技公司。为了扩大战果，需要扩大许可范围。梅尔沃德在2008年对《华尔街日报》的记者说：最后计划签订成百甚至成千的专利许可协议。

高智的各种基金筹集了50亿美元，很多投资者都是风险投资家，希望高回报。他们是寻找下一个谷歌、下一个苹果的人，是希望换回很多倍投资的人。从2000年成立到2012年，高智收到了20亿美元专利许可费，但根据成功风险投资的标准，他需要达到350亿美元，才能攀比成功的风险投资同行。如果高智的许可收入不能直线上升，投资者会逼着他提起更多的诉讼以达到盈利目标。

从2009年开始，高智专利诉讼的指纹历历可见，但君子远庖厨，这些诉讼都不是高智自己亲自动手。2010年12月，高智终于脱掉了白手套，赤膊上阵了。在一天中提起了三起大的专利诉讼。高智此轮行权共起诉9家高科技公司，地点是特拉华州联邦法院，被告有赛门铁克、McAfee、趋势科技等计算机安全软件公司以及芯片企业尔必达、海力士等。到2012年，高智共发起了七轮专利诉讼攻势。这还不包括大量壳公司或者从高智买走专利的无产实体提起的专利诉讼。

为了不被视为纯粹的无产实体，高智在诉状中自陈：高智有一个科学家和工程师组成的团队，他们在广泛的领域开发创意，包括农业、计算机硬件、生命科学、医疗器械、半导体、软件等。它已经投资了数百万美元研发，每年申请几百件专利。

高智的高层说：高智这些年成功与全世界一些高科技公司开展了专利许可谈判，但是有的公司选择忽视高智的好意。通过诉讼活动保护高智的发明权是正当的选择，对高智的投资者、发明人以及现在的被许可人都是最必要的交代。

# 第九章

## 狂波暗涌　全球激荡

在全球化的时代，美国激进的专利大革命很快影响到全球创新经济的角角落落，欧洲、东亚国家创新的一湾死水暂时泛起了波涛，或被动或主动地加入了美国的专利大革命。这些国家创新者的成果在本国得不到实现，现在便赶集似地纷纷到美国的创新市场实现价值。国家资本也相继启动，以防卫的名义成立各种专利聚合实体，引领私人资本参与美国的这场专利创新狂欢。

# 第一节　东亚多难

作为世界创新一极的东亚，在信息产业创新领域创新成果突出，是专利大革命的重要参与者。

东亚国家企业对美国专利行权的态度一直是克己复礼，到什么山唱什么歌，客随主便、入乡随俗，因此成为美国企业之外无产实体活动最大的受害者。久病成医，东亚企业在习惯美国专利创新规则的同时，也积极参与到游戏中去，在政府的支持下不断成立自己的无产实体。

## 一、规则变革　钳制东亚

专利是美国与其他国家创新竞争的重要战略武器。依托巨大的市场和领先的创新能力，美国用337调查和费用高昂的专利侵权诉讼打击外国的技术跟随者，榨取其创新资源，打压其创新能力。现在又有了援军，那就是大企业、大财团支持或者雇用的无产实体。美国政府的想法美国人自己最了解，2011年时，某网站用嘲讽的笔法给东亚各国政府写了一份公开信，详细剖析了美国的创新"潜战略"。信的内容是这样的：

"19世纪80年代，你们国家创新和制造能力显著提高，成了美国的一个心病。在里根任期内，美国改变了自己的专利授权规则，删除傻乎乎的要求申请人证明自己确实发明了些什么的要求；并开始无视自由市场关于产业勾结和不正当竞争商业行为的通则。顶着这些改变的压力，你们的生意蒸蒸日上。在最近的20年，美国一直欢迎你们的产品，因为他们非常受欢迎，比美国同类产品也便宜得多。政府和商界一直希望将你们停留在零部件供应者的位置，希望这种舒服的平衡能维持很多年，你们已很配合，大家相安无事。"

"但最近，你们的发展开始令人担忧。出于种种原因，你们的公司超越了美国国内生产商的创新和制造能力，让美国公司感到他们自己反过来成了零部件供应商。你们反倒成了创新者，这是上帝不允许的！美国商界害怕失去自己的竞争优势，不能在技术创新方面有效竞争，他们开始转而使用美国吊诡的法律系统向你们征税，希望这能消耗你们的创新力，让你们返回原来的附庸状态，甘于下流。我们希望通过美国国际贸易委员会的337调查来威胁你们的制造商，同时用法庭的烦扰专利侵权诉讼填满法庭，将你们的优秀公司一家一家送上被告席。美国市场决定让你们为自己的成功付出代价！为了不违反世贸规则，美国利用非官方实体代替自己做肮脏的工作，政府睁一只眼闭一只眼。"

"更重要的是，占你们GDP10%~20%明星公司——三星、泛泰、纬创、宏达电、中华电信，等等——正被胁迫与高智这样的组织签订专利许可和投资协议，这个组织在成立之初就努力进行了回避触犯美国的反托拉斯法的设计。"

"美国的新蓝图要实现，有几件事需要你们配合：

首先，你们不要仔细关注自己国家公司的财务报告，我们会很高兴。你们不了解无形资产收购在美国如何入账最好，特别是不要知道美国的公司收购无形资产的支出是公司内部创新支出的200%~500%。同时，请不要质询这些无形资产的实际质量甚至权属。

其次，最好继续听法律顾问和律所的意见，让你们的公司与松散专利提起的烦扰诉讼原告和解，而不是一个个挑战这些专利的有效性。你们的公司已经被劝告挑战风险专利有效性是一柄双刃剑。如果寻找原告专利在先技术的过程中发现自己还侵犯了竞争企业的专利，公司资产就会缩水；发现这些在先技术可以无效掉自己的专利，那将减少该公司甚至整个国家专利的数量，专利数量可是提高贵国国际经济排名的指标！只要不挑战，你们花区区几十亿美元就可以盖住这个肮脏的小秘密。很明显，我们不希望你们保护自己的公司，不希望你们凑出三亿美元资金将高智和得州东区法院原告拥有的每一件专利提起专利复审。是的，这些专利的少数将通过复审继续有效，但那样的话你们就会与这些有限的真资产谈真专利许可，美国企业所得就很有限了。

最后，最好不要仔细了解你们国家的反垄断法，让高智的创立者给美国政府提关于创新和商务政策的建议，以最小化美国竞争法监管者的审视。假如你们在自己的国家或者美国提起反垄断调查，那就非常不贴心了，那将揭露美国有很多权属结构不同的公司在聚合盲目的专利池，以此来榨取你们国家公司的诉讼和解金。

希望你们继续允许这些私募基金资助的专利诉讼原告恐吓你们的公司，那将在未来的几年帮助美国勉强维持创新第一的幻像，然后你们的创新将完全超越覆盖我们，或者认定美国市场经营成本太高，不再有吸引力，一走了之。"

## 二、日本：紧随美国 横霸东亚

20世纪八九十年代，在经历美国对日本专利战争后，日本企业损失惨重。直到今天，美国无产实体攻击最多的国外企业还是日本企业。基于对老大的敬畏，不少日本人自我安慰，说美国的专利革命仅仅是一个贸易问题，日本企业可以借此机会克服日本官僚主义，复苏日本经济。到90年代中期，日本专利委员会委员武井关就表示："由于日本经济陷入困境，因此我国的知识产权显得格外重要。发明和专利会天然地促进创新。"

于是，日本人开始积极参与到游戏中，用专利攻击韩国、中国台湾地区和中国大陆的企业。

数据显示，近年日本的货物贸易出现赤字，但知识产权却盈利了。2013年日本从海外获得的知识产权收入超过95亿美元，虽然其中有海外企业转移利润的原因。这使得日本成为世界上少数知识产权出超的国家。

多年来，日本企业在知识产权价值创造方面一直持有保守立场，在货币化方面尤其如此。在美国专利大革命冲击下，部分日本企业开窍了，开始到美国寻找专利行权的机会。其激进代表有NEC、索尼和松下等公司。

### 1.松下先行

松下是积极运营专利的代表，在日本受到竞争对手批评攻击，被称为"丑怪喂养者"。多年来，松下公司积累了大量专利，申请和维持耗费了海量资本。到2013年年底，松下在美国有效专利拥有量列名第四，有30 456件

授权专利和9 411件专利申请

数据显示，2014年松下出售的美国专利数量惊人。在1~6月半年内就进行了十场交易，处理了1 903件专利。接受松下专利的无产实体包括Inventergy、Sisvel、Hera Wireless、Optis和WiLAN等。另外，松下还投资和转移专利给日本第一个政府专利基金知识产权桥（IP Bridge）。

2014年年底，松下分离了知识产权部门，成立了松下知识产权管理公司，经营内容是知识产权分析、运用、维持和管理，许可、转移和并购知识产权资产。该公司有550名员工、一亿日元资本。

## 资料: 日本唤醒"休眠专利"

日渐衰退的日本家电企业，近几年开始念起"专利创收"咒语，唤醒强大的"休眠专利"，一个个强大的专利白骨精正在形成。

日本松下公司2014年9月初已设立了一家以专利等知识产权业务为主的新公司，当年10月份就开始营业。这个新公司名为"松下知识产权管理公司"，主要职责是专利申请、权利化以及管理和转让谈判等，未来松下集团的知识产权业务都将由这家新公司承担。过去松下公司的知识产权关联业务一直是分散化的，这次向总部集中，背后的意义和目的非同寻常。

日本另外一家老牌家电企业东芝也从2014年开始设立专门的组织，以使自家休眠的专利资产实现收益化。这家公司积累了大量的半导体制造和设计专利，由于东芝并没有大规模进入智能手机产业，这部分专利也就没有在东芝公司自家进行商业运用，其相关专利便处于休眠状态。东芝公司计划在2018年使旗下专利收入达到约100亿日元（约合5.65亿元人民币）。

以松下、东芝、夏普、索尼为首的日本家电企业，已纷纷将家电生产转移至日本以外的国家和地区，在日元贬值背景下，针对海外企业启用这些休眠专利，将使这些日本家电企业获得一笔不菲的专利收入。据报道，日本企业有约一半的专利都是"休眠专利"。在手机、电视、洗衣机等许多家电产品领域，日本家电企业也存留着大量"休眠专利"。业内人士认为，未来日系家电巨头对自有专利技术的管理、对外授权和利益化行动将表现得更加常态化。

"专利流氓"是指那些没有实体业务、主要通过积极发动专利侵权诉讼而生存的公司。从这点上看，日本家电企业目前还存留部分家电产品业务，但内部的比重和规模是越来越小，专利活动却越来越频繁。看来这些制造业巨头，现在要演化为专利流氓了。

更加危险的是，日系家电几大巨头已经开始联合起来了。2014年8月底，由索尼、松下等七家日本主要电子制造业巨头共同出资组建的专利共同管理公司ULDAGE（United License for Digital Age）发布一份公告，该公司将共同管理上述七家公司所拥有的下一代超高清电视机技术专利，即4K电视（屏幕分辨率3 840×2 160）和8K电视（屏幕物理分辨率7 680×4 320）相关专利。

"百足之虫，死而不僵"，即使日系家电企业未来走到了产品退出历史舞台的时刻，其庞大的专利库依然将令中国家电企业神经线时刻紧绷。

## 2. 外包专利行权

日本企业比较低调，专利行权的特点是委托美国的无产实体，或者是依托专利池管理公司开展专利行权。

近两年，日本企业开始大量向美国的无产实体出售专利。

2010年8月，半导体解决方案主要供应商瑞萨电子宣布与专利授权领导厂商Acacia Research公司建立战略授权联盟。依据该授权联盟，瑞萨电子将选取其所拥有的40 000件专利产品和专利应用交由Acacia进行专利授权。

瑞萨电子知识产权部总经理 Hironori Seki 表示："在当今新的知识产权模式下，专利交易已经成为日常交易中的一部分，因此专利授权已经变得日益重要。同时，对于瑞萨电子而言，保护其客户在市场中的权益至关重要。因此，在整体评估了公司在该方面业务的各个选项后，我们选择与Acacia这一专利授权领域的权威公司进行合作。"

2014年10月，日本半导体公司罗姆与加拿大公司Wi-LAN签署了协议，外包行权其封装技术专利包。这样的例子越来越多。日本企业选定的美国无产实体都是美国有代表性的上市行权实体，这些公司财务公开，运作规范，专利行权能力强大。

## 资料: 上市无产实体

上市就意味着资本社会化，股东多元化，也意味着专利行权活动要接受股市信息披露制度的约束。

无产实体一般都比较低调，行动神秘，商业模式不公开，以获得最大的行权收益。上市无产实体相对而言运作较为正规。美国的上市无产实体共有十多个，其中代表有Acacia，InterDigital、Pendrell、Rambus、RPX、Tessera、Vringo、VirnetX、Marathon、WiLan等。

这些上市无产实体的股票与经营性企业不同，涨跌都很迅速，引起涨跌的事件往往是一场失利的诉讼或是一个成功的并购。例如，2013年7月，InterDigital在美国国际贸易委员会337程序中主张华为、诺基亚、中兴侵犯其专利权失利，涉案的七件专利中六件被判不侵权，只有一个被判侵权，还被认定无效。该裁定引起股价大跌20%。为了对冲股价，上市无产实体都在积极进行资产多元化，也就是在不同的技术领域整合专利资产。

上市无产实体的透明化运营对很多寻找专利行权外包，也就是寻找海盗船的企业很有吸引力，Acacia、Rambus等就是代表。

## 3. 成立专利行权公司

2013年7月，日本成立了知识产权桥，创立者包括日本创新网络公司（国有）、松下、三井物产，总投资额3 000万美元，90%投资来自日本创新网络公司。未来准备筹集资金总额到三亿美元。

该公司成立的目的是买断日本企业手里的休眠专利，许可给其他日本公司。也购买消费电子专利，最后目标是商品化资产。该公司运转神秘，外部观察到的专利货币化活动非常有限。2015年年初，知识产权桥的负责人对媒体表示，公司柔柔弱弱的专利货币化方法将发生改变，因为他们发现没有公司主动上门接受专利许可："如果我们希望被许可人尊重专利系统，就不能排除强制行权。"

到2015年6月，该公司从松下接受了836件专利，从NEC接受了100件专利，从三洋电器接受了88件专利，从美国汽车零部件制造商伟世通接受了44件专利。

# 三、韩国：加强防卫　国家参与

无产实体诉讼主要的受害者是韩国、我国台湾地区和日本的公司。高智2011年就起诉过尼康、佳能、奥林巴斯、宏碁、华硕等。韩国损失最为惨重。

2014年1~9月，三星电子披露，该公司2013年支付了8.98亿美元确保运营自由。韩国中央银行数据显示，2013年韩国知识产权入超是37.9亿美元，2014年1~10月，已经达到43.9亿美元。虽然韩国是世界上研发最密集的国家，2012年4.6%的GDP花费到研发上，但韩国企业仍然在美国不断成为专利诉讼的被告。

在这样的环境下，韩国对美国专利大革命的反馈是建设国家专利防卫基金。

## 1. Intellectual Discovery

2010年高智在韩国的出现引起了企业界和政府部门警觉。高智不顾一切地要进入韩国，相关负责人的行动和讲话听起来就像是侵略者，让韩国企业感到不被尊重，引起了他们的反感。韩国人不喜欢高智，决定自己建设防卫基金。

韩国的知识发现公司成立于2010年7月。韩国政府害怕本国企业在高智的引诱下流失重要关键专利，可能被美国无产实体反过来对付韩国企业，于是自己成立了这个公私合营的专利整合公司。知识发现公司的股东有：三星、韩国技术发展研究所、LG、韩国浦项钢铁公司、海力士、韩国电信公司等。政府承诺投资1.4亿美元。

专利发现公司有三大战略目标：许可计划保护企业免收国际诉讼；发展计划寻求发现在不远的未来将对产业非常关键的专利，帮助中小企业开发他们；风投计划支持新创企业和技术转移。

专利发现公司通过下属的风投公司ID Ventures和资产管理公司 Idea Bridge从不同的渠道收购专利。2013年年底，知识发现已经筹集了2.5亿美元，其中1/3来自政府，2/3来自企业。公司有3 800件专利，50%是韩国专利，30%是美国专利，覆盖20多个不同的技术领域，重要的领域有：移动服务和通讯、发光二极管、电池、下一代近地通讯、云计算等。该公司到2015年年底的收购目标是5 000件，筹集资金目标为3.5亿美元。

专利发现公司的业务分为两块，为韩国企业提供防卫，买断专利放入不同的专利池，公司根据需要捐钱加入不同的专利池，获得池中的专利许可，目标是发展500个实体。到2013年年底已经建了七个池子，发展了70多个会员。第二块业务是向韩国之外的企业提供专利许可，获得盈利。

知识发现公司说自己是一个防卫联盟。如果韩国公司发现自己被诉专利侵权，就可以从该公司收集的专利中取得回击武器。该公司仍在启动阶段，精力集中在收集知识产权，还不到获取巨额利润或者发现侵权采取法律行动的阶段。

## 2. IP Capital

韩国发展银行和韩国产业银行2015年7月各投资4.45亿美元，成立了一家专利整合基金IP Capital，购买优质的知识产权资产，开展专利许可。韩国发展银行一直给面临专利侵权诉讼的本国公司提供财务支持，新成立的公司也会这么做。政府资助的电子和通讯研究机构也在找方法增加知识产权组合的回报，近期成立了Newracom公司。在美国，该基金专注Wi-Fi专利许可。

## 3. 知识产权立方

2010年2月，韩国知识产权立方成立，它是韩国知识产权局和其他私营组织投资245亿韩元成立的公私合营组织。目的是促进专利投资，保护韩国公司免受专利丑怪骚扰。2012年时，该组织花百万美元从电信系统公司购买了两个美国专利，涉及智能手机等手持设备地图中的指针相关技术。

# 四、我国台湾地区：久病成医 积极行权

我国台湾地区是人均美国专利密度最大的地区，2012年，每百万台湾人拥有的美国专利是355.7件。但是，"国家实验研究院"发现，我国台湾地区公司的2012年支出的专利许可费是38.3亿美元，收到的许可费只有十亿美元。

部分原因是因为我国台湾企业不拥有别人使用的基础专利。例如在4G标准领域，美国有1 661件标准基础专利，英国有1 247件，韩国有1 062件，日本有678件，芬兰有612件，瑞典有399件，我国台湾地区只有89件，占总数的2%。

在美国专利行权，我国台湾地区的工研院一直走在前面。该院成立于1973年，目的是促进我国台湾地区在国际高科技产业的发展，加强台湾地区技术竞争力。原来的工作主要是聚焦在私人和政府资助的研究上，近年来，随着我国台湾地区知识产权政策转轨，工研院抓住新机会，努力投入技术转移和许可，帮助我国台湾地区企业在美国进行专利维权。

工研院是我国台湾地区高科技企业的摇篮，200多家企业溯源于此，曾经每天产出五件专利，专利质量也可圈可点。美国专利行权流行后，该院不断帮助岛内企业融入专利，应对海外侵权诉讼，将有关的专利转让给台湾地区反击美国的原告。该院有两万多件专利，正在努力建立一个知识产权基金以收购更多有用的防卫性专利。

在积极行权方面，工研院也不落后。该院在2000年就成立了技术转移中心，管理和促进知识产权运用。为了最大化发掘知识产权潜力，工研院开始试水侵权诉讼，在求大求胜原则的支持下，在2009年首先起诉三星，2010年达成和解，然后起诉韩国第二大公司LG。2010年11月26日，工研院在得州东区法院起诉LG侵犯了22件专利，涵盖的技术包括空调、蓝光光盘机、LCD和移动电话。

## 1. 鸿海

鸿海是亚洲知识产权的先锋，专利行权积极，有大量的专利交易行为。2014年，其美国的子公司麦克思（MiiCs）智慧资本在特拉华州用从NEC收购的七件专利在美国诉讼东芝、船井电机、三菱电机LCD显示产品侵权。这些专利在2012年9月用1.22亿美元从NEC收购。

MiiCs是英语货币化创新和知识产权资产（"Monetizing Innovation and Intellectual Capital"）的缩写。网站显示该公司的主要工作是收购和货币化专利资产。现在拥有包括1 000件专利的组合，是LCD电视、显示器、笔记本和智能手机的基础。

鸿海自己的美国专利资产质量优秀，2013年，谷歌曾经两次购买鸿海专利。

## 2. 宇东集团

总部设在新加坡的宇东集团（Transpacific IP）实际上是一家根在我国台湾地区的专利运营企业。在短短七年内，该公司声称完成八万多件专利服务与交易。这个数字仅次于全球最大专利交易公司高智发明。世界一百强科技公司中，有超过五成是宇东的客户，其中包含我国台湾地区半导体、IC设计与PC代工界的龙头大厂。全球专利权威杂志《知识资产管理》（*IAM Magazine*），称宇东是"亚洲专利市场的拓荒者""亚洲最大的专利服务公司"。

　　不像高智、**RPX**等厂商只专注买卖市场，也不像大多数的无产实体靠诉讼得利，宇东的业务范围更广，包括替客户开发、评估、中介、管理，挖掘专利各种价值。公司负责人表示，一般专利市场上，买家就像玩大富翁游戏一样，靠专利收取高昂的过路费，然而这必须拥有充足的专利储备。像高智，依托从硅谷募了**50**亿美元，在市场上大肆搜购专利资产，才奠定今天的地位。相对而言，宇东更像是专利界的中介商。

# 第二节　欧美逐利

因为由于语言文化各方面的便利，英国、澳大利亚、加拿大率先加入了美国的专利革命战局，将自己的风险专利输入美国创新市场。意大利、德国也不甘落后，慷他人之慨，趁机捞一把的行为比比皆是。专利私掠活动也少不了欧美企业的身影。

## 一、加拿大深度融入

加拿大近靠美国，在文化、市场和技术等方面与美国有紧密的关联，所以出现的无产实体也最多，其中，比较著名的是在多伦多证券交易所上市的WiLAN。

2007年11月，WiLAN向美国得州东区法院分别对22家公司提出侵权诉讼，被控侵权人包括宏基、友讯、苹果、德尔、惠普、Gateway、联想、东芝、索尼等。WiLAN指控这些公司侵犯了其三件美国专利。数据显示，到2012年年初，被诉讼过的高科技企业高达42家。

2011年7月，WiLAN对另一家加拿大上市无产实体摩萨德（MOSAID，已改名为Conversant）发动了恶意收购，报价4.8亿美元。摩萨德在微软的帮助下接管了诺基亚的2 000件专利，才成功摆脱了被兼并的厄运。

摩萨德也是加拿大著名的无产实体，1975年成立于渥太华，创始人是两个工程师，是一个半导体技术公司。这家公司是内存研究的先驱，参与动态随机存取存储器（DRAM）研究开发，获得了一系列基础标准专利。20世纪90年代中期，开始许可DRAM相关专利，当时几乎所有内存企业都接受了该公司的许可。2007年，该公司扩展了业务，开始收购专利，并与专利权人达成风险分享协议。2013年，该公司转型，从专利许可公司向知识产权管理服务转变，接手专利外包业务，也就是专利私掠船业务，同时名字也变为知识产权管理公司（Conversant）。

## 二、欧洲火上浇油

作为发达地区，欧洲国家专利以质量见长。欧洲人对无产实体没那么熟悉。虽然一些报纸文章时不时地提到这个概念，但很少给出详细信息，原因是这种现象源自美国，是美国专利运行机制的特产。但这不妨碍在欧洲规规矩矩的企业跑到美国变成无产实体。

## 1. 专利流向美国

　　随着美国专利行权市场的崛起，欧洲的专利源源不断地流向美国公司。2012年11月，德国内存奇梦达公司将7 500件专利和专利申请，作为公司2009年正在进行的破产程序的一部分。这些专利包括半导体、计算机、通信产业，是几十年世界级别研发工作的出色成果。这些专利在2013年到了加拿大无产实体知识产权管理公司手里，由该公司提供独家专利许可服务。

　　2015年6月，瑞典的通信企业桑内拉通信委托一个瑞典中介公司货币化其1 700件专利和专利申请组成的专利包，这些专利涉及237个专利族，覆盖好几个技术领域。该公司是北欧国家主要的电信企业。到2014年11月，该公司拥有389个专利族、2 550件专利和专利申请。

　　欧洲国家企业直接在美国进行专利行权的不多，主要通过专利私掠船进行专利行权。

## 2. 英国电信私掠船

　　2012年12月，在萨福克科技诉美国在线和谷歌一案的审理中，法官披露了一桩交易。英国电信将专利转给IPValue，IPValue再将专利转给萨福克科技公司行权。英国电信的条件是IPValue 可以选择在签约1年内卖掉该专利，英国电信获得90%收益；IPValue也可以选择专利行权，英国电信获得50%毛收入。IPValue 最后选择将专利转给属下公司行权。

　　根据与英国电信公司的约定，IPValue不得雇用超过20%收益的风险代理律师，在特定情况下，英国电信有权以十美元回购该专利，这种情况包括：（1）没有实现最初许可成绩要求；（2）英国电信决定停止行权专利。

　　据报道，这样的交易不止一次。

　　英国电信的海盗船专利许可策略引起很大争论。2013年年初，Steelhead Licensing公司起诉苹果、宏达电、威瑞森、AT&T，其专利也源自英国电信。英国电信的策略是能控制专利诉讼，这样既不用在专利诉讼中与竞争对手和合作伙伴正面冲突，同时免受媒体关注，获得收益的同时控制进程。但纸盖不住火，谷歌很快发现了其幕后主使，在2013年年初反诉英国电信专利侵权。在强大的立法要求诉讼透明的潮流下，海盗船策略越来越难。

2013年5月，英国电信建立了专利许可网站，主推其中继技术、互联网电话领域的重要专利，其中包括99项美国专利。

## 3. 法国政府专利行权

为了帮助法国公司、大学和研究机构货币化他们的知识产权资产，2011年3月，法国官方出资成立了法兰西专利公司（France Brevets）。

法兰西专利公司成立时有一亿欧元：一半来自政府；一半来自信托投资局——一个法国经济发展投资企业。法兰西专利的主要工作是从法国和其他国家收集整理专利池，通过谈判、签订许可协议获得许可费。成立时，法兰西专利只有四件美国专利、50个相关专利族成员，全球专利拥有量不详。

2013年年底，法兰西专利开始专利侵权诉讼活动，首先起诉LG。该诉讼首先在德国起诉，然后由其下属的NFC Technology公司同时在美国得州东区起诉，在美国同一法庭被诉的还有宏达电等公司。

诉讼的同时，法兰西专利和所有移动手机企业积极开展谈判许可。

2014年9月，法兰西专利与LG达成了一个专利许可协议，这是一个里程碑，是该公司的第一笔专利许可收益。成立时，公司的高层就表示：如果收入稳定，公司希望不断吸引私人投资参与专利行权。现在条件成熟了。

# 三、澳大利亚步步跟进

澳大利亚虽然不是欧美国家，但与加拿大一样，同为英语国家，前往美国做无产实体有天然优势。

澳大利亚的联邦科学与工业研究院（CSIRO）的资金来自政府。与韩国的电子通信研究院（ETRI），新加坡的科技研究局（A*STAR），中国台湾地区的工业技术研究院（ITRI）以及我国大陆的中科院性质相同。

该机构近期比较艰难，澳大利亚政府颁布了强制性节约措施，2014年削减了8 700万美元，裁员500名。关掉了八个下属机构，将重要的研究领域限制在地热能、液态燃料、海陆生物多样性、射电天文学、城市用水系统等领域。澳大利亚政府逼着该机构评价专利资产，加强专利运用，不然就拿不到更多研发资金。

该机构到2014年年底时拥有3 900多件专利。为了盘活专利资产，该公司从美国引入管理人才，引进了硅谷的风险投资家作为首席执行官。

联邦科学与工业研究院拥有的5487069号美国专利涉及Wi-Fi技术，该技术可以追溯到20世纪90年代，是Wi-Fi领域的基础专利。联邦科学与工业研究院认为全世界有100家公司侵犯其专利权，其中包括无线局域网。2005年，联邦科学与工业研究院在美国起诉日本最大计算机外设产品厂商melco集团的我国台湾地区的子公司巴比禄股份有限公司（BUFFALO）专利侵权。2007年6月，美国得克萨斯州法院发出禁令，2007年11月，巴比禄暂停其设备在美国销售。

联邦科学与工业研究院的起诉对象不只是巴比禄，而是整个无线局域网产业，包括所有供应商。

联邦科学与工业研究院曾经表示："在起诉之前，我们为整个产业提供了合理的技术授权条款，但却遭到拒绝。我们的起诉对象不只是巴比禄，而是整个无线局域网产业，包括所有供应商。巴比禄只是一个代表，我们还具有起诉微软、英特尔、戴尔、惠普、美国网件、东芝、3Com公司、任天堂、Marvell公司和其他公司的权利。"

此次裁定出来后，英特尔、苹果和戴尔等均表示，希望美国法院能慎重考虑巴比禄与联邦科学与工业研究院的专利纠纷，防止任何其他公司遭受巴比禄同样的命运。

# 第十章

# 中国：专利要疯　创新要狂

这是最好的时代，这是最糟的时代，这是理性的时代，这是困惑的时代，这是迷信的时代，这是怀疑的时代。这是希望之春，这是失望之冬。人们拥有一切，人们一无所有。由此将坠入地狱，由此将升上天堂。

——狄更斯《双城记》

在信息科技大发展的新时代，中国跨越工业革命，迎头赶上，站在了创新经济的十字路口，"拥有一切"还是"一无所有"，都系于今天的努力。创新驱动、万众创新、大众创业的战略决策已经作出，中国与美国的创新竞争不可避免。

欧、日、加、澳等别的国家和地区只能从美国不断的专利革命中觅取机会，或心中窃喜，或暗生烦恼，只能仰人鼻息，随人高下。中国是唯一可以在创新经济方面与美国一争高下的国家。中美创新竞争，赌的是百年国运。21世纪是美国世纪还是中国世纪，世界做美国梦还是中国梦，成败在此一举。

## 一、中美创新竞争

美国专栏作家保罗·法瑞尔在2012年时曾写过一篇题为"第三次世界大战：中美之间的创新之战"的文章，指出："2012至2022年的十年间将会发生第三次世界大战——一场伟大的科技创新之战，一场看起来永无休止的高风险战争，一场决定谁将成为21世纪超级大国的战争。"

在中国国民生产总值超越日本，成为第二大经济体的今天，这种竞争显得更加现实和不可避免。

中国有能力与美国在创新领域竞争的根本原因是中国有一个仅次于美国的、快速增长的大市场。利用这个大市场，中国可以从容应对美国各种创新打压，在关键技术领域自力更生，自主研发，制定和实施技术标准，利用标准战略与美国争夺关键技术市场主导权。与此同时，中国可以依托大市场开展有效的知识产权反击和对抗，结合标准战略应对美国不断增高的技术贸易壁垒，保障中国企业的创新利益。

中国能在美国创新外别开一面的更根本的原因是中国与美国一样，有"万众创新"的资源和环境。中国有非凡的历史创新成就，人民有创新自信，富于创新创业热情，充满"中国梦"；中国还拥有世界上数量最多的工程师、中小企业和创新无产者。

早在2010年12月的一次演讲中，美国总统奥巴马就指出："全球经济的竞争将愈来愈激烈。只有那些拥有受过最好教育的劳动力，严谨对待科研和技术，建有像道路、机场、高速铁路和高速互联网等高质量的基础设施的国家，才会在这场竞争中获得胜利。这些因素都是21世纪经济增长的种子。这些种播在哪里，工作和企业就会在哪里扎根。"

从这些方面看，中国也确实有与美国进行创新经济较量的资本。

1956年，毛泽东同志曾两次在公开场合说，中国对世界的贡献与其国土规模和人口规模是不相称的，"这使我们感到惭愧"。1983年邓小平也说"中国应对人类有较大的贡献"。

现在，情况发生了变化。据报道，在西方国家，不少20世纪表现杰出的研发实验室已缩编、解散或调整方向；反观中国，则在不断设立新的研发实验室，企业的研究投入也年年上升。有研究指出，中国每年产生644 000名科学家和工程师，是美国的三倍。新中国成立后60多年的努力，使得中国人在几百年的衰落之后，又一次拥有了为人类作出"较大贡献"的潜力。

## 二、中国创新驱动

2015年，在两院院士大会上讲话中，习近平总书记指出，我国经济主要依靠资源等要素投入推动经济增长和规模扩张的粗放型发展方式是不可持续的："老路走不通，新路在哪里？就在科技创新上，就在加快从要素驱动、投资规模驱动发展为主向以创新驱动发展为主的转变上。"

在一系列谈话中，李克强总理也一直突出强调"创新"的作用："推进大众创业、万众创新，有助于中小企业、小微企业提升竞争力，改善经济结构，也有利于打通社会纵向横向的流动通道，有利于推进收入分配体制改革，更是我们依靠市场机制培育的中国经济的'新动能'。"

中国制造，特别是以牺牲环境为代价的、人口红利以及国家投资推动的、规模化复制仿制性质的制造终将过去，中国制造向中国智造发展的大趋势已经明了。在这个关键时刻，政府决策者主动调整经济发展模式，提出创新驱动发展、"万众创新，大众创业"，可谓明智之举。

## 三、美国创新变局

美国新世纪的专利大革命是创新史上的大事，是美国创新模式大变革在专利驱动机制方面的反映。

信息革命使得美国的创新势力有了全新的分配，大企业集中创新逐渐被中小创新实体的分散式创新替代。盖茨、乔布斯这样的创新极客改写了美国创新历史，开辟了美国的信息创新边疆。里根总统的创新体制革新顺应了这一趋势。美国的信息技术产业得到专利创新机制的滋养，突飞猛进，形成一个全新的"创新产业"，美国经济也进一步向"创新驱动发展"的经济转化。

"创新驱动发展"和"创新产业"需要持续的创新动力，需要市场化的专利创新机制持续发挥作用，也就是需要"强专利保护"常态化，而不是美国前两次专利革命那样短期地为创新"加油"。

从外部环境看，美国面临的全球创新竞争局势与里根总统时没有太大的改变，只是挑战者从日本变成了更有潜力的中国。从内部需求看，美国的创新2.0模式正在成长发展，创新产业方兴未艾，需要常态的专利创新机制驱动"万众创新"。里根总统改进的专利创新机制尚需继续发挥作用，尚未到鸟尽弓藏、马放南山的时候。

在这样全新的创新环境和创新大趋势下，美国近年对专利大革命的严厉打压显得不合时宜。有证据显示，美国政府正在推进一个"弱专利保护"环境的形成。普遍限制无产实体获得禁令和对软件专利有效性的复审都是一刀切性质的"无差别"攻击，打击范围远超出了少数不正当行权的专利流氓。这样极端的改革对美国专利创新机制造成的伤害比获得的利益要大得多，广大的创新无产者成了最大和最终的受害者。

奥巴马政府与美国的最高法院对专利创新机制采取与里根总统不一样的态度和策略，将导致美国专利创新系统整体弱化。不断推进的美国专利法改革运动，正在走向"为改革而改革"的极端，美国专利创新机制有"熄火"的可能。

从大的历史进程分析，美国正在背离鼓励"万众创新"的传统，整个专利创新机制越来越"温和化"，有滑向欧洲、日本专利机制的危险。美国创新产业面临缺乏动力的风险，创新驱动发展的趋势也面临变局。

随着中国创新能力的提升，美国的创新自信也正在丧失。从奥巴马政府的创新战略可以看出，他们的精力逐渐集中在政府的创新支持和创新投入，集中在与中国争夺中低端的制造市场。他们既没有看到"万众创新"的大势，也没有认识到美国经济的创新命运，在创新战略的各项文件中甚至没有对美国主流的市场化的专利创新机制发表一言半语。

或许专利创新机制太过微妙，牵一发而动全身；太过根本，没有林肯、里根这样的杰出人才没有勇气拨动发条。庸碌的决策者只能因循守旧，或者人云亦云，将专利创新机制的重大问题交给法学专家和技术官僚决策。

### 资料：创新2.0模式

信息技术的发展推动了科技创新模式的演变。创新信息全球流通，实验和仿真设计的成本进一步降低，创新2.0时代到来。创新时代的特点是万众创新。传统的以技术发展为导向、大企业科研人员为主体、实验室为载体的科技创新活动正转向以用户为中心、以共同创新、开放创新为特点的大众参与的创新模式。

2.0创新模式的代表是发源于美国麻省理工学院的Fab Lab（Fabrication Laboratory，即微观装配实验室）。Fab Lab的创始人尼尔·哥申菲尔德教授指出：前两次数字革命推动了"个人通讯"和"个人计算"的发展，而Fab Lab通过让普通人实现制造的梦想，预示着第三次数字化革命浪潮——"个人制造"时代的到来，为普通公众参与创新提供了条件。

Fab Lab构建了以用户为中心的，面向应用的融合从设计、制造，到调试、分析及文档管理各个环节的用户创新制造环境，促成了大量创新无产者——"极客"的出现。类似的尝试在全球范围内展开。除了有限的科技前沿和基础研究领域，越来越广阔的创新边疆向独立发明人和中小创新团队敞开了。

### 资料：专利特别审查程序

为了打破美国在无线网络安全领域的垄断地位，中国在2001年时候推出了不同于Wi-Fi的WAPI无线网络安全标准。该标准由西电捷通公司主导，体现了"信息安全相关方一律平等，而且这种平等是一种对等的平等"的原则，破坏了美国一统无线信息网络的美梦。

美国由国务卿和总统亲自出面，轮流向中方施压，中方最后同意美方提出的要求，无限期推迟实施WAPI技术标准的时间。

在西电捷通公司公司的努力下，WAPI在2010年6月被国际标准化组织接纳为正式国际标准。

一计不成又生一计，美国启动了隐蔽的"特殊审查程序"（该程序直到2014年才被美国媒体披露）。WAPI的核心专利申请在美国屡遭延迟。

据报道，遭美国延迟审查的专利申请是US10534067（CN02139508. X）。该专利保护的是WAPI（无线局域网鉴别及保密基础结构）国家标准中的安全认证机制的核心技术。该专利申请的PCT号为PCT/CN03/00632，其同族欧洲专利申请早在2011年6月获得授权，韩国同族申请授权更早于2008年5月获得授权。

美国专利商标局2013年最新数据显示：平均专利审查第一次审查意见周期是18.2个月。但WAPI专利US10534，067取得第一次审查意见超过了50个月，严重不正常。

美国专利商标局的不正当审查行为得到了中国商务部的关注，成为此后中美商贸联委会的重点议题。在中国政府的关注下，西电捷通公司的部分专利申请得到了审查和授权。

美国政府的这些歧视外国发明人的行为在林肯政府之前是常态，目的是保护当时尚未完成的工业革命，扶持国内的自主研发。在一百五十多年后，美国专利商标局又再次启动这样的歧视性程序，显示的是对中国创新的担心和对美国创新未来的不自信。

# 四、创新机制竞争

中国和美国的创新竞争争的不是一城一地的得失，而是持续的创新活力，是整体的创新机制，特别是以专利制度为核心的市场化的创新机制。

在现代市场经济社会，各种发明补贴、创新奖励作用有限。国家基础研究和重大创新项目的投入对巨大的市场创新需求来说只能是杯水车薪，且创新效率和创新成果的市场转化都存在问题。知识产权制度，特别是专利制度是当今社会市场化的、主流的创新驱动机制，可以从根本上影响整个国家各种创新主体的创新投入，而且可以推动万众创新、大众创业，极大提高创新效率和创新成果的市场转化率。

在这方面，美国先行一步，已经有一个较为完善的、经过两百多年验证和锤炼的、富于弹性的专利创新机制。中国现在最需要的也正是这种"万众创新，大众创业"的创新机制。

由于缺乏有效的专利行权机制，中国知识产权战略实施正面临专利运用瓶颈，专利创新滞涨严重。山集的专利资产难以产生市场价值，有效的创新闭环很难形成。以国家补贴奖励推动的专利申请大跃进难以为继。政府各种鼓励专利运用的政策努力都只能暂时推迟危机的到来，形成更大的创新滞胀。大众对国家专利创新机制的信心正在流失，中国知识产权战略实施面临挑战，中国的"创新驱动发展""万众创新，大众创业"都面临压力。

中国巨大的创新潜力等待专利创新机制激活，中国已经到了启动专利行权机制的关键时刻。信息技术的发展改变了全球的创新格局，"万众创新"的新形势正在全球发展，美国在此关键时刻却弱化专利创新机制，损害"万众创新"环境。这给中国提供了在创新驱动领域超越美国的绝好机会。是到了给创新之火增加利益之油的时候了。

汉武帝在全国征求"可为将相及使绝国者"的诏书说："盖有非常之功，必待非常之人。"中国创新驱动发展的世纪机遇也在等待非常之人，既需要他们作出重大战略决策，也需要他们脚踏实地地变革创新机制，凿空创新的西部边疆。

## 资料：笼中养鸟

2014年8月19日，日媒《外交学者》发布了一篇文章，题目是中国为何不能创新。文章指出：

"近年来，中国产生专利的速度简直与GDP不相上下，直线上升。然而，这些专利没有催生出创新产品，而美欧企业仍在继续以令人'恼火'的效率研发出吸引人的技术。从另一个角度看，即便经过精心筹划，中国创新的突破性时刻仍遥遥无期。

"如今'创新'在中国也是备受青睐之词。政界人士喜欢在发言中提及，并将自己与之联系起来。即便如此，对创新的具体含义及如何促进创新，中国仍缺乏共识。真正的创新造就出赢家和输家，且代价高昂。在每个'苹果'和'微软'的背后都隐藏着成千上万的输家。仅有少数奇思妙想能获得融资并付诸实施。历史上的创新都极具破坏性。创新仅能盛行于冒险和容忍冒险者的文化中。

"但目前中国的体系仍注重奖赏顺从。创新就像关在笼中的鸟。改变它将是勇者之举。从解决人口问题到通过现代军队捍卫国家利益，对北京当前面临的种种政策挑战而言，创新都是解决之道的核心要素。尽管存在各种风险和问题，但中国承受不起远离创新的代价。"

总的来说，该文是跟着欧美的思路嘲笑中国创新，但从专利创新驱动机制看，这些言论"虽不中亦不远矣"，中国创新驱动机制创新任重而道远，借用日本人的的话："改变它将是勇者之举。"

# 跋

　　中国正在积极创新。高科技创新成果丰硕，科技产品出口比例不断增加，创新促进发展战略大步向前。说"近邻侧目，友邦惊诧"，一点都不夸张。然而，联想的并购、高通的诉讼、华为的迷茫……，这些都时刻提醒着我，我们还处在"师夷长技以制夷"的历史大背景下。

　　一直以来美国的万众创新、创新驱动发展的专利机制一直刺激着我的神经，我一直关注其系统机制，关心其利益平衡，关心其来龙去脉、起伏跌宕。十多年来，我碰到从美国回来的人就打听，到底怎么回事？步步紧逼，追根问底。当然少不了"知其然不知所以然"，也少不了"人云亦云"，但也不乏真知灼见。总而言之，我发现，TROLL成了美国专利机制观点冲突的风暴中心，似乎TROLL就是美国专利创新机制的七寸。

　　我的大学同学张铁军是我最早的启蒙者，我俩写完《专利化生存》的当年（2004年），他就给我提到了潜水艇专利和TROLL，一直怂恿我好好看看，收集资料，我俩合写一本书。我看了很多报道和论文，收集了很多资料，但不理解，热闹不代表有理，认为是美国现象，与中国无干，所以迟迟没动笔。另一个给我激励的人是美国律师王铁卫。2009年左右，他在微博上发布了很多相关的话题，我于是和他私聊、见面、探讨，最后决定合作写一本书。可惜他时间太紧，笔墨矜贵，所以最后只能我敷衍成章了。

　　几次反复停停写写后，初稿出来了，都是美国故事，都是美国专利运营，都是美国专利梦，我越看越没有底气，这样的东西中国人看吗？

　　去年十月左右，我捧着初稿转着圈找朋友们提意见。西电捷通公司的曹军董事长认为书中对NPE负面评价太多，要纠正，要提升。《中国知识产权报》曹冬根社长做了指导：和中国接轨。还给我介绍了国家知识产权局的几个处长让我请教。从国家知识产权局接受教育出来，我又去找了中国发明协会的秘书长鹿大汉老师，想着他的协会里有的是TROLL种子——独立发明人，也许他更了解这些创新者的兴趣和需求吧？他带着花镜把我的书稿仔细读了一遍，令我感动。在他的办公室里，我带着笔认真记录了他的建议：把专利和创新联系在一起，贯穿始终。

这些朋友、老师、领导的帮助和指导让我的书稿不断完善成熟，成了现在的样子。

最后的加工工作到了知识产权出版社。李琳老师高瞻远瞩，我信任她的把控能力。她把书稿交给了龙文和崔玲两位老朋友，更让我放心。在他们的努力下，我的书名从"TROLL风云"进化为"专利化生存"，最后定格成"专利疯 创新狂"。"疯狂"俩字源于知识产权策略运营专家、《专利三十六计》的作者董新蕊，在此一并感谢。

无可讳言，为了成书，笔者参考整理了很多美国议会、商务部、专利商标局等政府部门公开资料、学术研究、新闻报道、网络论坛消息、诉讼公报等，引用之处不下数万，一一列举难得周全。考虑到不是正规的学术性专著，脸皮一厚也就不作详细脚注、尾注和索引了。在此特作说明，并向美国的各路作者和编者特致歉意和谢忱！

最后说到希望。我的希望很简单，就是更多的人读这本书，了解美国的专利创新驱动机制，了解创新的血与泪、代价和牺牲，以美国为鉴，以美国为师，探索中国自己的创新驱动发展机制——不回避血与泪，也不回避质疑、诅咒和争论。

# 参考文献

[1] William F. Heinze, Thomas, Kayden, Horstemeyer, and Risley, "Dead Patents Walking", 2002.6.

[2] John Borland, "Acacia purchase creates Net patent powerhouse", CNET News, 2004.12.

[3] Martin Lueck, Stacie Oberts, Kimberly Miller, " 'Patent Troll: ' A Self-Serving Label that Should be Abandoned, 2005.9.

[4] Michael Kanellos, "HP plays the patent game", CNET News, 2005.11.

[5] James F.Mcdonough III, "The myth of the patent troll", 2006.

[6] Cameron Hutchison, Moin A. Yahya, "Patent Trolls & Adverse Possession" 2006.

[7] Jason Kirby, "Patent troll or producer?", Financial, 2006.1.

[8] Peter Burrows , "Underdog Or Patent Troll?", 2006.4.

[9] Nicholas Varchaver, "Who's afraid of Nathan Myhrvold?", 2006.6.

[10] Robert H. Resis, Esq., "History of the Patent Troll and Lessons Learned", 2006.11.

[11] Jeremiah S. Helm, "Why pharmaceutical firms support patent trolls", 2006.12.

[12] Raymond Millien, "A summary of established & emerging IP business models", 2007.10.

[13] Jason Rantanen, "Slying the troll", 2007.11.

[14] Roderick R. McKelvie, "Chasing the Patent Troll Gang", 2007.11.

[15] Matt Asay, "Who is the world's biggest patent troll?", 2007.11.

[16] Michael Orey, "Busting a Rogue Blogger: Troll Tracker has been unmasked as a patent lawyer for Cisco. Now they're both facing litigation", 2008.3.

[17] Anne Broache, "Big tech companies accused of overstating patent problems", 2008.4.

[18] Robin Jacob, "Patent Trolls in Europe-Does Patent Law Require New Barriers?", 2008.5.

[19] Steven Musil, "Tech giants form group to buy patents", 2008.6.

[20] Joe Mullin, "Patent-Holding Companies are Making Fortunes Through Litigation", IP Law & Business, 2008.9.

[21] Daniel P. McCurdy, "Patent Trolls Erode the Foundation of the U.S. Patent System", 2008.

[22] Philippa Maister, "German Court Sees First Signs of European Patent Trolls", IP Law & Business, 2008.10.

[23] Peter Burrows, Peter Burrows, "Beware the trolls", Patent World Issue, 2008.11.

[24] Zusha Elinson, "New Business Targeting Patent Trolls Signs IBM and Cisco, 2008.11.

[25] Henry R. Nothhaft (left), David Kline, "Was Thomas Edison a Patent Troll?", 2010.6.

[26] Gene Quinn, "Intellectual Ventures Becomes Patent Troll Public Enemy", IPWatchdog, 2010.12.